普通高等教育农业农村部"十三五"规划教材

植物基因工程

ZHIWU JIYIN GONGCHENG

司怀军　薛建平　主编

U0272465

中国农业出版社

北　京

内 容 简 介

    本教材全面系统地阐述了植物基因工程的基本理论和该领域内的最新研究进展。全书共 11 部分，内容涉及植物基因工程进展、基因工程常用的工具酶、植物基因工程载体、植物基因工程的目的基因及其克隆方法、植物基因转化方法、转基因植物的检测与鉴定、转基因植物的遗传稳定性及表达调控、植物基因编辑技术、转基因植物的安全性评价和植物基因工程改良作物性状范例等内容。

    本教材可作为生物技术、生物科学、生物工程、农学、园艺等有关专业本科生和研究生的教材，同时也可作为从事植物基因工程的教学人员、科研人员的参考书。

编审人员名单

主　编　司怀军　薛建平

副主编　田振东　张　宁

编　者　（以姓氏笔画为序）

　　　　马崇坚（韶关学院）

　　　　田振东（华中农业大学）

　　　　司怀军（甘肃农业大学）

　　　　成善汉（海南大学）

　　　　刘柏林（西北农林科技大学）

　　　　杨江伟（甘肃农业大学）

　　　　张　宁（甘肃农业大学）

　　　　郭慧琴（内蒙古农业大学）

　　　　唐　勋（甘肃农业大学）

　　　　蒋细旺（江汉大学）

　　　　薛　涛（淮北师范大学）

　　　　薛建平（淮北师范大学）

审　稿　谢从华（华中农业大学）

前 言

20 世纪中叶"中心法则"的确立以及遗传密码的破译，开创了生命科学研究的新纪元，为基因工程的出现提供了理论基础。生命科学的高速发展孕育了基因工程。传统基因工程的目的是将不同来源的基因按预先设计的蓝图转入受体中，改变受体原有的遗传特性或赋予其新的优良性状。近年来，随着科学技术的高速发展，基因工程也被赋予了新的含义——定向编辑基因组。基因编辑的出现，打破了传统基因工程的固有模式，开创了定向改变内源基因的先河。现在人类已经完成了几百个物种的全基因组的测序，这为 21 世纪生命科学的跨越式发展奠定了十分重要的基础。

植物基因工程是在现代生物学、化学和化学工程学，以及其他数理科学的基础上产生和发展起来的。植物基因工程的出现是 20 世纪生物科学具有划时代意义的巨大事件，它使得生物科学获得迅猛发展，并带动了植物生物技术产业的兴起。它的出现标志着人类已经能够按照自己意愿进行各种基因操作，生产基因产物，并自主设计和创造新的基因、新的蛋白质和新的生物物种，这也是当今新技术革命的重要组成部分。近年来植物基因工程取得了丰硕的研究成果，如棉花、玉米、大豆、油菜等转基因作物商业化的种植，有力地推动了植物基因工程的发展，为解决粮食安全问题提供了保障。2021 年 2 月 18 日，农业农村部发布了对农业生物技术应用具有指导意义的《农业农村部办公厅关于鼓励农业转基因生物原始创新和规范生物材料转移转让转育的通知》，强调支持从事新基因、新性状、新技术、新产品等创新性强的农业转基因生物研发活动，大力实施种业自主创新工程。这为我国实施种子战略和把握粮食安全主动权奠定了重要的基础。植物基因工程的发展将为农业技术应用谱写新的篇章。本教材是编者结合自身多年的教学科研工作，综合最新的植物基因工程研究成果和实践方法编写而成，适合于从事植物基因工程方面的本科生、研究生和科研人员使用。

全书共分十一章。其中第一章由薛建平、薛涛编写；第二章由刘柏林、张宁编写；第三章由杨江伟、司怀军编写；第四章由蒋细旺编写；第五章由田振东编写；第六章由唐勋、田振东编写；第七章由司怀军、张宁编写；第八章由成善汉编写；第九章由郭慧琴编写；第十章由马崇坚编写；第十一章由刘柏林编写。全书由司怀军和薛建平统稿、定稿。在本书的编写过程中，华中农业大学谢从华教授自始至终给予了大量的帮助，定稿后在百忙中对全书进行了审读。他严谨的治学态度、渊博的学识，激励着我们在今后的教学和科研工作中积极进取。在此向他致以崇高的敬意。

在该教材的编写、出版过程中，得到了甘肃农业大学、淮北师范大学、华中农业大学、海南大学、西北农林科技大学、内蒙古农业大学、江汉大学以及韶关学院等单位领导和同事们的支持；该教材的出版还得到了甘肃农业大学教材建设基金、一流本科专业建设项目和海南大学教育教学研究重点项目的支持，中国农业出版社在本教材的出版过程中给予了热情的指导和支持，在此一并表示衷心的感谢。另外，该教材参考了大量学者的研究成果，尽最大可能做了罗列，如有遗漏和错误敬请谅解。

植物基因工程领域的研究成果日新月异，编者虽倍加努力，以勤补拙，但由于时间仓促加之水平有限，教材中难免存有不足之处，恳请专家和读者不吝赐教，以便改进和提高。

司怀军

2022 年 5 月于兰州

目　　录

　　基因工程（genetic engineering）是 20 世纪 70 年代发展起来的一种可以按照人们的意愿设计、改造和创制生物品种的新技术。植物基因工程（plant genetic engineering）是植物分子生物学的一门分支学科，它的出现是 20 世纪生物科学具有划时代意义的巨大事件，它使得生物科学获得迅猛发展，并带动了植物生物技术产业的兴起；它的出现标志着人类已经能够按照自己意愿进行各种基因操作，大规模生产基因产物，并自主设计和创造新的基因、新的蛋白质和新的生物物种，这也是当今新技术革命的重要组成部分。本章主要介绍植物基因工程的概念、发展历史、研究内容、应用领域、发展前景和存在问题等。

第一节　植物基因工程的概念和发展历史

一、植物基因工程的概念

　　基因（gene）这个名词是 1909 年由遗传学家 Johannsen 提出来的。在遗传学发展的早期阶段，基因仅仅是一个逻辑推理的概念，遗传性状的符号，而不是一种已经证实了的物质和结构。由于科学研究水平的不断提高，基因的概念也在不断得到修正和发展。现代对基因的定义是 DNA 分子中含有特定遗传信息的一段核苷酸序列总称，是遗传物质的最小功能单位。

　　基因工程也称基因操作（gene manipulation）、重组 DNA 技术。它是一种将生物的某个基因通过基因载体运送到另一种生物的活细胞中，并使之无性繁殖（称之为"克隆"）和行使正常功能（称之为"表达"），从而创造生物新品种或新物种的遗传学技术。基因工程是在现代生物学、化学、化学工程学以及其他数理科学的基础上产生和发展起来的。

　　植物基因工程是基因工程研究的一个先导领域，指利用基因工程理论技术从供体分离克隆目的基因，在体外与载体 DNA 进行重组后，经遗传转化导入受体植物基因组中进行表达及稳定遗传的工程技术。实际上，植物乃至整个生物界在漫长的生物进化过程中，其基因在自然力量驱使下，不断发生突变、转移和重组，推动生物界不断进化，使物种趋向完善，出现了今天各具特性的繁多物种。这其中，有的能忍耐高温，有的不怕严寒，有的能适应干旱的沙漠，有的可在高盐度的海滩上或海水中生长繁殖，有的能固定大气中的氮素。也正是这些物种，为人类提供了丰富的生物资源和生存所需要的物质环境条件。但是地球上没有一种十全十美的生物，这促使科技工作者对生物加以改造，使现有物种的性状在较短的时间内得以改良，创造出新的生物类型。因此，基于植物基因工程技术，人们可有目的地对植物性状进行设计与改造，进而培育出符合人们需求的新品种，如抗虫棉、耐除草剂大豆、转基因番茄等。

二、植物基因工程发展历史

受分子生物学、分子遗传学和生物物理学发展的影响，基因分子生物学的研究也取得了前所未有的进展，为植物基因工程的诞生奠定了坚实的理论基础，这些进展主要包括三个方面。第一，1944 年，Avery 确定了遗传信息的携带者，即基因的分子载体是 DNA 而不是蛋白质，从而明确了遗传的物质基础问题。第二，1953 年，Watson 和 Crick 提出了 DNA 分子的双螺旋结构模型，Meselson 和 Stahl 提出了 DNA 半保留复制，回答了基因的自我复制和信息传递的问题，标志着分子生物学的诞生。第三，1958 年，Crick 提出了描述 DNA、RNA 和蛋白质三者关系的中心法则；1961 年，Monod 和 Jacob 提出了操纵子学说；1966 年，Nirenberg 和 Khorana 等破译了遗传密码，从而阐明了遗传信息的流向和表达问题。这些进展使人们期待已久的，应用类似于工程技术的程序主动改造生物的遗传特性，创造具有优良性状的生物新类型的美好愿望有可能得以实现。

在 20 世纪 60 年代的科学技术发展水平下，真正实施基因工程还存在一些困难。要详细了解 DNA 编码蛋白质的情况，以及 DNA 与基因的关系等，就必须先弄清 DNA 核苷酸序列的整体结构，有分离单基因的方法，以便能够在体外对它们的结构与功能等做深入的研究。20 世纪 70 年代两项关键技术——DNA 分子的切割与连接技术、DNA 的核苷酸序列分析技术的发明，解决了 DNA 的结构分析问题。首先，应用限制性核酸内切酶和 DNA 连接酶对 DNA 分子进行体外切割与连接，是 20 世纪 60 年代末和 70 年代初发明的一项重要的基因操作技术。有人甚至说它是重组 DNA 的核心技术。1972 年在旧金山 Boyer 实验室首先发现的 $EcoR$ I 限制性核酸内切酶具有特别重要的意义。1967 年，在世界上有 5 个实验室几乎同时发现了 DNA 连接酶。1970 年，Wisconsin 大学 Khorana 实验室的一个小组发现 T4 DNA 连接酶具有更高的连接活性，有时甚至能催化完全分离的两段 DNA 分子进行末端的连接。到了 1972 年底，人们已经掌握了好几种连接双链 DNA 分子的方法。其次，1975 年，英国的 Sanger 和美国的 Gilbert 发明测定 DNA 内核苷酸排列顺序的方法，并成功地测定了病毒 φX174 中的 DNA 分子内 5 375 个核苷酸的排序。这两项技术的发明，使得在 20 世纪 70 年代，将外源 DNA 分子导入大肠杆菌获得成功。1972 年，斯坦福大学的 Cohen 等报道，经氯化钙处理的大肠杆菌细胞同样也能够摄取质粒的 DNA。从此，大肠杆菌便成了分子克隆的良好的转化受体。1976 年，世界上第一家基因工程公司 "Genetech" 注册登记，意味着基因工程的实际应用已进入商业运作。

20 世纪 70 年代，开展 DNA 重组工作，无论在理论上还是技术上都已经具备了条件。1972 年，斯坦福大学 Berg 博士领导的研究小组第一次成功完成了 DNA 体外重组实验，获得了第一株含有编码哺乳动物激素基因的大肠杆菌菌株，并因此与 Gilbert 和 Sanger 分享了 1980 年度的诺贝尔化学奖。这一 DNA 重组技术为植物基因工程的问世奠定了基础。

引领植物基因工程研究发展的是对植物冠瘿瘤的发生机制的探索。美国科学家 Bran

早在 19 世纪初就提出植物根瘤形成的原因是农杆菌把"肿瘤诱导 DNA"传递给了植物，随后科学家们进行了不断尝试。比利时科学家 van Larebeke 等发现了农杆菌的肿瘤诱发质粒（tumor - inducing plasmid，Ti 质粒）。该发现进一步激发了科研工作者对农杆菌转化介导的研究热情，然而科研工作者在植物肿瘤组织中始终未找到农杆菌 Ti 质粒的 DNA。终于在 1977 年 Chilton 等的研究指出 Ti 质粒上的转移 DNA（transferred DNA，T - DNA）为植物肿瘤组织的诱导因子，并初步阐明了其形成机制为经农杆菌介导，T - DNA 致病基因转化至植物细胞并表达合成冠瘿碱。该发现首次证明了单细胞生物在自然环境下可跨越原核生物与真核高等植物的界限发生基因重组。1983 年世界上第一株农杆菌介导的转基因烟草在美国成功培育，标志着植物基因工程的问世。

继转基因烟草问世后，各种转基因技术迅猛发展，转基因植物也不断涌现，植物基因工程进入其发展的"快车道"。在转基因技术方面，1985 年 Horsch 等开创了基于根癌农杆菌介导的烟草叶盘转化技术（leaf disc transformation）。美国科学家发明了基因枪转化法，成功将外源基因转入禾本科植物。为方便转基因植物的筛选，科研工作者相继开发了包括 *gus* 基因、荧光素酶基因、*bar* 基因等报告基因。上述技术体系的完善也加快了植物基因工程的发展。转基因研究应用层出不穷，1985 年抗除草剂转基因番茄问世；一年后，抗烟草花叶病毒的转基因烟草被成功培育；1990 年转 Bt 基因的抗虫棉被成功培育。延熟保鲜转基因番茄于 1994 年获得批准，是第一个进入市场的转基因食品。我国进入商业化生产的转基因物种也日渐增多，如我国自主研发的转 Bt 抗虫欧洲黑杨于 1998 年获得了环境释放批准，并于 2002 年获批商业化种植；华南农业大学转基因抗环斑病毒番木瓜'华农 1 号'于 2010 年全面进入商业化生产阶段；华中农业大学研发的'华恢 1 号'转基因水稻在 2018 年获得了美国食品药品监督管理局（FDA）的商业化生产许可。据统计，全球转基因作物的种植面积从 1996 年的 170 万 hm^2 增加到 2019 年的 1.904 亿 hm^2。植物基因工程已进入蓬勃发展的时期，植物基因工程产业化时期已经到来。

第二节 植物基因工程的研究内容和应用领域

1973 年，Jacbon 等首次提出基因可以人工重组，并能在细菌中复制。从此以后，基因工程作为一个新兴的研究领域得到了迅速的发展，无论是基础研究还是应用研究，均取得了喜人的成果。

一、植物基因工程的研究内容

1. 植物基因组的研究 基因是一种重要的遗传资源，是一种宝贵的财富，获得优良性状相关的基因是基因工程的先决条件，分离目的基因也是植物基因工程研究的一项重要内容。据估算，地球上生长的植物总数为 50 余万种，它们共同组成了千姿百态的植物界。而每一种植物都拥有其自身特异的基因组，每个基因组均包含数以万计的基因，由此可见植物界为基因资源的宝库。基于植物基因组的重要价值，多国科学家投入了对不同植物基因组"无字天书"的解密工作。2000 年多国科学家联合完成了对模式植物拟南芥基因组的测序分析。此后，多个物种的基因组信息相继被解析，我国于 2001 年完成了中国水稻基因组数据库的建立。21 世纪以来，随着测序技术的发展和测序成本的降低，包括小麦、大豆、玉米、马铃薯在内的多个物种基因组的测序工作均已完成。据报道，2019 年由华大生命科学研究院主导完成的云南瑞丽植物园 689 种植物基因组高深度测序，是历史上首次对整个植物园进行植物基因组测序。这些工作不仅为我们提供了宝贵的植物基因组资源，也标志着植物基因组研究热潮的来临。

2. 植物基因功能的研究 物种基因组图谱的建立为基因功能的研究奠定了基础，植物基因组的研究推动了功能基因组时代的到来，而基因功能的解析也是人们开发利用功能基因的前提。目前，功能基因主要分为 5 类，即调控植物生长发育的基因、抗非生物胁迫的基因、抗病虫害的基因、编码具有特殊营养价值的蛋白质或多肽基因、调控植物次生代谢物合成的基因。植物基因工程为植物基因功能的研究提供了完善的实验体系，一方面可以通过分离克隆目的基因，构建其表达载体并导入目标植物，使其表达而发挥作用；另一方面可通过反义基因转化等技术降低目标基因的表达量或使目标基因沉默引起性状改变来证明其功能。植物基因功能的研究为当今植物领域研究的主流，近年来我国科学家借助植物基因工程在多种植物中鉴定了一些重要的功能基因，如四川农业大学陈学伟团队鉴定了参与调控水稻稻瘟病发病的 $bsr-d1$ 基因，中国科学院植物研究所种康团队研究发现 $codll$ 基因调控水稻耐冷性，山东大学向凤宁团队揭示了 $sinl$ 基因参与调控盐胁迫下大豆的根系发育等。

3. 基因工程新技术的研究 自从基因工程问世以来，用于基因工程的技术不断出现和更新。围绕着外源基因导入受体细胞，在 DNA 化学转化、农杆菌介导和病毒（噬菌体）转导的基础上，还发展了电穿孔法和微弹轰击转化法等新技术。在基因的检测方面，在利用放射性同位素标记探针的基础上，非放射性标记探针的技术也得以发展；同时 PCR 技术的问世，使检测基因的灵敏度大大提高。在基因测序方面，发明了鸟枪法，并且微流控技术也应用在测序上，使得测序过程全部自动化，测序速度大大加快。同样，在基因表达分析方面，在芯片技术基础上发展而来的 Microarray 使得基因分析的效率和准确性大大提高。随着基因工程研究的深入，新的技术将会不断出现，这会进一步推动基因工程研究的发展。

二、植物基因工程的应用领域

（一）植物基因工程育种

植物基因工程育种指应用基因工程手段，对目的基因进行克隆、重组，再导入整合至受体植物基因组，使其在受体植物中表达和遗传，从而获得具预期新性状的植物新品种的过程。植物基因工程育种可突破生殖隔离障碍，实现不同物种间优良性状的整合，具有育种目的性强、周期短、成本低等优点。当前，植物基因工程育种主要围绕植物的抗逆性、品质和产量等方面开展。

基因工程在农业上的应用，代表性的方面有：①增加农作物产品的营养价值，如增加种子、块茎的蛋白质含量，改变植物蛋白的必需氨基酸比例等。②提高农作物的抗逆性能，如抗病虫害、抗旱、抗涝、抗除草剂等性能。③提高光合作用效率，这是提高农作物产量的一个有效方法。④提高植物次生代谢产物产率。植物次生代谢产物占全世界药物原料的 25%，如治疗疟疾的奎宁、治疗白血病的长春新碱、治疗高血压的东莨菪碱、作为麻醉剂的吗啡等。

上述几个方面都已在不同程度上取得了进展。例如，苏云金芽孢杆菌（*Bacillus thuringiensis*）所产生的毒素蛋白对许多鳞翅类害虫有杀灭作用，用植物基因工程的方法，已经培育出能表达毒素蛋白的转基因植物如烟草、棉花等。它们在田间试验表现出对玉米螟、棉铃虫、烟草天蛾等害虫有杀灭防治效果。

（二）植物医药基因工程

植物医药基因工程指将重组的编码医药活性多肽、疫苗等的基因导入植物，使其在植物中表达并能够产生这些活性多肽和疫苗的技术。植物医药基因工程为近年迅速发展的领域，较传统的多肽和疫苗生产系统具明显优点，如受体植物为真核生物，可对表达产物进行正确的翻译后加工，保障产物具有良好的生物活性；另外，植物表达系统无须传统的昂贵设备，生产成本低，且使用简便，可直接食用，无须低温冷藏运输。

有关植物医药基因工程的报道可追溯至 20 世纪 80 年代，美国 Scripps 研究所克隆抗体的重链和轻链基因并分别导入烟草中，获得了转基因烟草，然后将这两种材料进行杂交，在子代烟草叶中产生了大量的抗体蛋白，其表达量达叶片总蛋白的 1.3%。此外，荷兰科研人员通过转基因实现马铃薯生产人的血清蛋白；韩国借助烟草和番茄为受体进行转基因，生产人的胰岛素；美国 Bio‐Resouces 公司借助植物基因工程手段生产白细胞介素 2；我国科学家克隆了天花粉蛋白基因，并导入烟草诱导了该基因的表达，为生产天花粉蛋白奠定了基础。

迄今为止，在世界范围内利用植物基因工程正在开发的医药活性多肽和疫苗多达上百种。活性多肽包括人胰岛素、人生长激素、免疫球蛋白、白细胞介素、干扰素、超氧化物歧化酶、组织血纤维蛋白溶酶原激活剂等。开发的疫苗包括细菌疫苗、病毒疫苗、寄生虫疫苗等。基于植物基因工程生产的活性多肽和疫苗比利用微生物与动物生产的具有显著优越性，其表达产物无毒副作用，无残存 DNA 和致病性。正因为植物医药基因工程的优点，其概念一经提出便成为基因工程领域的研究热点。

（三）植物生物反应器

植物生物反应器是植物基因工程发展中备受瞩目的研究领域，指利用植物细胞、组织等为生产场所，生产具有药用价值的或行使重要功能的蛋白质、抗体、工农业用酶、脂类、特殊糖类等物质。利用植物生物反应器生产高附加值的生物产品，具有微生物或动物反应器不可替代的优势。近年来，植物生物反应器在基础研究和应用领域发展迅速，按其受体不同可分为如下几种类型：

1. 整株植物生物反应器 利用整株植物作为生物反应器表达蛋白是随着植物转基因的开展应运而生的。1997 年，Hood 等成功在玉米中表达抗生物素蛋白，经提取纯化后，已获得商品化。相关研究成果还有：在烟草中表达药用蛋白；在植物中表达抑肽酶，具有抑制系统性发炎、促进伤口愈合的作用；在马铃薯中表达具生物活性的热不稳定肠毒素等。用整株植物生物反应器作为外源蛋白的表达体系，易于规模化生产，具有成本低、安全无毒等优点。

2. 种子生物反应器 植物种子在发育期间能够合成并积累大量的蛋白质，且种子中具有类似动物和人类的蛋白质加工修饰系统，加之种子发育后期会丧失大量水分，其中蛋白水解酶活性很低。因此利用种子生物反应器合成外源药物蛋白，具有显著优势，表现为容易储藏和加工、方便批量生产、生产成本低、安全性高等。种子生物反应器为重组外源药物蛋白的高效合成提供了技术平台，具有广泛的应用前景。

3. 胚乳生物反应器 将重组蛋白基因导入植物基因组中，可获得基因工程植株，再通过种子胚乳特异性启动子介导重组蛋白在胚乳细胞中合成、贮存与积累，从而获得大量的重组蛋白。植物胚乳细胞生物反应器是一种理想的生物活性物质生产工厂，可生产药物蛋白、疫苗、功能肽及非蛋白类生物活性物质，如重组人血清白蛋白、重组人乳铁蛋白、重组人抗胰蛋白酶、重组人溶菌酶、重组人成纤维细胞生长因子等已经进入市场。

4. 悬浮细胞生物反应器 脱分化的愈伤组织可以在含有营养物质的液体培养基中繁殖，并形成稳定的悬浮细胞系。悬浮细胞生长迅速，可实现重组蛋白连续性生产，简化了重组蛋白的分离纯化过程。目前，植物悬浮细胞生物反应器已经表达了多种药用蛋白，并且可以制备悬浮细胞的植物种类也在不断增多。烟草、苜蓿、番茄、水稻、大豆和红花等植物培养出的悬浮细胞作为生物反应器，均成功表达了重组药用蛋白。表达成功的蛋白包括 CD20 抗体、口蹄疫疫苗、药用蛋白 FC－IL－1ra 等。

5. 毛状根生物反应器 毛状根培养系统始于 20 世纪 80 年代，通过发根农杆菌 Ri 质粒中的 T－DNA 区整合到植物 DNA 中的方式可诱导植物细胞产生毛状根。基于毛状根的生物反应器具有有效成分含量高、生理生化和遗传性稳定、易于操控等特点，可在离体培养条件下表现出次生代谢产物的合成能力，还能够合成许多悬浮细胞培养所不能合成的物质。目前，已成功培养毛状根的药用植物包括天仙子、黄芪、紫草、红花、决明、青蒿等，其中，人参皂苷、小檗碱等已通过毛状根培养得以工业化生产。

第三节　植物基因工程的发展前景和存在问题

一、植物基因工程的发展前景

植物基因工程自 20 世纪 70 年代兴起之后，经过几十年的发展，取得了惊人的成绩，特别是进入 21 世纪以来，植物基因工程的发展更是突飞猛进。随着基因组测序、转录组分析、基因扩增等技术的不断革新与应用，越来越多的物种基因组的神秘面纱被揭开，其中很多基因的功能也被逐步探明，而这些目标功能基因的解析也推动了植物基因工程的应用与发展。

利用植物基因工程育种扩大了植物可利用的基因库，为植物遗传育种带来了很大的变革。借助植物基因工程技术，人们可以将本物种或其他物种的功能基因导入受体植物中表达，进而对植物实现定向育种，缩短育种周期。基于植物基因工程育种技术，目前已培育了大量抗病虫害、抗除草剂、抗盐碱、抗高温干旱、耐低温的植物新品种。这些新品种显著增强了对相应环境的适应性，其生长地域明显拓宽，如海滩盐碱湿地、戈壁荒漠等不毛之地均有可能成为转基因植物生长的"绿洲"。另外，植物基因工程育种亦打破了物种生长的地域限制，在很大程度上方便了人们的生活，如"橘生淮南则为橘，生于淮北则为枳"，表明地域环境对物种生长及品质形成的重要性，但借助植物基因工程育种，也可能实现淮北产橘。面对世界人口的增长，耕地资源的锐减，培育高产优质的作物品种成为育种家们共同的心愿。基于植物基因工程技术，有望培育出集抗病、抗虫、抗逆、高光效于一体的超级作物新品种。因此，植物基因工程在解决新世纪人们所面临的环境恶化、资源短缺和效益衰退三大难题中突显出越来越重要的作用，为农业的持续、稳定发展提供了有力支撑。

植物基因工程技术不仅推动了植物育种技术的快速发展，也带动了植物生物反应器的开发与发展。植物不仅可合成自身生长代谢物质，经改造后亦可生产疫苗、抗体、药用蛋白等，具有投资少、成本低、易保存等优点。植物生物反应器的发展势必驱动农业向工业和医药保健行业延伸，带动传统农业向功能分子农业转变。

二、植物基因工程存在的问题

自 1983 年首次获得转基因烟草以来，短短几十年间，植物基因工程的研究和开发进展十分迅速。国际上获得转基因植株的植物已达百种以上，包括水稻、玉米、马铃薯等粮食作物，棉花、大豆、油菜、亚麻、向日葵等经济作物，番茄、黄瓜、芥菜、甘蓝、花椰菜、胡萝卜、茄子、生菜、芹菜等蔬菜作物，苜蓿、白三叶草等牧草，苹果、核桃、李、木瓜、甜瓜、草莓等瓜果，矮牵牛、菊花、香石竹、伽蓝菜等花卉植物，杨树等造林树种。应该说转基因植物研究取得了突破性进展。

但是，以往的工作重点多在容易做的模式植物如烟草、水稻、番茄、矮牵牛、拟南芥等上，从而使它们的分子生物学和转基因技术发展很快。近年来以实用为目标的研究大大增多，在国外，主要的种子公司已竞相开发重组 DNA 技术，用于重要作物的商业应用，使植物基因工程朝着重要粮食和豆科作物遗传改良的实用化目标迈进。

在 1988 年以前，重要谷类作物和豆科作物的转化十分困难，在基因枪研制成功以后，这些作物的转化成为可能。基因枪是用火药爆炸、电容放电或高压气体作为加速的动力，发射直径仅 1 μm 左右的金属颗粒。微粒表面用优选的基因包覆，高速射入植物细胞，并在细胞内表达产生有活性的基因产物，从而达到改良品种的目的。

最初大豆基因工程的重点放在原生质体和胚性悬浮细胞的再生上，但进展很慢，获得转基因大豆是一个很大的难题。基因枪的出现，使大豆转基因成为现实，而且目前大豆已成为许多难转化作物的模式作物。在 1988—1990 年，建立了可实用的大豆转化体系，这是目前唯一的不依赖于基因型的大豆转化方法。抗除草剂 Bastar 和 Roundup 的基因也已转入大豆，并进行了田间试验，预期不久将可商业化，这将是豆科作物基因工程商业化应用的一个里程碑。大豆基因工程今后的目标包括蛋白质和油脂成分的修饰、抗虫、抗病毒及其他病害抗性等。

获得水稻转基因植株是在 1988 年，是以原生质体为受体，采用 DNA 直接转移法，再生出了可育的转基因植株。但是，原生质体再生体系的限制很大，粳稻上只有少数品种，如'台北 309'等可由原生质体再生植株，大多数优良的粳稻品种和绝大多数籼稻品种都难以由原生质体再生。可由原生质体再生植株的籼稻品种迄今尚未获得转基因植株。由于水稻未成熟胚的盾片再生植株的能力很强，几乎所有水稻栽培品种均能由未成熟幼胚再生。因此，一些科学家认为，可用水稻幼胚作为材料进行遗传转化。2000年前后，用根癌农杆菌转化水稻幼胚和盾片来源的愈伤组织都获得了转基因植株。2002年，用电穿孔法转化水稻幼胚获得了再生的转基因植株。

从已有的研究情况看，植物基因工程取得了重大进展，但同时也出现了下列问题：①基因工程本身存在的技术问题使其不能迅速发展。这些技术问题有基因转化率低、转化体系不完善、转化外源基因表达的调控能力低和转化的外源基因的遗传稳定性低等。②依靠植物基因工程技术能够按照人类意愿设计创造的高光效、抗病虫，能在逆境中生长并且优质的"超级品种"，有可能成为自然中的优势物种，从而也有可能加剧农业资源遗传的单一和贫乏。③病虫抗药性是困扰农业生产的重大问题，基因工程的操作可能会引起新的病虫抗药性。④人们利用植物基因工程生产出抗旱、耐盐、抗病虫作物的同时，也可能会导致生物多样性遭受破坏，甚至导致一些物种的灭绝。同时转基因植物的适种地域范围扩大，可能会引起环境和生态问题。⑤基因工程的安全性问题。转基因技术的安全性问题包括对人体和环境的安全性两个方面。例如，转基因产品（如食品）是否存在过敏性等；转基因农作物在自然生长过程中其基因是否会发生变异或漂移，是否会改变自身或其他物种的遗传特性等；转基因植株的获得一般都要通过抗生素标记的基因载体转化得到，那么这些抗生素标记的基因会不会对人体产生伤害。到目前为止，尽管还没有依据证实转基因食品是不安全的，但人们对其安全性还存在一些顾虑。

 复习思考题

1. 植物基因工程的概念及研究内容是什么？
2. 植物基因工程育种有哪些特点？
3. 植物生物反应器的概念及功能是什么？
4. 植物基因工程的发展前景如何？
5. 植物基因工程存在哪些方面的问题？

第二章
基因工程常用的工具酶

第一节 概 述

基因工程的基本技术是人工进行基因的剪切、拼接、组合。基因是一段具有一定功能的 DNA 分子，把不同基因的 DNA 线性分子片段准确地切出来，需要各种限制性核酸内切酶（restriction endonuclease）；把不同片段连接起来，需要 DNA 连接酶（ligase）；结合基因或其中的一个片段，需要 DNA 聚合酶（polymerase）等。因此，酶是 DNA 重组技术中必不可少的工具。

基因工程的操作，是分子水平上的操作，它依赖一些重要的酶（如限制性核酸内切酶、连接酶、聚合酶等）作为工具来对基因进行人工切割和拼接等操作，所以把这些酶称为工具酶。工具酶是指能用于 DNA 和 RNA 分子的切割、连接、聚合、反转录等有关的各种酶系统。

常见的工具酶及其主要功能见表 2-1。

表 2-1 常用的工具酶

工具酶名称	主要功能
限制性核酸内切酶 （restriction endonuclease）	在 DNA 分子内部的特异性的碱基序列部位进行切割
DNA 连接酶 （DNA ligase）	在两条线性 DNA 分子或片段之间催化形成磷酸二酯键
DNA 聚合酶 I （DNA polymerase I ）	通过向 $3'$ 端逐一增加核苷酸以填补双链 DNA 分子上的单链裂口，即 $5'{\rightarrow}3'$ DNA 聚合酶活性，以及 $3'{\rightarrow}5'$、$5'{\rightarrow}3'$ 外切酶活性
多聚核苷酸激酶 （polynucleotide kinase）	把一个磷酸分子加到多核苷酸链的 $5'$-OH 末端上
反转录酶 （reverse transcriptase）	以 RNA 分子为模板合成互补的 cDNA 链
DNA 末端转移酶 （DNA terminal transferase）	将同聚物尾巴加到线性双链或单链 DNA 分子的 $3'$-OH 末端或对 DNA 的 $3'$-末端标记 dNTP
碱性磷酸酶 （alkaline phosphatase）	去除 DNA、RNA、dNTP 的 $5'$磷酸基团
核酸外切酶Ⅲ （exonuclease Ⅲ）	降解 DNA $3'$-OH 末端的核苷酸残基

（续）

工具酶名称	主要功能
核酸酶 S1 （nuclease S1）	降解单链 DNA 或 RNA，产生带 5′-P 的单核苷酸或寡聚核苷酸，同时也可切割双链核酸分子的单链区
核酸酶 Bal 31 （nuclease Bal 31）	降解双链 DNA 的 5′及 3′末端，同时还有单链的核酸内切酶活性
Taq DNA 聚合酶 （Taq DNA polymerase）	能在高温（72 ℃）下以单链 DNA 为模板，从 5′→3′方向合成新生的互补链
核糖核酸酶 （RNase）	专一性降解 RNA
脱氧核糖核酸酶 （DNase）	水解单链或双链 DNA

第二节　限制性核酸内切酶

一、限制性核酸内切酶的发现与分类

（一）限制性核酸内切酶的发现

Lurva 和 Human（1952）以及 Bertani 和 Weigle（1953）发现了噬菌体 λ 的限制作用，即一种 λ 噬菌体在一种寄主细胞中生长良好，但在另一种寄主细胞中生长很差，其原因在于它的 DNA 受到后一种寄主的"限制"，由此发现了限制-修饰系统。它们由 3 个基因位点所控制，即 $hsd R$、$hsd M$、$hsd S$，其中 $hsd R$ 编码限制性核酸内切酶，$hsd M$ 编码限制性甲基化酶，$hsd S$ 的表达产物协助以上两种酶识别作用位点。

限制-修饰系统中的限制作用指一定类型的细菌可以通过限制性核酸内切酶的作用，破坏入侵的噬菌体 DNA，导致噬菌体的寄主范围受到限制；而寄主本身的 DNA，由于在合成后通过甲基化酶的作用得以甲基化，使 DNA 得以修饰，从而免遭自身限制性核酸内切酶的破坏，这就是限制-修饰系统中修饰的含义。

各种细菌都能合成一种或几种序列专一的核酸内切酶。这些酶切割 DNA 的双链，因为它们的功能就是切割 DNA，限制外源性 DNA 存在于自身细胞内，所以称这种核酸内切酶为限制性核酸内切酶。合成限制性核酸内切酶的细胞自身的 DNA 可以不受这种酶的作用，因为细胞还合成了一种修饰酶，它改变了限制性核酸内切酶识别的 DNA 序列的结构，使限制性核酸内切酶不能起作用。限制-修饰系统是细胞的一种防卫手段。如果用噬菌体去感染有限制-修饰系统活性的细菌，噬菌体 DNA 没有先经修饰，它与先经修饰的噬菌体相比，感染效率要低几个数量级。未经修饰的噬菌体 DNA 进入细胞后被限制性核酸内切酶切成片段，片段的数目与 DNA 分子中限制性核酸内切酶的识别位点数目成正比，这些片段进一步被细胞的甲基化酶修饰，由此产生的子代噬菌体全部带有修饰过的 DNA，因此能以很高的频率去感染另一些具有相同限制-修饰系统的细菌。

　　寄主的限制与修饰有两方面的作用，一是保护自身的 DNA 不受限制，二是破坏外源 DNA 使之迅速降解。根据限制-修饰现象发现的限制性核酸内切酶，现已成为重组 DNA 技术的重要工具酶。

　　1968 年 Smith 等人从流感嗜血杆菌株中分离出两个限制性核酸内切酶 *Hind* Ⅱ 和 *Hind* Ⅲ，为基因工程技术的诞生奠定了基础。

　　限制性核酸内切酶采用 1973 年由 Smith 和 Nathans 提议的命名系统，由菌种名、菌系编号、分离顺序组成。第一个字母是微生物属名的第一个字母（细菌是主要来源），第二、三个字母是细菌种名的前两个字母，这 3 个字母都用斜体；接下去是菌株的第一个字母，用正体书写。如果同一菌株中有几种不同的限制性核酸内切酶时，则按分离顺序分别用罗马数字Ⅰ、Ⅱ、Ⅲ等来表示。例如，从 *Haemophilus influenzae* d 中提取的第三种限制性核酸内切酶被命名为 *Hind* Ⅲ。

（二）限制性核酸内切酶的分类

　　1. Ⅰ型　能识别专一的核苷酸序列，并在识别位点附近的一些核苷酸上切割双链，但切割序列没有专一性，是随机的。这类限制性核酸内切酶在 DNA 重组技术或基因工程中用处不大，无法用于分析 DNA 结构或克隆基因。这类酶有 *Eco*B、*Eco*K 等。

　　2. Ⅱ型　能识别专一的核苷酸序列，并在该序列内的固定位置上切割双链。由于这类限制性核酸内切酶的识别和切割的核苷酸都是专一的，所以总能得到同样核苷酸顺序的 DNA 片段，并能构建来自不同基因组的 DNA 片段，形成杂合 DNA 分子。因此，这种限制性核酸内切酶是 DNA 重组技术中最常用的工具酶之一。在Ⅱ型限制性核酸内切酶中还有一类特殊的类型，该酶只切割 DNA 双链中的一条链，造成一个切口，称为切口酶（nicking enzyme）。

　　有些来源不同的Ⅱ型限制性核酸内切酶，识别及切割序列各不相同，但却能产生出相同的黏性末端，这类限制性核酸内切酶称为同尾酶（isocaudamer）。但两种同尾酶切割形成的 DNA 片段经连接后所形成的重组序列，不能被原来的限制性核酸内切酶所识别和切割。同尾酶有 *Bgl* Ⅱ和 *Bam*H Ⅰ等。

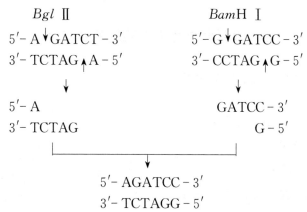

　　通常将来源不同的能切割同一靶序列的限制性核酸内切酶称为同裂酶（isoschizomer）。识别位点和切点完全相同的同裂酶称为完全同裂酶，如 *Hind* Ⅲ、*Hsu* Ⅰ；识别位点相同，但切点不同的同裂酶称为不完全同裂酶，如 *Xma* Ⅰ、*Sma* Ⅰ。

3. Ⅲ型 有专一的识别序列，但不是对称的回文序列。它在识别序列旁边几个核苷酸对的固定位置上切割双链，但这几个核苷酸对是任意的。因此，这种限制性核酸内切酶切割后产生的一定长度 DNA 片段具有各种单链末端。这对于克隆基因或克隆 DNA 片段作用不大。这类酶有 *Eco*P Ⅰ、*Hinf* Ⅲ等。

二、限制性核酸内切酶的识别序列特点

1. Ⅰ型和Ⅲ型限制性核酸内切酶识别序列特点

（1）一般只具有限制性核酸内切酶和甲基化酶的活性。

（2）识别位点不恒定。

（3）不具备做工具酶的特点。

2. Ⅱ型限制性核酸内切酶识别序列特点 目前，从各种微生物中已经分离到 2 300 种以上的Ⅱ型限制性核酸内切酶，可以识别 230 种以上的 DNA 序列。这些发现与开发的Ⅱ型限制性核酸内切酶都已成为基因工程应用中的重要工具酶。绝大多数的Ⅱ型限制性核酸内切酶在底物 DNA 上的识别序列长度为 4、5、6 bp，这些核苷酸的序列为回文序列（palindromic sequence），而且切点就在其内部。DNA 被限制性核酸内切酶切开之后，呈现两种断口，即平末端（blunt end）和黏性末端（cohesive end）。平末端是限制性核酸内切酶在 DNA 分子识别序列的对称轴上切割后形成的片段；黏性末端是限制性核酸内切酶在 DNA 分子识别序列处切割后形成的具有互补碱基的单链突出片段。

（1）绝大多数的Ⅱ型限制性核酸内切酶都有严格的特定核苷酸序列的识别位点。如 *Eco*R Ⅰ识别特定连续的核苷酸的序列 G↓AATTC；*Nla*Ⅰ Ⅴ识别特定间断序列 GGN↓NCC，其中 N 代表一种核苷酸碱基。

（2）识别的核苷酸序列一般为 4～8 bp，最常见的是 4 个或 6 个核苷酸，少数也有识别 5、7、9～11 个核苷酸的。

（3）大多数识别位点具有 180°旋转对称的结构形式，即这些核苷酸序列是回文序列。

三、限制性核酸内切酶的基本特性

1. Ⅱ型限制性核酸内切酶的切割方式 按切割位点相对于二重对称轴的位置来区分，有 3 种切割方式。

（1）在对称轴 5′侧切割产生 5′黏性末端。

$$
\begin{array}{ccccc}
5'\text{-}G\!\downarrow\!\text{AATTC-}3' & & 5'\text{-}G & & \text{AATTC-}3' \\
3'\text{-}\text{GTTAA}\!\uparrow\!\text{G-}5' & \xrightarrow{\ \textit{Eco}\text{R Ⅰ}\ } & 3'\text{-}\text{GTTAA} & + & \text{G-}5'
\end{array}
$$

（2）在对称轴的 3′侧切割产生 3′黏性末端。

$$
\begin{array}{ccccc}
5'\text{-}\text{GTGCA}\!\downarrow\!\text{G-}3' & & 5'\text{-}\text{CTGCA} & & \text{G-}3' \\
3'\text{-}G\!\uparrow\!\text{ACGTC-}5' & \xrightarrow{\ \textit{Pst}\text{ Ⅰ}\ } & 3'\text{-}G & + & \text{ACGTC-}5'
\end{array}
$$

（3）在对称轴处切割，产生平末端。

$$5'- CCC \downarrow GGG - 3' \xrightarrow{Sma\ I} \quad 5'- CCC \quad + \quad GGG - 3'$$
$$3'- GGG \uparrow CCC - 5' \qquad\qquad 3'- GGG \qquad CCC - 5'$$

2. 识别序列与切割方式的相关性

（1）识别顺序不同，切割方式不同，产生的酶切片段的末端不同。

（2）识别顺序不同，但酶切后产生同样的两种黏性末端。如 *BamH* I 和 *Bgl* II、*Sau*3A I。连接后的产物由于碱基排列顺序略有变化，*BamH* I 和 *Bgl* II 都不能再识别和切割了，而 *Sau*3A I 仍然有可能识别和切割。

BamH I	*Bgl* II	*Sau*3A I
$5'- G \downarrow GATCC - 3'$	$5'- A \downarrow GATCT - 3'$	$5'- G \downarrow ATC - 3'$
$3'- CCTAG \uparrow G - 5'$	$3'- TCTAG \uparrow A - 5'$	$3'- CTA \uparrow G - 5'$

（3）识别的顺序相同，切割方式不同。如 *Sma* I 与 *Xma* I 的识别顺序均为 CCCGGG，由于切割方式不同，*Sma* I 切割的产物是平末端，*Xma* I 的是黏性末端。

Sma I	*Xma* II
$5'- CCC \downarrow GGG - 3'$	$5'- C \downarrow CCGGG - 3'$
$3'- GGG \uparrow CCC - 5'$	$3'- GGGCC \uparrow C - 5'$

（4）相同的识别顺序，相同的切割方式，但切割位点上对甲基化碱基的敏感性不同。如 *Hpa* II 和 *Msp* I 都在同一位点切割，但 *Hpa* II 只能切割 CCGG，而 *Msp* I 可以切割甲基化的 C^{m}CGG；*Mbo* I 只能切割 GATC，而 *Sau*3A I 既能切割 GATC，也能切割甲基化的 G^{m}ATC。

3. 限制性核酸内切酶的次级活性——星号活性

在某些条件下，一种特异性识别序列的限制性核酸内切酶在酶切同一种 DNA 片段时会产生新的酶切位点而得到不同的酶解片段的酶活性称为星号活性（star activity）。

实例：*EcoR* I 在正常情况下，识别 6 个核苷酸序列 GAATTC，但在异常情况下，可识别 4 个核苷酸序列 AATT，酶切产物能电泳鉴定出现的 DNA 条带数比正常情况下有增加。

产生星号活性的因素有多种，主要的原因有：

① 甘油浓度过高是引起星号活性的常见原因。在限制性核酸内切酶的浓度与 DNA 量的比值为 50 U/μg DNA 时，甘油的含量为 7.5%（V/V）便能引起星号活性。当应用酶浓度与 DNA 量的比值为 10 U/μg DNA 时，甘油含量高于 15%（V/V）或以上也会引起星号活性。

② 低离子强度（<25 mmol/L）。

③ 阳离子的变化。如将反应体系中 Mg^{2+} 改为 Mn^{2+} 时可促使 *EcoR* I、*Hind* III 产生星号活性。

④ 溶液中 pH 的变化。如用 *EcoR* I 酶解时，反应体系中的 pH 由 2.5 升高到 8.5 时也会出现星号活性。

⑤ 有机溶剂残留的影响。

⑥ 高酶浓度（>5%）。

4. 限制性核酸内切酶对其他基质的作用

有些限制性核酸内切酶除了分解双链 DNA 分子，还会降解其他类型的核酸分子。例如：① *EcoR* I、*Hind* III、*Sal* I、*Msp* I、

Alu Ⅰ、*Taq* Ⅰ和 *Hac* Ⅱ等能分解 DNA-RNA 杂交分子;②*Hha* Ⅰ、*Sfa* Ⅰ、*Mba* Ⅱ、*Hinf* Ⅰ、*Hpa* Ⅱ、*Pst* Ⅰ、*Blu* Ⅰ、*Ava* Ⅰ、*Hac* Ⅱ、*Dde* Ⅰ、*Sau*3A Ⅰ、*Acc* Ⅱ、*Hpa* Ⅰ等能酶解单链 DNA 分子。

四、限制性核酸内切酶活性的检测方法

粗放法:早期测定是根据酶切 DNA 后 DNA 溶液的黏度变化来确定酶的活性。

精确法:通过比较酶降解 DNA 片段的精确程度进行酶活性测定。限制性核酸内切酶的活性高低通常以活性单位表示。

酶活性单位的定义:限制性核酸内切酶的一个活性单位（1 U），原则上是在 50 μL 的反应液中，37 ℃的温度条件下，经过 1 h 反应，将 1 μg DNA（通常用 λDNA）完全分解所需要的酶量。

五、影响限制性核酸内切酶活性的因素

1. DNA 的纯度　限制性核酸内切酶酶切 DNA 的效率很大程度上取决于 DNA 本身的纯度。DNA 中的杂质如蛋白质、多糖、苯酚、氯仿、乙醇、十二烷基硫酸钠（SDS）、乙二胺四乙酸（EDTA）和 NaCl 等都会影响酶的活性，通常采取纯化 DNA、加大酶的用量、延长保温时间、扩大反应体系等措施，使潜在的抑制因素被稀释，或采取加入亚精胺提高消化作用等措施来减轻 DNA 纯度对限制性核酸内切酶活性的影响。

2. DNA 的分子结构　DNA 的分子结构也影响酶切的效率。例如，*Hae* Ⅲ、*EcoR* Ⅰ、*Msp* Ⅰ和 *Hind* Ⅲ需要酶切位点呈双链结构，并且至少为两圈双螺旋结构。虽然有的酶能分解单链 DNA，但是酶切位点仍然呈双链结构。

某些限制性核酸内切酶完全酶解超螺旋 DNA 所需要的酶量要比线性 DNA 酶解所需要的酶量高。有的酶切割同一 DNA 的不同位点，其效率也有差别（有的甚至高出 20 倍），这一特性对于 DNA 的部分酶切非常重要。

3. DNA 的甲基化程度　限制性核酸内切酶的识别序列若被修饰酶所修饰，则该 DNA 就不能被限制性核酸内切酶再切割。DNA 甲基化是最早发现的修饰途径之一，该现象广泛存在于原核生物和真核生物中。

例如，大肠杆菌的 dam 甲基化酶可在 5′-GATC-3′序列中的腺嘌呤 N^6 位置上引入甲基，受其影响的酶有 *Bcl* Ⅰ、*Mbo* Ⅰ等。dcm 甲基化酶在序列 5′-CCAGG-3′或 5′-CCTGG-3′中的胞嘧啶 C^5 上引入甲基，受其影响的酶有 *EcoR* Ⅱ等。采用去甲基化酶的大肠杆菌菌株制备质粒 DNA，可防止 DNA 的甲基化。表 2-2 列出了被甲基化修饰抑制的常见 9 种限制性核酸内切酶。

表 2-2　被甲基化修饰抑制的常见限制性核酸内切酶

限制性核酸内切酶	dam 甲基化	dcm 甲基化	*EcoK* Ⅰ甲基化
Apa Ⅰ	无影响	有影响	无影响
Bsa Ⅰ	无影响	有影响	无影响

（续）

限制性核酸内切酶	dam 甲基化	dcm 甲基化	EcoK I 甲基化
Cla I	有影响	无影响	无影响
Dra I	无影响	无影响	有影响
Hpa I	无影响	无影响	有影响
Mbo I	有影响	无影响	无影响
Msc I	无影响	有影响	无影响
Pme I	无影响	无影响	有影响
Xba I	有影响	无影响	无影响

4. 缓冲液　限制性核酸内切酶反应对使用的缓冲液要求有较高的质量。缓冲液中应避免重金属离子及各种核酸酶的污染，需过滤除菌。标准缓冲液一般都配成 10 倍浓度，冰冻状态贮存。

缓冲液主要组分有 $MgCl_2$、NaCl、KCl、Tris - HCl、巯基试剂［如 β-巯基乙醇或二硫苏糖醇（DTT）］、牛血清白蛋白（BSA）或明胶等。

根据酶的特性制备成相应的缓冲液，通常情况下多采用低盐、中盐、高盐三种缓冲液。低盐是 $0\sim50$ mmol/L，中盐是 $50\sim100$ mmol/L，高盐是 $100\sim150$ mmol/L。

缓冲液的作用是确保反应体系中的 pH 维持在酶活性所需的最佳范围内。常用的缓冲液 pH 为 $7\sim8$，多为 7.4 左右。大多数限制性核酸内切酶对 pH 的适应能力较大，但也有些酶对 pH 较敏感，如 *EcoR* I 在 pH 为 $7.2\sim8.5$ 时，酶的活性就显著下降。

缓冲液组分对酶活性的影响因素有：①二价阳离子。多数使用 Mg^{2+}，有时也可用 Mn^{2+}，但是对 *EcoR* I、*Hind* Ⅲ、*Hae* Ⅲ、*Bam*H I 等，用 Mn^{2+} 代替 Mg^{2+} 便可能出现星号活性。②单价阳离子，对酶反应亦有促进作用。如 *Spn* I、*Mlu* I 等在 $50\sim100$ mmol/L NaCl 或 KCl 时会被激活，而另一些酶如 *Hind* Ⅱ 在上述离子强度大于 20 mmol/L 时将显著受到抑制。③巯基试剂。缓冲液中的巯基试剂对酶有稳定作用，可防止酶失活，但并不是所有的酶都需要这类试剂，如有的巯基试剂对 *Ava* I、*Bam*H I、*Pvu* I 及 *Sma* I 等酶的活性反而有抑制作用。

牛血清白蛋白（bovine serum albumin，BSA）或明胶对酶起保护作用，可以防止蛋白酶的分解和非特异性吸附等，能减轻某些有害环境因素如加热、表面张力及化学因素引起的酶变性。在酶的保存液中或酶活性不够稳定或长时间的酶反应体系中都加定量的 BSA。但是由于 BSA 会与 DNA 结合，在电泳时会出现条带模糊的拖尾现象。遇到这种情况，在电泳前可加入适量的 SDS，并置 65 ℃下 5 min 后再点样，这样可以消除 BSA 的影响。

5. 反应体积　反应体积对酶切效率的影响主要有两个方面：①商品化的酶类保存液含有 50% 的甘油，反应体系中甘油浓度过高会影响酶切效果，甘油的含量超过 5% 会抑制酶的活性。一般加酶的体积应小于总体积的 1/10。②当酶切反应体积小于 10 μL 时，由于酶有一定的黏度，难以做到精确取酶，往往造成酶量不足或过量。因此最好将高浓度的酶溶液进行适当稀释。另外由于小体积的酶切反应会造成水分的蒸发，使反应体系内各成分浓度发生变化而影响酶切效果。

6. 反应温度与保温时间　不同的限制性核酸内切酶具有不同的最适酶切反应温度，大多数的酶反应温度为 37 ℃。但也有例外，如 *Sma* Ⅰ是 25 ℃，*Apa* Ⅰ是 30 ℃，*Mae* Ⅰ是 45 ℃，*Bcl* Ⅰ是 50 ℃，*Mea* Ⅲ是 55 ℃，*Bst* Ⅱ是 60 ℃，*Taq* Ⅰ是 65 ℃等。还有，*Eco*R Ⅰ在 42 ℃以上便钝化，而 *Hae* Ⅱ在 70 ℃仍能保持活性。

在酶切反应过程中，大部分酶随着保温时间的延长其活性降低，而 *Bal* Ⅰ是个例外，反应 16 h 仍保持酶的活性。

六、限制性核酸内切酶的应用

1. 基因克隆　基因克隆的几个主要环节都会用到限制性核酸内切酶。在整个过程中目的基因的获得、载体的构建、重组子的鉴定等都必须用到限制性核酸内切酶。

2. 绘制 DNA 物理图谱　限制性核酸内切酶广泛地用于测定基因重组的酶切图谱，特别是用于测定比较小的基因组，如质粒、噬菌体和动物病毒等的基因组。通过基因的酶切图谱分析与结合遗传学分析，可以测定各个相应 DNA 片段中所带的功能基因，进行基因定位，进而对各片段进行序列分析，绘制出整个基因组的物理图谱。

3. 基因突变分析　利用限制性核酸内切酶可以进行基因突变的分析，主要方法是限制性片段长度多态性（restriction fragment length polymorphism，RFLP）分析。RFLP 是了解基因组细微结构及其变化的一种分析方法。如果两个 DNA 分子完全相同，用同剂量的同种限制性核酸内切酶在相同的条件下消化，所得的限制性核酸内切酶谱将相同。如果两个 DNA 分子基本相同，只是在一处或几处发生某种差异，哪怕是很小的差异，用同剂量的同种限制性核酸内切酶在相同的条件下消化后，所得的两种 DNA 分子限制性核酸内切酶谱的条带将出现不同，即产生多态性。对这些条带进行分析可从中获得两种 DNA 分子结构差异的信息。

第三节　DNA 连接酶

一、DNA 连接酶概述

DNA 连接酶催化 DNA 相邻的 5′磷酸基团和 3′羟基之间形成磷酸二酯键，使 DNA 单链缺口连接起来。大肠杆菌和植物细胞中都有 DNA 连接酶。常使用的连接酶有 T4 DNA 连接酶和大肠杆菌连接酶。

1. DNA 连接酶的基本特性　T4 DNA 连接酶来源于 T4 噬菌体感染的大肠杆菌，连接修复 3′羟基和 5′磷酸基团，脱水形成 3′，5′-磷酸二酯键，可连接双链 DNA 上的单链缺口（nick），也可连接限制性核酸内切酶所产生的黏性末端，还可连接 RNA 模板上的 DNA 链缺口。但连接平末端双链 DNA 的速度很慢，在高浓度的底物和酶的作用下方可进行，这属于分子之间的连接。

大肠杆菌 DNA 连接酶催化相邻 DNA 链的 5′磷酸基团和 3′羟基以磷酸二酯键结合的反应，需 NAD^+ 作辅助因子。该酶只能催化黏性末端 DNA 之间的连接，但如果在聚乙二醇（PEG）及高浓度一价阳离子存在的条件下，也能连接平末端的 DNA，但不能催化 DNA 的 5′磷酸末端与 RNA 的 3′羟基末端以及 RNA 之间的连接。

T4 DNA 连接酶和大肠杆菌 DNA 连接酶的比较见表 2-3。

表 2-3　两种 DNA 连接酶的比较

项目	T4 DNA 连接酶	大肠杆菌 DNA 连接酶
来源	T4 噬菌体	大肠杆菌
相对分子质量	60 000	75 000
辅助因子	ATP	NAD^+
底物	两个带有互补黏性末端或两个带有平末端的双链 DNA 分子，RNA 链具有缺口的 RNA - DNA 杂合体，具有单链缺口的双链 DNA 分子	具有同源互补黏性末端的不同 DNA 片段，具有单链缺口的双链 DNA 分子
应用范围	广泛、效率高	窄

2. DNA 连接酶连接作用的分子机制　连接酶与辅助因子 ATP（或 NAD^+）提供的激活 AMP 形成一共价结合的酶- AMP 复合物（腺苷酰酶），同时释放出焦磷酸（PPi）或烟酰胺单核苷酸（NMN）；激活的 AMP 结合在 DNA 一条链的 5′末端磷酸基团上，产生含高能磷酸键的焦磷酸酯键；与相邻 DNA 链 3′羟基相连，3′末端羟基形成磷酸二酯键，将缺口封起来，同时释放出 AMP。

3. DNA 连接酶的连接反应条件

（1）DNA 连接酶催化的连接反应必须是双链 DNA，DNA 3′端有游离的羟基，5′端有一个磷酸基团。

（2）需要有能量。动物或噬菌体中由 ATP 提供，大肠杆菌则由 NAD^+ 提供。

（3）DNA 连接酶反应的最适温度为 37 ℃，30 ℃以下酶活性明显下降。但在 37 ℃条件下黏性末端的氢键结合很不稳定，考虑到被连接的 DNA 的稳定性和黏性末端的退火温度，一般平末端连接用 20～25 ℃，黏性末端连接用 4～16 ℃。若在 16 ℃反应，大约需 4 h；若在 4 ℃反应，则需反应过夜。

（4）需要有 Mg^{2+}，pH 为 7.5～7.8。T4 DNA 连接酶缓冲液（10×）由 500 mmol/L Tris - HCl 缓冲液（pH 7.8）、100 mmol/L $MgCl_2$、10 mmol/L ATP、50 mmol/L DTT 组成。

二、影响连接反应的因素

1. 反应时间与温度　DNA 连接酶最适的反应温度应是 37 ℃，但在这一温度下黏性末端的氢键结合不稳定，因此连接反应常采用的温度一般在 4～16 ℃，通常选用 12～16 ℃。反应时间为 0.5～16 h。

2. 连接酶的用量　黏性末端 DNA 连接的酶用量在 0.1 单位时就可以达到最佳的连接效果，而平末端 DNA 连接所需的酶用量至少需要提高 10 倍。

3. DNA 底物的浓度　一般情况下对于连接 200～500 bp 的外源 DNA，DNA 底物的浓

度为 $0.01\sim0.03\ \mu g/\mu L$，插入片段与载体分子的物质的量比以 3：1 为较好。

4. 其他干扰因素 EDTA、杂蛋白质、留有活性的其他酶等影响酶切的因素，也会影响连接效果。

第四节　DNA 聚合酶

一、DNA 聚合酶概述

在分子生物学的研究中，经常涉及用 DNA 聚合酶来催化 DNA 的体外合成。

种类：大肠杆菌 DNA 聚合酶 I、大肠杆菌 DNA 聚合酶 I 大片段（又称 Klenow 酶）、T7 DNA 聚合酶、修饰的 T7 DNA 聚合酶、*Taq* DNA 聚合酶及反转录酶等。

作用：在 DNA 模板链上将脱氧核糖核苷酸连续地加到双链 DNA 分子引物链的 3′羟基末端，催化核苷酸聚合成与模板互补的 DNA 序列。

特点：这些聚合酶的共同特点是具有催化核苷酸聚合的作用，但在外切酶活性、聚合速率等方面有差别。

二、大肠杆菌 DNA 聚合酶 I

1957 年，美国生化学家 Kormberg A. 首次证实大肠杆菌 DNA 聚合酶 I（*Escherichia coli* DNA polymerase I）为单链多肽蛋白质，分子质量为 109×10^3 u，它由大小 2 种亚基组成，具有 3 种酶活性：大亚基有 $5'\rightarrow3'$ 聚合酶活性和 $3'\rightarrow5'$ 外切酶活性，小亚基只有 $5'\rightarrow3'$ 外切酶活性。

1. $5'\rightarrow3'$ 聚合酶活性

模板：聚合反应要有单链 DNA 作为模板。

引物：带有 3′羟基的引物。

原料：4 种脱氧核苷三磷酸（dATP、dGTP、dCTP、dTTP）和 Mg^{2+} 等。

聚合：在酶的催化下，DNA 的聚合作用是从引物的 5′向 3′羟基方向延伸。

2. $3'\rightarrow5'$ 外切酶活性

外切活性：在一定的条件下，聚合酶 I 也具有外切酶活性。

作用特点：从游离 3′羟基端切割双链或单链 DNA 为单核苷酸，识别和消除不配对的核苷酸，每次只能去除一个单核苷酸，从而保证了 DNA 复制的忠实性。

$$5'-CCGATCT-OH3' \quad \xrightarrow[Mg^{2+}]{Pol\ I} \quad 5'-CCG-OH3'$$
$$3'-GGC-P5' \qquad\qquad\qquad 3'-GGC-P5' \quad +dAMP+dCMP+dTMP$$

3. $5'\rightarrow3'$ 外切酶活性 从 DNA 链的 5′羟基末端降解双螺旋 DNA 的一条链，沿 $5'\rightarrow3'$ 方向，释放出单核苷酸或寡核苷酸。

DNA 聚合酶 I 的主要用途：①用切口平移方法标记 DNA，可作杂交探针；②利用其 $5'\rightarrow3'$ 外切酶活性降解寡核苷酸，作为合成 cDNA 第二链的引物；③对 DNA 分子的 3′黏性末端进行标记，用于 DNA 序列分析。

三、Klenow 酶

Klenow 酶是 DNA 聚合酶Ⅰ经枯草芽孢杆菌蛋白酶或胰蛋白酶分解切除小亚基而得，又称为 Klenow 大片段酶。其具有 $5'{\rightarrow}3'$ 聚合酶活性和 $3'{\rightarrow}5'$ 外切酶活性，但失去了 $5'{\rightarrow}3'$ 外切酶活性。

Klenow 酶的用途：①用同位素标记酶切 DNA 片段的末端；②补平 $5'$ 黏性末端为平末端，也可用 $3'{\rightarrow}5'$ 外切酶活性除去 $3'$ 末端的单链，生成平末端；③合成 cDNA 的第二条链，由于该酶没有 $5'{\rightarrow}3'$ 外切酶活性，因此 $5'$ 端的 DNA 不会被降解，能合成全长 cDNA；④用 Sanger 双脱氧链终止法测定 DNA 序列；⑤用于定点突变。

四、T4 DNA 聚合酶

T4 DNA 聚合酶（T4 DNA polymerase）是从 T4 噬菌体感染的大肠杆菌中分离纯化来的，由噬菌体基因 43 编码。与 Klenow 酶一样，具有 $5'{\rightarrow}3'$ 聚合酶活性和 $3'{\rightarrow}5'$ 外切酶活性。

T4 DNA 聚合酶与 Klenow 酶活性相比有如下几个特点：①外切酶活性对单链比对双链更强，比 Klenow 酶强 200 倍；②不从单链模板置换寡核苷酸引物，定点诱变第二条链的合成效率高于 Klenow 酶；③Klenow 酶可用于随机引物标记，而 T4 DNA 聚合酶可用替代合成法标记探针。

T4 DNA 聚合酶的主要用途：①补平或标记限制性核酸内切酶消化 DNA 后产生的 $3'$ 凹端；②对带有 $3'$ 黏性末端的 DNA 分子进行末端标记；③标记用作探针的 DNA 片段；④将双链 DNA 的末端转化成为平末端；⑤使结合于单链 DNA 模板上的诱变寡核苷酸引物得到延伸。

五、T7 DNA 聚合酶及测序酶

T7 DNA 聚合酶（T7 DNA polymerase）是从 T7 噬菌体感染的大肠杆菌宿主细胞中分离纯化获得的，现在这两种亚基的编码基因所构建的工程菌都实现了在大肠杆菌细胞内的超水平表达。T7 DNA 聚合酶与 Klenow 酶一样，但比 Klenow 酶的 $3'{\rightarrow}5'$ 外切酶活性高 1 000 倍，合成能力最强。T7 DNA 聚合酶的用途与 T4 DNA 聚合酶相似，但特别适合于在大分子质量模板上引物延伸合成 DNA 互补链，较其他聚合酶更不受 DNA 的二级结构的影响。

T7 DNA 聚合酶的主要用途：①用于长模板链的引物延伸反应；②通过补平或交换（置换）反应进行快速末端标记。

测序酶（sequenase）是经化学方法修饰的 T7 DNA 聚合酶，它失去了 $3'{\rightarrow}5'$ 外切酶活性，保留了聚合酶活性。由于其具有很强的持续合成能力，因此该酶是长片段的 DNA 序列分析的理想工具酶。

六、*Taq* DNA 聚合酶

Taq DNA 聚合酶（*Taq* DNA polymerase）最初是由 H. Erlic 从温泉中的水生栖热菌（*Thermus aquaticus*）中分离出来的。该酶具有 $5'\rightarrow3'$ 聚合酶活性以及依赖于聚合作用的外切酶活性，没有 $3'\rightarrow5'$ 外切酶活性。该酶是一种耐热的依赖于 DNA 的 DNA 聚合酶，最适反应温度为 72～80 ℃，能以高温变性的靶 DNA 分离出来的单链 DNA 为模板，在加入 4 种 dNTP 的体系中，以分别结合在两端扩增区为起点，从 $5'\rightarrow3'$ 的方向合成新生的互补链 DNA，因此该酶的主要用途是进行 DNA 的 PCR 反应。

七、Amv 反转录酶

Amv 反转录酶（Amv reverse transcriptase）最初是从鸟类骨髓细胞白血病病毒（*Avian melolastosis virus*）中分离出来的。现在已经从多种 RNA 肿瘤病毒中分离到这种酶。该酶分子质量为 1.6×10^5 u，由 α、β 两种亚基组成，其中 α 肽具有 $5'\rightarrow3'$ 聚合作用的反转录酶活性和 RNase H 活性。RNase H 是一种 RNA 的外切酶，以 $5'\rightarrow3'$ 或 $3'\rightarrow5'$ 方向特异性地降解 RNA - DNA 杂交分子中的 RNA 链。而 β 肽具有以 RNA - DNA 杂交分子为底物的 $5'\rightarrow3'$ DNA 外切酶活性。这种酶又称依赖于 RNA 的 DNA 聚合酶。

该酶可以 mRNA 为模板合成单链 cDNA，也可以单链 cDNA 为模板合成双链 DNA，还可利用单链 DNA 或 RNA 作模板合成分子探针。这是分离真核生物基因制备 cDNA 文库常用的方法。合成的分子探针可用于检测 DNA 或 RNA。

在基因工程中，反转录酶的主要用途是：①将真核基因的 mRNA 转录成 cDNA，构建 cDNA 文库，进行克隆实验；②对具有 $5'$ 黏性末端的 DNA 片段的 $3'$ 端进行填补（补平反应）和标记，制备探针；③代替 Klenow 酶，用于 DNA 序列测定。

第五节　DNA 甲基化酶

一、生物体内 DNA 的甲基化现象

细胞的限制-修饰系统中的修饰作用是由甲基化酶（methylase）来完成的。甲基化酶和限制性核酸内切酶具有完全相同的识别序列。甲基化酶使识别序列中的某个碱基发生甲基化，保护 DNA 不被限制性核酸内切酶切开。

原核细胞内 DNA 通常只有 2%～10% 是甲基化的，发生在识别序列的腺嘌呤 N^6 位上或胞嘧啶 N^5 位上。

真核生物中目前只发现了 5 - 甲基胞嘧啶（m^5C）。m^5C 占所有胞嘧啶的 2%～7%（果蝇和某些昆虫例外）。m^5C 大多以 m^5CpG 的形式存在，不同物种或同一物种的不同组织中，m^5C 出现的频率也不尽相同。已经发现真核细胞中的甲基化作用与转录作用的调节、细胞分化、染色体结构、DNA 修复和 DNA 重组等多种功能有关。

二、DNA甲基化酶的种类

1. dam甲基化酶　dam甲基化酶可在 $5'-GATC-3'$ 序列中的腺嘌呤 N^6 位置上引入甲基，这样可使一些识别序列中含有 $5'-GATC-3'$ 的限制性核酸内切酶不能切割来自大肠杆菌的DNA，如 *Bcl* Ⅰ（TGATCA），但 *Bam*H Ⅰ（GGATAA）则不会因为腺嘌呤 N^6 位的甲基化而失去活性，因为这两种酶对底物的特异性不同。

2. dcm甲基化酶　dcm甲基化酶在序列 $5'-CCAGG-3'$ 或 $5'-CCTGG-3'$ 中的胞嘧啶 C^5 位置上引入甲基。

目前已经纯化作为商品出售的甲基化酶见表2-4。

表2-4　商品化的甲基化酶及甲基化的碱基

甲基化酶名称	甲基化的碱基	甲基化酶名称	甲基化的碱基
Alu Ⅰ	AG*CT	*Hha* Ⅰ	G*CGC
*Bam*H Ⅰ	GGAT*CC	*Hpa* Ⅱ	C*CGC
Cla Ⅰ	ATCG*AT	*Hph* Ⅰ	T*CACC
Dam Ⅰ	G*ATC	*Msp* Ⅰ	C*CGG
*Eco*R Ⅰ	GA*ATTC	*Pst* Ⅰ	CTGC*AC
Hae Ⅲ	GC*CC	*Taq* Ⅰ	CG*A

*　发生甲基化的碱基。

甲基化酶可使细菌DNA分子中的胞嘧啶和腺嘌呤发生甲基化，形成 $5'-$ 甲基胞嘧啶和 $6'-$ 甲基腺嘌呤。在DNA重组实验中，常用的甲基化酶属于Ⅱ型甲基化酶，它与相应的限制性核酸内切酶的识别序列相同，其甲基化位点与限制性核酸内切酶作用位点相同或不同。

如：甲基化酶 M *Eco*R Ⅰ（GA^{m}ATTCC）的甲基化位点与相应的限制性核酸内切酶 R *Eco*R Ⅰ（G↓AATTC）的作用位点不同，甲基化酶 M *Hpa* Ⅰ（C^{m}CGG）的甲基化位点与相应的限制性核酸内切酶 R *Hpa* Ⅰ（C↓CGG）的作用位点相同。

三、Ⅱ型甲基化酶对限制性核酸内切酶活性的影响

1. 抑制同种限制性核酸内切酶的活性　如 M *Bam*H Ⅰ（GGAT^{m}CC）抑制 R *Bam*H Ⅰ（G↓GATTC）的活性，M *Eco*RⅠ（GA^{m}ATTC）抑制 R *Eco*R Ⅰ（G↓AATTC）的活性。

2. 抑制不同种限制性核酸内切酶的活性

（1）识别序列完全重叠。如 M *Cla* Ⅰ（ATCG^{m}AT）抑制 *Taq* Ⅰ（TCG^{m}A）的活性。

（2）识别序列边界重叠。如 M *Bam*H Ⅰ（GGAT^{m}CC）抑制 *Mep* Ⅰ（^{m}CCGG）的活性。

3. 抑制不同种限制性核酸内切酶的部分活性 如 M *Taq* Ⅰ （TCG^mA） 抑制 *Hind* Ⅱ （GTPyPuAC：GTCAAC、GTTAAC、GTCG^mAC、GTTGAC） 的部分活性。

四、DNA 甲基化酶的用途

DNA 甲基化酶的用途：①改变某些限制性核酸内切酶识别序列的特异性，以便重组体的形成；②在建立基因文库时，可先使 DNA 分子部分甲基化，然后再用限制性核酸内切酶酶切。

许多Ⅱ型限制性核酸内切酶都存在着相应的甲基化酶，它们可修饰限制性核酸内切酶识别序列中的第 3 位腺嘌呤，封闭酶切位点，从而使其免受切割。如 M *EcoR* Ⅰ 催化 S-腺苷-L-甲硫氨酸（SAM）的甲基转移到 R *EcoR* Ⅰ 识别顺序中的第 3 位腺嘌呤上，从而使 DNA 免受 R *EcoR* Ⅰ 的切割。

第六节 DNA 及 RNA 的修饰酶

一、末端脱氧核苷酸转移酶

末端脱氧核苷酸转移酶（terminal deoxynucleotidyl transferase，TDT）简称末端转移酶，是从小牛胸腺中分离纯化得到的。

末端转移酶的特性：①合成方向 $5' \rightarrow 3'$；②合成时不要模板，但底物至少要 3 个核苷酸；③对 dNTP 非特异性，任一种都可以作前体物；④催化脱氧核苷酸结合到 DNA 分子的 $3'$ 羟基末端，需要 Mg^{2+} 或 Mn^{2+}；⑤用 Co^{2+} 代替 Mg^{2+} 作辅助因子，可在平末端 DNA 分子上进行末端加尾。

末端转移酶的用途：①给载体或 cDNA 加上互补同聚物尾巴；②标记 DNA 片段的 $3'$ 羟基端可用 $[\alpha-^{32}P]$-dNTP，也可催化非放射性标记物掺入 DNA $3'$ 羟基末端；③可按模板合成多聚脱氧核苷酸同聚物；④可以再生酶切位点，便于回收克隆片段。

二、T4 多聚核苷酸激酶

T4 多聚核苷酸激酶（T4 polynucleotide kinase）是由 T4 噬菌体的 *pseT* 基因编码的一种蛋白质。该酶催化 γ-磷酸从 ATP 分子转移给 DNA 或 RNA 分子的 $5'$ 羟基末端。可分为正向反应和交换反应。

正向反应：

$$5'-OH \; DNA \; 或 \; 5'-OH \; RNA + [\gamma-^{32}P]-ATP$$

$$Mg^{2+} \downarrow \text{T4 多聚核苷酸激酶}$$

$$5'[\gamma-^{32}P] \; DNA \; 或 \; 5'[\gamma-^{32}P] \; RNA + ADP$$

交换反应：当反应物中 $[\gamma-^{32}P]$-ATP 和 ADP 超量时，该酶就会催化 DNA 分子的末端发生交换。

$$5'- P \text{ DNA 或 } 5'- P \text{ RNA} + [\gamma-^{32}P] - ATP + ADP$$

$$Mg^{2+} \quad \downarrow \quad T4 \text{ 多聚核苷酸激酶}$$

$$5'[\gamma-^{32}P] \text{ DNA 或 } 5'[\gamma-^{32}P] \text{ RNA} + ATP + ADP$$

T4 多聚核苷酸激酶用途：①标记 DNA 的 5′末端；②化学合成寡聚核苷酸加磷酸。

三、碱性磷酸酶

碱性磷酸酶有两种，一种是从大肠杆菌中分离纯化的细菌性碱性磷酸酶（bacterial alkaline phosphatase，BAP），另一种是从小牛肠中分离纯化的小牛肠碱性磷酸酶（calf intestinal alkaline phosphatase，CIP）。两种酶促反应均需 Zn^{2+}，区别在于 BAP 耐热，而 CIP 在 70 ℃加热 10 min 或经酚抽提则失活。CIP 的特异活性较 BAP 高 10～20 倍，因此 CIP 应用更广泛。它们催化 DNA、RNA、NTP、dNTP 的脱磷酸作用，目的是防止 DNA 的自身环化和 5′末端标记前的去磷酸。

$$5'P \text{————} OH3' \qquad \xrightarrow{\text{BAP 或 CIP}} \qquad 5'HO \text{————} OH3'$$
$$3'HO \text{————} P5' \qquad \qquad 3'HO \text{————} OH5'$$

四、DNA 拓扑异构酶

DNA 拓扑异构酶（DNA topoisomerase）是存在于细胞核内的一类酶，它们能够催化 DNA 链的断裂和结合，从而控制 DNA 的拓扑状态。根据拓扑酶诱导 DNA 断裂机制的不同，可将其分为两类，即拓扑异构酶Ⅰ（topoisomerase Ⅰ）和拓扑异构酶Ⅱ（topoisomerase Ⅱ）。拓扑异构酶Ⅰ是切断一条 DNA 链而改变拓扑结构；拓扑异构酶Ⅱ能暂时性地切断和重新连接双链 DNA，同时需要 ATP 水解为 ADP 以供能。拓扑异构酶可改变共价闭合双链 DNA 分子的结构，可用于 DNA 的结构转换和解析。

第七节 核 酸 酶

核酸酶可降解核酸的磷酸二酯键，主要包括核酸外切酶（exonuclease）、核酸内切酶（endonuclease）、核糖核酸酶（RNase）和脱氧核糖核酸酶（DNase）等。

一、核酸外切酶

表 2-5 罗列了几种核酸外切酶。

表 2-5 几种核酸外切酶

核酸外切酶	底物	切割位点	产物
大肠杆菌核酸外切酶Ⅰ	单链 DNA	5′-OH 末端	5′单核苷酸，末端二核苷酸
大肠杆菌核酸外切酶Ⅲ	双链 DNA	3′-OH 末端	5′单核苷酸

（续）

核酸外切酶	底物	切割位点	产物
大肠杆菌核酸外切酶 V	DNA	$3'-OH$ 末端	$5'$ 单核苷酸
大肠杆菌核酸外切酶 Ⅶ	单链 DNA	$3'-OH$ 末端	$2 \sim 12$ bp 的寡核苷酸短片段
λ 噬菌体核酸外切酶	双链 DNA	$5'-P$ 末端	$5'$ 单核苷酸
T7 噬菌体基因 6 核酸外切酶	双链 DNA	$5'-P$ 末端	$5'$ 单核苷酸

核酸外切酶的主要用途：①制备单链模板，供测序用，如大肠杆菌核酸外切酶Ⅲ、λ 噬菌体核酸外切酶；②制备标记 DNA 底物，如大肠杆菌核酸外切酶Ⅲ结合使用 Klenow 酶；③同聚物加尾，如 λ 噬菌体核酸外切酶移除 $5'$ 黏性末端，用末端转移酶加尾；④用来测定外显子和内含子的位置，如大肠杆菌核酸外切酶 Ⅶ；⑤构建单向缺失，如大肠杆菌核酸外切酶Ⅲ。

核酸外切酶还有另外 3 种活性：①对无嘌呤及无嘧啶位点特异的核酸内切酶活性；②$3'$ 磷酸酶活性；③RNase H 活性。

二、S1 核酸酶

S1 核酸酶（nuclease S1）是从稻谷曲霉（*Aspergillus oryzae*）中分离得到的。其功能是降解单链 DNA 和 RNA，产生带 $5'$ 磷酸的单核苷酸或寡核苷酸。对双链 DNA 或 RNA 以及 DNA - RNA 杂交分子的降解活性相对较低，但提高酶量也可降解双链 DNA，特别是对有切口或缺口的双链 DNA。该酶降解单链 DNA 的速度，比降解双链 DNA 快 75 000 倍，比降解单链 RNA 快 7 倍。S1 核酸酶的活性可被 PO_4^{3-}、核苷三磷酸、$5'$ 核苷和 EDTA 等抑制。

S1 核酸酶的用途：①除去 DNA 黏性末端产生平末端；②去除 cDNA 中的单链发夹结构，产生平末端；③用于 S1 核酸酶保护实验，分析转录产物；④成熟 mRNA 与基因组 DNA 杂交后，结合 S1 核酸酶水解，可进行内含子在基因组 DNA 中的定位。

三、Bal 31 核酸酶

Bal 31 核酸酶是从埃氏交替单胞菌（*Alteromonas espejiana*）中分离而来的，能以内切方式特异性地降解单链 DNA，没有单链时也作用于双链 DNA，表现出从 DNA 两端同时降解的 $5'$ 及 $3'$ 的外切酶活性，最终产物为 $5'$-磷酸单核苷酸。该酶同时还是高度特异性的单链核酸内切酶，在双链 DNA 单链区和双链 RNA 单链区进行切割。

Bal 31 核酸酶的用途：①控制去除双链 DNA 末端的长度，可用于基因克隆；②诱发 DNA 发生末端缺失突变；③与限制性核酸内切酶合用建立 DNA 物理图谱；④DNA 超螺旋线性化，研究超螺旋 DNA 分子的二级结构；⑤在制备重组 RNA 时，从双链 RNA 上去除核苷酸。

四、核糖核酸酶

核糖核酸酶为核酸内切酶，按其作用特点可分 4 种类型：RNase A、RNase T、RNase U2、RNase H。

核糖核酸酶的共同特点是专门降解 RNA，其用途有：①在提取 DNA 时降解样品中的 RNA；②从 DNA-RNA 杂交分子中除去 RNA。

RNase A 分离自牛胰脏，对热稳定，抗去污剂，100 ℃加热 15 min 仍具活性，用于除去 DNA 样品中的 RNA 分子。

RNase H 作用于 DNA-RNA 杂交分子中的 RNA 链，用于 cDNA 文库建立时除去 RNA 链以便第二条 cDNA 链的合成。

五、脱氧核糖核酸酶

脱氧核糖核酸酶Ⅰ（DNase Ⅰ）是从牛胰脏中分离得到的，是核酸内切酶，水解单链或双链 DNA，无核苷酸序列特异性，反应产物是带有 5′磷酸末端的单聚核苷酸和寡聚核苷酸的混合物，最小产物的长度仅有 4 个核苷酸。

Ca^{2+}、Mg^{2+} 或 Ca^{2+}、Mn^{2+} 可使酶活达最大值。当酶浓度很低时，双链 DNA 分子上将形成切口，不同类型的二价阳离子对两条链上切口位置的形成有以下影响：Mg^{2+} 存在时，两条链上的切口相互独立；Mn^{2+} 存在时，两条链上的切口几乎在同一位置。

DNase 的用途：①切口移位，制备 DNA 探针。缺口平移法标记探针前用 DNase Ⅰ处理 DNA，可使之形成若干缺口。②建立随机克隆，进行 DNA 序列分析。③提取 RNA 时除去样品中的 DNA 分子。④基因突变时产生切口。

第八节 重 组 酶

一、同源重组酶

同源重组是由同源重组酶催化两个具有完全相同或者相似核苷酸序列的 DNA 分子之间发生的重组。大肠杆菌中有两套同源重组系统：内源性重组系统（RecA 同源重组系统）和噬菌体衍生的重组系统（Red 同源重组系统）。

1. RecA 同源重组系统 RecA 同源重组系统是细菌内源性同源重组系统，它由 RecA 和相关的辅助蛋白组成。在行使重组功能过程中，RecA 蛋白以右手螺旋的形式结合单链 DNA（ssDNA）片段，形成 DNA-蛋白纤维结构，这种结构协助 RecA 蛋白在双链 DNA（dsDNA）中寻找单链 DNA 同源片段，一旦发现同源序列，两同源片段便形成 Holliday junction 结构，伴随着 ATP 的水解作用而发生同源重组。

RecA 同源重组系统中重要的辅助蛋白有 RecBCD、RecFOR、AddAB 和 DprA。RecBCD 蛋白分子质量较大，是一个由 RecB、RecC 和 RecD 组成的复合体，具有解旋酶活性和依赖 ATP 的核酸外切酶活性。RecBCD 与受损双链 DNA 切口结合，沿 DNA 链移动，并切割核苷酸形成 $3'$ 黏性末端结构，随后识别 *Chi* 位点（$5'-\text{GCTGGTGG}-3'$），并在 *Chi* 位点停顿约 5 s 以减慢移动速率。继而由 RecA 蛋白介导单链 DNA - RecA 复合物结合到双链 DNA 上，形成 Holliday junction 结构，从而发生同源重组。

RecFOR 蛋白是一个由 RecF、RecO 和 RecR 组成的复合体，主要参与单链 DNA 的修复过程，它移除结合在单链 DNA 上的单链结合蛋白（ssDNA - binding protein，SSB），协助 RecA 结合在单链 DNA。AddAB 又称 RexAB，由 AddA 和 AddB 组成，功能与 RecBCD 类似。AddAB 蛋白在遇到 *Chi* 位点前，以较高的速率解旋双链 DNA，并沿着 DNA 链移动，遇到 *Chi* 位点后发生停顿。与 RecBCD 蛋白识别的 *Chi* 位点序列相比，AddAB 蛋白识别的 *Chi* 位点序列较短，仅有 5 个碱基（$5'-\text{AGCGG}-3'$），且 AddAB 蛋白识别 *Chi* 位点的频率仅有 RecBCD 的 30%，甚至更低。DprA 蛋白可装载 RecA 蛋白到裸露的 ssDNA 或 SSB 包裹的 ssDNA 上。

2. Red 同源重组系统　Red 同源重组系统来自 λ 噬菌体，由 Exo、Beta 和 Gam 蛋白组成，主要用于双链 DNA 同源重组。Exo 蛋白单亚基分子质量为 24 ku，具有双链核酸外切酶活性，可结合在双链 DNA 末端，沿双链 DNA 的 $5'$ 端向 $3'$ 端降解 DNA，产生 $3'$ 黏性末端。Exo 蛋白对于单链 DNA 的降解能力较弱。Beta 蛋白单亚基分子质量为 29 ku，是一种单链退火蛋白，在 Red 同源重组过程中起着决定性作用。在溶液中，Beta 蛋白自发地形成环状结构，紧密地结合在单链 DNA 的 $3'$ 黏性末端，介导互补 DNA 的配对和退火，同时也防止 DNA 被 DNase I 等核酸酶降解。此时，Beta 蛋白只需结合 35 bp 的同源核苷酸单链即可。Gam 蛋白是 Exo 和 Beta 蛋白的功能辅助蛋白，可与 RecBCD 核酸外切酶和 SbcCD 核酸内切酶分别结合，形成 RecBCD - Gam 和 SbcCD - Gam 复合物，进而抑制 RecBCD 和 SbcCD 的活性，从而防止线性 DNA 被降解。

二、位点特异性重组酶

位点特异性重组是位点特异性重组酶介导的特定位点间 DNA 发生整合、切除或倒位等。该过程由位于重组酶催化活性中心的酪氨酸或丝氨酸向 DNA 磷酸骨架发起攻击，形成共价中间体，不需要高能量辅助因子的参与。位点特异性重组系统具有高效精确的优点，在基因工程领域应用广泛。

典型的位点特异性重组系统需具备 3 个要素：特定的识别位点（有简单的识别序列或具有负责不同蛋白因子识别的复杂结构）、识别 DNA 序列、介导切割重连并实现链交换的重组酶（SSR）。基于氨基酸序列的同源性和催化机制的差异，位点特异性重组酶分为两类，即酪氨酸重组酶和丝氨酸重组酶。两大重组酶家族种类繁多，分别来源于不同细菌、真菌，具有整合、解离、转座、切除和倒位等生物学作用。

1. 酪氨酸重组酶　酪氨酸重组酶家族也称为 λ 整合酶系，该家族成员数量庞大，种类繁多，包括一系列 λ 噬菌体编码酶类和部分转座酶、一些控制原核生物鞭毛（菌毛）相位转变的蛋白因子，以及少量参与发育过程中特殊蛋白的表达和染色体分配过程的重组酶。在酪氨酸重组酶的催化结构域中，都有一个保守的酪氨酸残基，负责攻击核酸骨架，形成单链断裂切口而产生 $5'$ 羟基末端和 $3'$ 磷酸基-酪氨酸的切割中间体，两个 DNA 分子交错连接，进而形成一对新的重组位点，该过程类似于同源重组过程中 Holliday 模型。

重组机制：重组过程起始于联会复合体中双链 DNA 在重组酶活性中心酪氨酸残基的攻击下，发生单链断裂，形成共价的 DNA -蛋白质（磷酸基-酪氨酸）连接，该连接位于 DNA 的 3′端；而在 3′端留下一个游离的羟基。随后，游离的 3′羟基攻击配对底物的 5′磷酸基-酪氨酸连接，形成 Holliday 交联结构，经过异构化和解离最终形成重组产物。

2. 丝氨酸重组酶　丝氨酸重组酶家族也称为倒位/解离酶系，该家族包含大量的倒位酶与解离酶。丝氨酸重组酶有较为保守的催化结构域，其近 N 端为活性中心，包含一个丝氨酸。该丝氨酸残基亲核攻击 DNA 骨架并交错切割，形成带有 3′羟基的双链断裂末端，5′磷酸基与重组酶形成共价连接中间体，随后该联会复合体发生翻转，重新连接完成重组反应。该过程类似于双链断裂重组模型。

重组机制：重组过程起始于四聚体蛋白结合两个底物形成联会复合体，4 个亚基攻击靶位点，形成双链断裂；丝氨酸与 5′磷酸共价连接，3′羟基裸露；游离的 3′羟基攻击磷酸基-丝氨酸中间体并重新连接完成重组过程。

三、重组酶的应用

1. 同源重组酶的应用　主要用于染色体或质粒 DNA 片段的敲除或外源 DNA 片段的插入。例如 RecA 同源重组系统。

2. 位点特异性重组酶的应用　作为体外工具酶进行基因的定向克隆，如 Invitrogen 公司 Gateway 系统和 Echo 系统、Clontech 公司的 Creator 系统。用于体内外源基因的定点整合，特定基因的删除、置换或倒位，染色体工程中大片段 DNA 的缺失、倒位或易位等遗传操作。

 复习思考题

1. 简述基因工程常用工具酶的种类和用途。
2. 简述 DNA 连接酶的连接反应机制。
3. 简述用于体外 PCR 的工具酶种类和特点。
4. 简述末端转移酶在基因工程操作中的应用。
5. 简述 DNA 甲基化酶与限制性核酸内切酶的关系。
6. 简述同源重组酶在基因工程操作中的重要用途。

第三章
植物基因工程载体

植物基因工程载体具有将外源 DNA 导入受体细胞的作用，在科学研究中，根据目的基因的差异和研究目的不同，选择适合的载体，才能为研究的顺利进行提供保障。本章主要介绍植物基因工程载体的种类和基本结构、常用的植物基因工程载体等内容。

第一节 概　　述

一、植物基因工程载体的种类

1. 根据载体来源分类　根据载体来源不同，植物基因工程载体主要分为细菌质粒载体（Ti 质粒和 Ri 质粒）、植物病毒载体（单链 RNA 病毒载体、单链 DNA 病毒载体和双链 DNA 病毒载体）、噬菌体载体（λ 噬菌体载体、柯斯质粒载体和单链 DNA 噬菌体载体）及转座子载体几大类。目前转座子载体在动物中应用比较广泛，而在植物中应用还比较少。

2. 根据载体的功能及构建分类　根据载体的功能及构建过程的不同，植物基因工程载体可分为四大类型，分别为克隆载体、中间载体、卸甲载体和表达载体，其中表达载体又可分为一元表达载体和二元表达载体。

二、植物基因工程载体的结构

植物基因工程载体在结构上至少包含复制起始点、启动子、多克隆位点、转录终止区和遗传标记基因（图 3 - 1）。

1. 复制起始点　复制起始点（origin of replication, *ori*）是 DNA 复制的开始位点，一个 DNA 分子只有具有复制起始点才能自主复制。一个载体只有具有了复制起始点才可以在受体细胞中自主复制，有多拷贝存在于受体细胞内。多拷贝的存在有利于外源基因克隆和在受体细胞内大量表达。

2. 启动子　启动子（promoter, P）是一段有特殊结构的 DNA 片段，位于基因的首端，可以控制基因的表达时间和表达程度。启动子就像"开关"，决定基因的活动，但启动子本身并不能控制基因的活动。这是因为它是 RNA 聚合酶识别和结合的部位，有了它才能驱动基因转录产生 mRNA。

3. 多克隆位点　多克隆位点（multiple cloning site, MCS）是一个由限制性核酸内切酶的识别位点构成的区域，供外源 DNA 插入。由于不同基因的末端由不同的限制性核

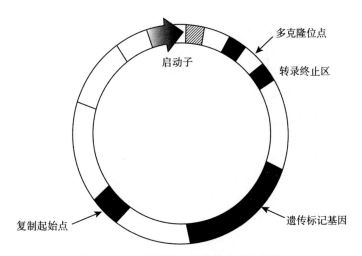

图 3-1 植物基因工程载体的基本结构

酸内切酶所产生，因而构建了多克隆位点，即将多个克隆位点集中在一个很短的序列内，这样可以减少分子克隆的工作量。

4. 转录终止区 转录终止区（transcription termination region）位于基因的尾端，终止 DNA 的转录。它相当于红色交通信号灯，使转录在需要的地方停下来，保证基因的正常翻译。

5. 遗传标记基因 遗传标记基因（genetic marker gene）可对载体或重组 DNA 进行标记，主要是为了鉴别受体细胞中是否含有目的基因，从而将含有目的基因的细胞筛选出来。遗传标记基因主要包括抗性标记基因、营养标记基因和生化标记基因。

三、选择标记基因和报告基因

如何选择转化体是研究人员在进行植物表达载体构建时需要考虑的一个重要问题。科学家们一直试图把转化体带上一个标记，从而便于选择。至今已建立了许多选择标记基因和报告基因，并已插入到各种转化载体中。作为选择标记基因或报告基因必须具备以下 4 个条件：①编码一种不存在于正常植物细胞中的蛋白质；②基因较小，可构成嵌合基因；③能在转化体中得到充分表达；④检测容易，并且能定量分析。

1. 选择标记基因 选择标记基因可以使抗生素失去活性，解除抗生素对转化细胞在转录和翻译过程中的抑制作用，从而使转化细胞得以继续生长。主要包括抗性标记基因和生化标记基因，如氨苄青霉素（ampicillin）抗性基因（Amp^r，amp^r）、四环素（tetracycline）抗性基因（tet^r）、氯霉素（chloramphenicol）抗性基因（Cat^r，cat^r）、卡那霉素和新霉素（kanamycin/neomycin）抗性基因（Kan^r）、$Sup\,F$ 琥珀突变抑制基因、β-半乳糖苷酶基因（$lacZ$）等。

2. 报告基因 报告基因是一类编码可被迅速检测的蛋白质的基因，其与目的基因融合后的表达产物可用来标定目的基因的表达调控。它在转化系统中通过瞬间表达及稳定表达检测来确定转化的 DNA（基因）是否能在转化细胞中得到表达，起到报告的作用。如荧光素酶基因（luc）、绿色荧光蛋白基因（gfp）、β-葡萄糖醛酸糖苷酸酶基因（gus）等。

第二节 克隆载体

一、克隆载体的基本性质

1. 克隆载体应具备的基本条件 基因克隆的重要环节之一是把一个外源基因导入生物细胞中，并使它得到扩增。在基因工程操作中，常常把外源 DNA 片段利用运载工具送入生物细胞。把携带外源基因进入受体细胞的这种工具称为载体（vector）。基因工程最基本的技术就是要得到目的基因或核酸序列的克隆，分离或改建的基因或核酸序列自身不能繁殖，需要载体携带它们到合适的细胞中复制。理想的基因工程克隆载体一般应具备以下特点：

（1）在宿主细胞内必须能进行自主复制（具备复制起始点）。

（2）必须具备合适的酶切位点，最好对多种限制性核酸内切酶有单一酶切位点，供外源 DNA 片段插入，不影响其复制（具备多克隆位点）。

（3）具有用于筛选的选择性遗传标记。若有对重组体 DNA 进行选择的标记，更为理想，这样可以检测载体是否接上了目的基因，检测重组体是否进入受体细胞（具备选择标记基因）。

（4）容易进入宿主细胞，而且进入效率高。

（5）分子质量小，可以携带外源 DNA 的幅度较宽。

（6）容易从宿主细胞中分离纯化出来，便于重组操作。

2. 克隆载体的种类 根据载体的来源不同，植物基因工程的克隆载体主要分为质粒克隆载体、噬菌体克隆载体和人工染色体克隆载体。

（1）质粒克隆载体。如 pBR322（已根据需要改建），有 5 个独特的酶切位点和 2 个抗生素抗性基因，能独立复制。

（2）噬菌体克隆载体。如 λ 噬菌体改造成的 charon 载体，易转移到宿主细胞。这种噬菌体的中央部分不是必需的，可以切除。能插入较大的外源 DNA 片段（2.2×10^4 bp）；有较强的启动子，能增强外源 DNA 的表达。可根据噬菌斑直接判断是否有外源 DNA 插入。

（3）人工染色体克隆载体。人工染色体克隆载体是利用真核生物染色体或原核生物基因组的功能元件构建的能克隆 50 kb 以上的 DNA 片段的人工载体。主要有酵母人工染色体（YAC）和细菌人工染色体（BAC）两种。

二、质粒克隆载体

（一）质粒的概念

质粒（plasmid）是存在于细菌细胞质中独立于染色体外的遗传因子，能进行自我复制，但需依赖于宿主编码的酶和蛋白质，大多数为双链闭环 DNA 分子，少数为线性 DNA 分子，大小一般为 $1 \sim 200$ kb（图 3-2）。质粒并不是细菌生长所必需的，但可以赋予细菌抵御不利外界环境因素的能力。

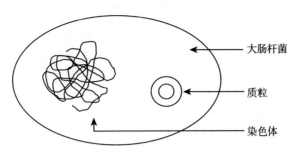

图 3-2 大肠杆菌质粒的结构示意图

(二) 质粒的基本特性

1. 质粒的复制 通常一个质粒含有一个与相应的顺式作用元件结合在一起的复制起始点（ori）以及一个控制质粒拷贝数的基因，因此它能独立于宿主细胞的染色体 DNA 而自主复制。由于质粒上并没有复制酶的基因，所以其复制需要使用宿主细胞内复制染色体 DNA 的多种酶。复制子有不同的组成方式，如滚环、θ形等。在大肠杆菌中，使用的大多数载体都带有一个来源于 pMB1 质粒或 ColE1 质粒的复制子。

2. 质粒的拷贝数 质粒的拷贝数是指某种质粒在一个宿主细胞内的数目。不同的质粒在宿主细胞内的拷贝数不同（表 3-1），根据每个宿主细胞中质粒拷贝数的多少，可以把质粒分为严紧型质粒（拷贝数少，为 1~5 个）与松弛型质粒（拷贝数多，一般为 10~200 个）。作为基因工程载体的质粒大多是松弛型的。

表 3-1 一些质粒载体所携带的复制子及拷贝数

质粒	复制子	拷贝数/个
pBR322 及其衍生质粒	pMB1	15~20
pUC 载体	pMB1	500~700
pACYC 及其衍生质粒	p15A	10~12
pSC101 及其衍生质粒	pSC101	约为 5
ColE1	ColE1	15~20

3. 质粒的不相容性 两种质粒在同一宿主中不能共存的现象称为质粒的不相容性。在第二个质粒导入宿主细胞后，在不涉及 DNA 限制系统时，不相容的质粒一般利用同一复制系统，质粒分配到子细胞时会发生竞争，随机挑选，最终放大。不相容群是指那些不相容的质粒组成的一个群体，这些质粒一般具有相同的复制子。现已发现 30 多个不相容群，如 ColE1/pMB1、pSC101、p15A 等。

4. 质粒的转移性 有的质粒具有可转移性，能通过接合作用从一个细胞转移到另一个细胞中。质粒的这种移动特性，与质粒本身有关，也取决于宿主菌的基因型。具有转移性的质粒带有一套与转移有关的基因，它需要移动基因 mob、转移基因 tra、顺式作用元件 bom 及其内部的转移起始位点 nic。非转移性质粒可以在转移性质粒的带动下实现转移。质粒 pBR322 是常用的质粒克隆载体，本身不能进行接合转移，但有转移起始位点

nic，可在第三个质粒（如 ColK）编码的转移蛋白作用下，通过接合型质粒来进行转移。接合型质粒的分子量较大，有编码 DNA 转移的基因，因此能从一个细胞自我转移到原来不存在此质粒的另一个细胞中去。在基因操作中可以将转移必需的因子放在不同的复制单位上，通过顺反互补来控制目的质粒的接合转移。但大多数克隆载体无 *nic*/*bom* 位点（如 pUC 系列质粒），所以不能通过接合管通道实现转移。

5. 质粒 DNA 的电泳特征　环状双链的质粒 DNA 分子具有 3 种不同的构型：共价闭合环状 DNA（covalently closed circular DNA，cccDNA）、开环的双链环状 DNA（open circular DNA，ocDNA）和线性 DNA（linear DNA，L - DNA）。它们在琼脂糖凝胶电泳中具有不同的电泳迁移率（图 3 - 3）。

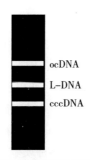

图 3 - 3　质粒 DNA 琼脂糖凝胶电泳模式图

（三）常用的质粒克隆载体

1. pBR322 质粒载体

大小：4 361 bp，容易纯化。

GenBank 登记号：V01119，J01749。

多克隆位点：含有 30 多个单酶切位点。

抗性标记：*amp*^{r} 和 *tet*^{r}，每一个标记基因都含有单一的酶切位点，可以插入 DNA 中。*amp*^{r} 基因内可被 *Pst* Ⅰ、*Pvu* Ⅰ、*Sac* Ⅰ切开，而 *tet*^{r} 基因可被 *Bam*H Ⅰ、*Hind* Ⅲ切开。

筛选：可通过插入抗性失活筛选重组子。

拷贝数：在受体细胞内，pBR322 以多拷贝存在，一般一个细胞内可达 15 个，而在蛋白质合成抑制剂如氯霉素存在条件下，可达 1 000～3 000 个拷贝。

pBR322 是最早应用于基因工程的载体之一（图 3 - 4）。把 pBR322 用限制性核酸内切酶切去某一片段，换上合适的表达组件，就可以构建成工作所需的新载体。许多实用的质粒载体都是在 pBR322 的基础上改造而成的。此外，pBR322 DNA 被限制性核酸内切酶酶切后产生的片段大小均已知道，可以作为核酸电泳的分子质量标准。

2. pUC18/pUC19 质粒载体

大小：2 686 bp，均来自 pBR322。

GenBank 登记号：L08752/X02514。

抗性标记：*amp*^{r}。

多克隆位点：有 10 个酶切位点。

用途：克隆、利用 *lacZ* 进行表达、测序。

pUC18 和 pUC19 除多克隆位点以互为相反的方向排列外，这两个载体在其他方面没有差别。pUC 载体表达 *lacZ* 基因的产物（β-半乳糖苷酶）的氨基端片段在相应的宿主中可出现 α 互补，因此，可以用组织化学筛选法鉴定重组体（图 3-5）。

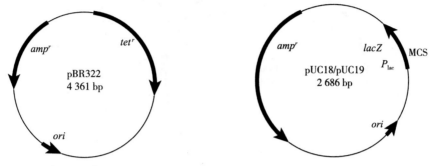

图 3-4　pBR322 质粒载体的图谱　　　　图 3-5　pUC18/pUC19 质粒载体的图谱

pUC18 的多克隆位点（MCS）如图 3-6 所示。

图 3-6　pUC18 的多克隆位点

pUC19 的多克隆位点（MCS）与 pUC18 的多克隆位点（MCS）方向相反，*Hind* Ⅲ 位点紧接于 P_{lac} 下游。

3. pUCm-T 质粒载体

大小：2 773 bp。

抗性标记：*amp*^{r}。

用途：商业化的克隆载体，用于 T/A 克隆、PCR 产物的克隆、测序。

pUCm-T 质粒载体是为简化 PCR 产物的克隆而设计的。许多高温 DNA 聚合酶，如 *Taq* DNA 聚合酶、*Tth* DNA 聚合酶等扩增的 PCR 产物在 3′末端后都带有一个突出的碱基 A，这样的 PCR 产物可以用 3′末端带有一个突出碱基 T 的载体进行克隆。但具有 3′→5′外切酶活性的 DNA 聚合酶扩增的 PCR 产物是平末端，要对这种平末端 PCR 产物进行克隆，需先进行 3′端加 A 工作。

pUCm-T 质粒载体是一种新颖的 pUC 系列 T 载体，其多克隆位点多为单一酶切位点和 β-半乳糖苷酶阅读框的调整大大方便了克隆的蓝白斑筛选。插入位点两端设计独特的两个 *Pst* Ⅰ 位点使插入片段可以用 *Pst* Ⅰ 单酶切进行检测，也可以用非常廉价而高效的 *EcoR* Ⅰ 和 *Hind* Ⅲ 双酶切进行检测，还可以用 M13 通用引物和 T7 启动子引物对 PCR 产物进行测序。pUCm-T 质粒载体含有 T7 RNA 聚合酶的启动子，可以对插入片段进行体外转录（图 3-7）。

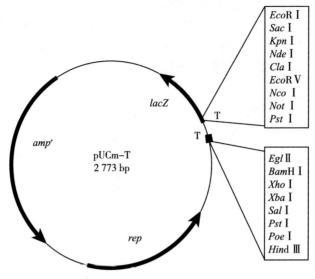

图 3-7 pUCm-T 质粒载体的图谱

三、噬菌体克隆载体

(一) λ 噬菌体的结构组成

1. 基本结构 λ 噬菌体是感染大肠杆菌的溶原性噬菌体，在感染宿主后可进入溶原状态，也可进入裂解循环。在显微镜下，可发现 λ 噬菌体具有头和尾的复合结构。但尾部没有尾丝。λ 噬菌体的壳体由头部和尾部组成，头部和尾部通过颈部相连。头部通常呈二十面体对称，尾部呈螺旋对称。λ 噬菌体属于长尾噬菌体，无收缩性。

2. λ 噬菌体的基因组 噬菌体的基因组为长度 50 kb 左右的双链线性 DNA 分子，GenBank 登记号为 J02459 或 M17233，共编码 61 个基因，其中 38 个较为重要。如图 3-8 所示，在 λ 噬菌体颗粒内，λDNA 按基因组功能共分为六大区域：头部编码区、尾部编码区、重组区、控制区、复制区和裂解区。它们分属四个操纵子结构：阻遏蛋白操纵子、早期左向操纵子、早期右向操纵子以及晚期右向操纵子。λDNA 两端的 5′ 末端除带有 12 个可互补的碱基外均为线性双链 DNA，12 个可互补的碱基序列为 5′- GGGCGGCGACCT -3′。当 λ 噬菌体 DNA 进入宿主细胞后，其两端互补单链通过碱基配对形成环状 DNA 分子，而后在宿主细胞的 DNA 连接酶和促旋酶（gyrase）的作用下，形成封闭的环状 DNA 分子，充当转录的模板。此时，λ 噬菌体可选择进入裂解生长状态（lytic growth），大量复制并组装成子代噬菌体颗粒，使宿主细胞裂解。经过 40～45 min 的生长循环，释放出约 100 个感染性噬菌体颗粒（每个细胞）。λ 噬菌体也可选择进入溶原状态（lysogenic state），将 λDNA 通过位点专一性重组整合到宿主的染色体 DNA 中，并随宿主的繁殖传给子代细胞。

3. λ 噬菌体的可取代区 在溶原状态下，λDNA 整合在半乳糖代谢基因 gal 和生物素合成基因 bio 之间。λDNA 在某些条件下会从宿主染色体上切割出来，进入裂解循环。切割和整合是相互对立的过程，在不同重组酶的作用下，发生切割或整合。溶原化 λDNA

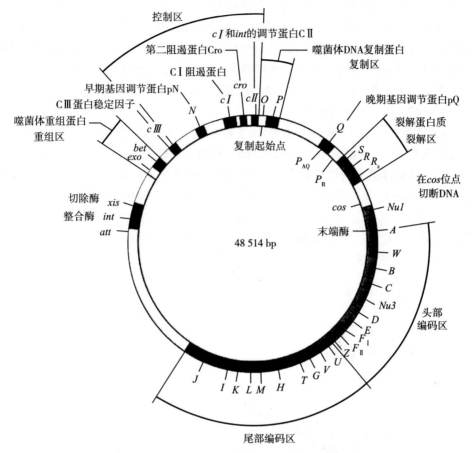

图 3-8　λ噬菌体基因组结构

在切割时，可能是不正确的切割，从而产生不正常的 λ 噬菌体，即缺陷型 λ 噬菌体。在这些缺陷型 λ 噬菌体中，λ 噬菌体丢失了一部分基因组 DNA，同时获得了一部分宿主的DNA。通过分析大量缺陷型 λ 噬菌体的 DNA，发现 J 基因与 cro 基因之间的 DNA 被 gal基因或 bio 基因替换后，不影响 λ 噬菌体裂解生长。这个区段约占 λDNA 的 1/3，主要包含控制 λ 噬菌体进入溶原状态的调节基因和功能基因。60％区域为裂解生长所必需的，其中左臂约 20 kb，含有编码噬菌体头部和尾部蛋白的基因，即从基因 A 至基因 J 的区域；右臂为 8～10 kb，从 PR 启动子到右侧 cos 位点。

（二）代表性的 λ 噬菌体克隆载体

1. 插入型 λ 噬菌体克隆载体　通过特定的酶切位点允许外源 DNA 片段插入的载体称为插入型载体（insertion vector）。由于 λ 噬菌体对所包装的 DNA 有大小的限制，因此一般将插入型载体设计为可插入 6 kb 外源 DNA 片段，最大 11 kb。

（1）λgt10 载体。大小为 43 340 bp（GenBank U02447），是经典的噬菌体载体，主要用作 cDNA 克隆，允许的插入片段大小为 0～6 kb。外源 DNA 量有限时较好，克隆效率高。图 3-9 是 λgt10 载体的结构。该载体缺失了含有溶原整合 att 位点的片段 b527，在基因 N 至基因 cⅡ 替换了一段来自 434 噬菌体的片段 imm434，其中基因 cⅠ 内有一个

$EcoR$ Ⅰ酶切位点。其他 $EcoR$ Ⅰ酶切位点都被去除了，基因 c Ⅰ内的 $EcoR$ Ⅰ酶切位点作为唯一位点，可用于外源 DNA 片段的插入。重组后的 λgt10 载体变为 c Ⅰ$^-$λgt10 载体，很容易用带 $hflA150$ 突变的宿主菌筛选重组体。c Ⅰ$^-$λgt10 在 $hflA$ 宿主中形成噬菌斑，c Ⅰ$^+$ 在 $hflA$ 中形成溶原菌，产生混浊噬菌斑。c Ⅰ$^+$λgt10 载体在 $hflA$ 宿主中进入溶原状态的能力比 λgt10 强 50～100 倍。一般采用宿主菌 C600（BNN93）来增殖载体，C600 $hflA$（BNN102）用于筛选重组体。

（2）λgt11 载体。λgt11 载体大小为 43.7 kb，是一个常用的载体（图 3-10）。λgt11 载体允许插入的 DNA 片段大小为 0～7.2 kb。它用于构建 cDNA 文库、基因组文库和表达融合蛋白。该载体最大的特点是在最左侧可取代区置换了一段 $lac5$ 基因，可编码半乳糖苷酶，在 IPTG/X-gal 平板上形成蓝色噬菌斑。在 $lac5$ 基因编码区终止密码子之前有一个 $EcoR$ Ⅰ位点（53 bp 上游），可用于外源 DNA 片段的插入。筛选时，在 lac^- 宿主菌中非重组噬菌斑为蓝色。当外源 DNA 片段与 $lacZ$ 的阅读框相吻合时，可表达出融合蛋白，可用免疫学方法筛选阳性重组子。

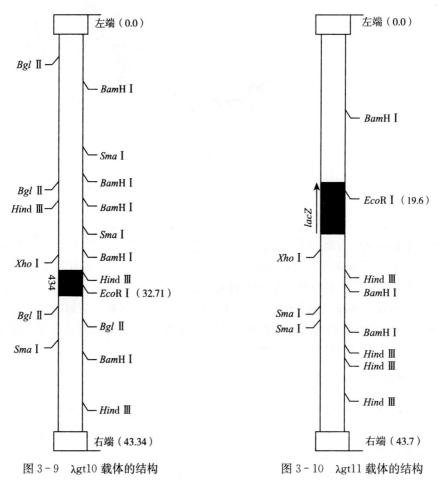

图 3-9　λgt10 载体的结构　　　　图 3-10　λgt11 载体的结构

该载体带有 S 基因的琥珀突变 $Sam100$，该突变可被 $supF$ 抑制，因此该载体需要在 $supF$ 宿主菌内进行增殖和筛选。S 基因是 λ 噬菌体从宿主细胞释放前参与细菌细胞膜溶解的一个基因，该基因突变后，可引起感染性噬菌体在非抑制性宿主细胞内发生积累。

　　该载体还带有 cⅠ基因的温度敏感突变 cⅠ$ts857$，该基因产物对温度敏感。在 32 ℃时，cⅠ$ts857$ 基因产物有活性，可使相应的噬菌体处于溶原状态；当温度提高到 42 ℃时，cⅠ$ts857$ 基因产物失去活性，导致噬菌体进入裂解生长。根据这一性质，可用来控制噬菌体的复制和融合蛋白的表达。

　　一般使用大肠杆菌 Yl090（$hsdR$）作为受体菌，用于载体的增殖和文库的筛选；也可用 Yl089（$hsdR$）作为受体菌，该菌具有高频溶原特性，可用于融合蛋白的分析和检测。

　　（3）λGEM-2 载体和 λGEM-4 载体。λGEM-2 载体和 λGEM-4 载体都是由 λgt10 载体改造而来，也是 cDNA 克隆载体。λGEM-2 载体和 λGEM-4 载体大小分别为 43.8 kb和 46.2 kb，可分别装载 0～7.1 kb 和 0～4.7 kb 外源片段。λGEM-2 载体与 λgt10 载体相比，在 cⅠ基因内的 EcoRⅠ酶切位点被来自 pGEM-1 质粒的一小部分片段取代。该小片段含有多克隆位点，在其两端分别有一个 SP6 和 T7 噬菌体的启动子，启动子之外各有一个 SpeⅠ位点。在 λGEM-4 载体中，则是将完整的 pGEM-1 质粒替换 EcoRⅠ酶切位点。

　　（4）λZAPⅡ载体。λZAPⅡ载体整体上与 λgt11 载体相似，不同的是在基因 J 和 att 位点之间用 pBluescript SK 质粒片段取代了相应的噬菌体片段，大小为 41 kb，允许插入 0～10 kb 的外源片段。因此，该载体具备了 pBluescript SK 质粒的一些特性，如 α 互补及通过启动子合成 RNA 探针。

　　（5）λExcell 载体。λExcell 载体大小为 45.5 kb，与 λZAPⅡ载体相似。不同的是，在该载体中装载了 pExcell 质粒片段（4 190 bp）。该载体允许外源 DNA 插入的大小为 0～6 kb，主要用于 cDNA 克隆。pExcell 质粒与 pBluescript 质粒相似，除了多克隆位点不同外，都插入了一段来自噬菌体的片段。该片段含有噬菌体整合到大肠杆菌染色体所必需的整合位点 att。在 λExcell 载体中，pExcell 质粒相当于通过整合位点 att 整合到噬菌体 DNA。

　　2. 置换型载体　　允许外源 DNA 片段替换非必需 DNA 片段的载体，称为置换型载体（replacement vector）。其组成示意图如图 3-11 所示。一般情况下，置换型载体克隆外源片段的大小范围是 9～23 kb，故而该载体主要用来构建基因组文库。

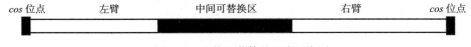

图 3-11　置换型载体的组成示意图

　　（1）λEMBL3 载体和 λEMBL4 载体。这两个载体大小为 43 kb，其左臂、右臂和填充片段的大小分别为 20 kb、9 kb 和 14 kb。图 3-12 是其结构示意图。从提高克隆效率角度来看，它们克隆 DNA 片段大小为 9～23 kb。在填充片段中带有 red 和 gam 基因，当外源片段替换填充片段后，重组体将变成 $red^- gam^-$，同时载体上含有 $chiC$ 位点，因此可用 P2 噬菌体的溶原性大肠杆菌进行 Spi 筛选重组体。在填充片段两端带有对称的多克隆位点。这两个载体的差别是多克隆位点的排列位置相反。BamHⅠ酶切位点适合克隆用 Sau3AⅠ部分消化的外源 DNA 片段，在得到阳性克隆子后，可用 SalⅠ或 EcoRⅠ将外源片段从重组载体上切割出来。

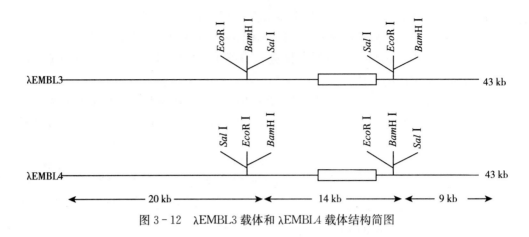

图 3-12 λEMBL3 载体和 λEMBL4 载体结构简图

（2）λGEM-11 载体。λGEM-11 载体的左右臂来自 λEMBL3 载体，填充片段来自 λ2001，是一个多功能置换载体。其多克隆位点与上述置换载体稍有不同，但保留 *Xho* I 酶切位点，同时在填充片段的最末端各有一个识别 8 个核苷酸序列的稀有酶切位点 *Sfi* I。在获得阳性克隆后，通过 *Sfi* I 酶切位点可将外源片段从载体上切割下来进行亚克隆，并且在相当大程度上不会切割外源片段。还有一个区别是，在右边的多克隆位点中有 SP6 噬菌体的启动子，而不是 T3 噬菌体的启动子。λGEM-11 载体的结构如图 3-13 所示。

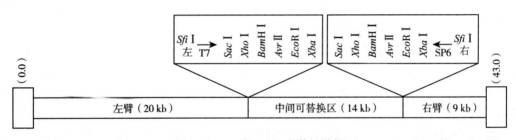

图 3-13 λGEM-11 载体的结构

四、人工染色体克隆载体

（一）酵母人工染色体

酵母人工染色体（yeast artificial chromosome，YAC）载体是利用酿酒酵母（*Saccharomyces cerevisiae*）染色体的复制元件构建的载体，其工作环境也是在酿酒酵母中。酿酒酵母的形态为扁圆形和卵形，生长的代时为 90 min；含 16 条染色体，其基因组大小为 12×10^6 bp；具真核 mRNA 的加工活性。

1. YAC 载体的复制元件和选择标记基因 在 YAC 载体中最常用的是 pYAC4（图 3-14）。由于酵母的染色体是线状的，因此其工作状态也是线状的。但是，为了方便制备，YAC 载体以环状的方式存在，并增加了普通大肠杆菌质粒载体的复制元件和选择标记基因，以便保存和增殖。

YAC 载体的复制元件是其核心组成成分，复制的必需元件包括复制起点序列即自主复制序列（autonomously replicating sequence，ARS）、用于有丝分裂和减数分裂功能的着丝粒（centromere，CEN）和两个端粒（telomere，TEL）。这些元件在酵母菌中可以驱动染色体的复制和分配，从而决定这个微型染色体可以携带酵母染色体大小的DNA片段。

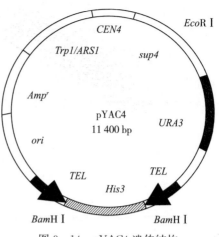

图 3-14 pYAC4 遗传结构

①自主复制序列。是一段特殊的序列，含有酵母菌DNA进行双向复制所必需的信号。

②着丝粒。着丝粒是有丝分裂过程中纺锤丝的结合位点，使染色体在分裂过程中能正确分配到子细胞中。着丝粒在YAC中起到保证一个细胞内只有一个人工染色体的作用。如pYAC4使用的是酵母第四条染色体的着丝粒。

③端粒。定位于染色体末端的一段序列，用于保护线状的DNA不被胞内的核酸酶降解，以形成稳定的结构。

YAC载体的选择标记基因主要采用营养缺陷型基因，如色氨酸、亮氨酸和组氨酸合成缺陷型基因 *trp1*、*leu2* 和 *his3*，尿嘧啶合成缺陷型基因 *ura3* 等，以及赭石突变抑制基因 *sup4*。与YAC载体配套工作的宿主酵母菌（如AB1380）的胸腺嘧啶合成基因带有一个赭石突变基因 *ade2-1*，带有这个突变的酵母菌在基本培养基上形成红色菌落。当带有赭石突变抑制基因 *sup4* 的载体存在于细胞中时，可抑制 *ade2-1* 基因的突变效应，形成正常的白色菌落。利用这一菌落颜色转变的现象，可筛选载体中含有外源DNA片段插入的重组子。

2. YAC载体的工作原理 YAC载体主要是用来构建大片段DNA文库，特别用来构建高等真核生物的基因组文库，并不用作常规的基因克隆。图3-15描绘了YAC载体的工作流程。对于 *BamH* I 切割后形成的微型酵母染色体，当用 *EcoR* I 或 *Sma* I 切割抑制基因 *sup4* 内部的位点后形成染色体的两条臂，与外源大片段DNA在该切点相连就形成一个大型人工酵母染色体，通过转化进入到酵母菌后可像染色体一样复制，并随细胞分裂分配到子细胞中去，达到克隆大片段DNA的目的。装载了外源DNA片段的重组子导致抑制基因 *sup4* 插入失活，从而形成红色菌落；而载体自身连接后转入到酵母细胞后形成白色菌落。这些红色的装载了不同外源DNA片段的重组酵母菌菌落的群体就构成了YAC文库。YAC文库装载的DNA片段的大小一般可达200～500 kb，有的可达1 Mb以上，甚至达到2 Mb。

YAC载体功能强大，但也有一些弊端。这主要表现在3个方面：首先，YAC载体的插入片段可能会出现缺失（deletion）和基因重排（rearrangement）的现象。其次，容易形成嵌合体。嵌合是指单个YAC载体中的插入片段由2个或多个独立基因组片段连接组成。嵌合克隆占5%～50%。最后，YAC载体的大小与宿主细胞的染色体大小相近，影响了YAC载体的广泛应用。YAC载体一旦进入酿酒酵母细胞，由于其大小与内源的染色体大小相近，很难从中分离出来，不利于进一步分析。但是YAC载体的一个突出优点是，酵母细胞比大肠杆菌对不稳定的、重复的和极端的DNA有更强的容忍性。另外，

YAC 载体在功能基因和基因组研究中非常有用。由于高等真核生物的基因大多数是多外显子结构并且有长长的内含子，大型基因组片段可通过 YAC 载体转移到动物或动物细胞系中，进行功能研究。

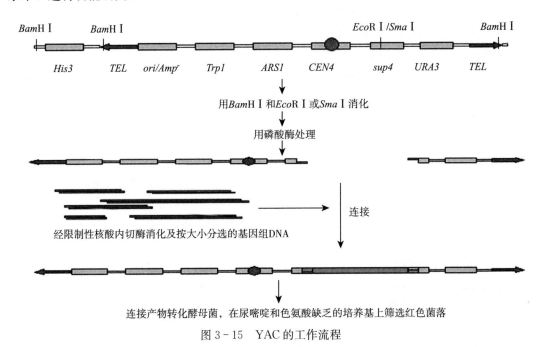

图 3-15　YAC 的工作流程

（二）细菌人工染色体载体

1. F 质粒　大肠杆菌的 F 因子（致育因子）是一个约 100 kb 的质粒。它编码 60 多种参与复制、分配和接合过程的蛋白质。虽然 F 因子通常以双链闭环 DNA（1～2 个拷贝/细胞）的形式存在，但它可以在大肠杆菌染色体中至少 30 个位点处进行随机整合。携带 F 因子的细胞，以游离状态或整合状态表达三根发样状的 F 菌毛。F 菌毛为供体与受体细胞之间产生性接触所必需的结构。

2. 细菌人工染色体载体　细菌人工染色体（bacterial artificial chromosome，BAC）是基于大肠杆菌的 F 质粒构建的高通量低拷贝的质粒载体。每个环状 DNA 分子中携带 1 个抗生素抗性标记，1 个来源于大肠杆菌 F 因子（致育因子）的严紧型控制的复制子 $oriS$，1 个易于 DNA 复制的由 ATP 驱动的解旋酶（RepE）以及 3 个确保低拷贝质粒精确分配至子代细胞的基因座（$parA$、$parB$ 和 $parC$）。BAC 载体的低拷贝性可以避免嵌合体的产生，减轻外源基因的表达产物对宿主细胞的毒副作用。

第一代 BAC 载体不含那些用于区分携带重组子的抗生素抗性细菌菌落与携带空载体的细菌菌落的标记物。新型的 BAC 载体可以通过 α 互补的原理筛选含有插入片段的重组子，并设计了用于回收克隆 DNA 的 Not Ⅰ酶切位点和用于克隆 DNA 测序的 Sp6 启动子、T7 启动子。Not Ⅰ识别序列位点十分稀少，重组子通过 Not Ⅰ消化后，可以得到完整的插入片段。Sp6、T7 是来源于噬菌体的启动子，用于插入片段末端测序。

BAC 与 YAC 和 PAC（P1 artificial chromosomes，P1 人工染色体）相似，没有包装

限制，因此可接受的基因组 DNA 大小也没有固定的限制。大多数 BAC 文库中的克隆平均大小约为 120 kb，然而个别的 BAC 重组子中含有的基因组 DNA 最大可达 300 kb。

BAC 载体空载时大小约为 7.5 kb，在大肠杆菌中以质粒的形式复制，具有一个氯霉素抗性基因。外源基因组 DNA 片段可以通过酶切、连接，克隆到 BAC 载体多克隆位点上，通过电穿孔的方法将连接产物导入大肠杆菌重组缺陷型菌株中。装载外源 DNA 后的重组质粒通过氯霉素抗性和 *lacZ* 基因的 α 互补进行筛选。

第三节　表达载体

一、植物基因工程表达载体的种类

植物基因工程表达载体是将目的基因导入植物细胞的载体，一般称为工程载体。根据它的结构特点可分为一元载体系统和双元载体系统。表达载体必须具备两种功能：①能够将外源基因导入植物细胞中，并且将基因整合到植物的基因组上；②能够提供被宿主细胞复制和转录系统识别的启动子和复制子起始点，保证外源基因能够在植物中正常复制和表达。目前的表达载体系统有病毒载体系统和农杆菌质粒载体系统两大类。

1. 病毒载体系统　植物病毒可以作为植物遗传转化的载体系统，是由植物病毒的侵染特性所决定的。相对于转基因植物，植物病毒表达载体系统有许多优点：第一，病毒增殖水平较高，可使伴随的外源基因有高水平表达，相对于基因遗传转化，其表达量高达100 多倍；第二，病毒增殖速度快，外源基因在较短的时间内（通常在接种后 1~2 周以内）就可达到最大量的积累；第三，植物病毒的基因组很小，易进行遗传操作，大多数植物病毒可以通过机械接种感染植物，适于大规模操作；第四，植物病毒可以侵染单子叶植物等农杆菌的非宿主植物，扩大了基因工程的适用范围。

以病毒作载体的表达系统为瞬时表达系统，一般不能把外源基因整合到植物细胞基因组中传递给后代。植物病毒的感染率很高，可能诱发植物产生病害。由于以病毒为载体的表达系统需每个宿主材料都要接种病毒载体，故瞬时表达系统不易起始。病毒载体 RNA 复制时变异率较高，病毒复制过程中发生的重组可能导致外源插入序列即使在没有选择压力的情况下也会很快失失。作为表达载体的病毒最好是双链 DNA 植物病毒。目前已有十几种植物病毒被改造成不同类型的外源蛋白表达载体，包括花椰菜花叶病毒（CaMV）、烟草花叶病毒（TMV）、豇豆花叶病毒（CPMV）、马铃薯 X 病毒（PVX）、番茄丛矮病毒（TBSV）等。其中在 TMV 载体中成功表达的外源病毒至少有150 种。

2. 农杆菌质粒载体系统　农杆菌质粒载体系统是目前应用最成功和最广泛的植物遗传转化表达载体。农杆菌质粒载体系统中最常用的质粒有 Ti 质粒和 Ri 质粒。Ti 质粒存在于根癌农杆菌（*Agrobacterium tumefaciens*）中，Ri 质粒存在于发根农杆菌（*Agrobacterium rhizogenes*）中。Ti 质粒和 Ri 质粒在结构和功能上有许多相似之处，具有基本一致的特性。但实际工作中，绝大多数采用 Ti 质粒。随着对 Ti 质粒和 Ri 质粒分子生物学研究的不断深入，由农杆菌介导的基因转移系统也日臻完善，成为植物基因工程中不可缺少的工具，已广泛应用到作物、果树、蔬菜、林木、花卉、牧草和药用植物等的遗传转化中，显示出极大的应用潜力和广阔的发展前景。

二、Ti 质粒载体

1. Ti 质粒的结构特点 根瘤农杆菌中能够分离出一类巨大质粒，可诱发植物产生冠瘿瘤（crown gall），故称为根瘤质粒（tumor - inducing plasmid，Ti 质粒）。Ti 质粒是根瘤农杆菌染色体外的遗传物质，为双链共价闭合的环状 DNA 分子，其分子质量为（95～156）×10^6 u，大小为 200～300 kb。

依据 Ti 质粒诱导的植物冠瘿瘤种类的不同，Ti 质粒可以分为 4 种类型：章鱼碱型（octopine type）、胭脂碱型（nopaline type）、农杆碱型（agropine type）、农杆菌素碱型（agrocinopine type）或琥珀碱型（succinamopine type）。各种 Ti 质粒均可分为 4 个区：①T - DNA 区（transfer - DNA region）。T - DNA 是农杆菌侵染植物细胞时，从 Ti 质粒上切割下来并转移到植物细胞的一段 DNA，该片段上 *onc* 基因与肿瘤的形成有关。②Vir 区（virulence region）。该区段上编码的基因能激活 T - DNA 转移，使农杆菌表现出毒性，故也称为致毒区。T - DNA 区与 Vir 区在质粒上彼此相邻，合起来约占 Ti 质粒 DNA 的 1/3。③接合转移编码区（region encoding conjugation，Con 区）。该区段存在与细菌间接合转移有关的基因 *tra*，调控 Ti 质粒在农杆菌间转移。冠瘿碱能激活 *tra* 基因，诱导 Ti 质粒的转移，因此称为接合转移编码区。④复制起始区（origin of replication，Ori 区）。该区段基因调控 Ti 质粒的自我复制（图 3 - 16）。

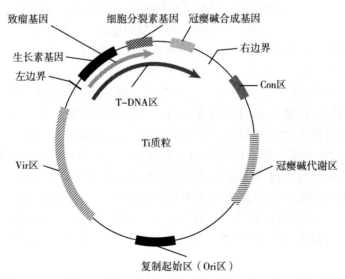

图 3 - 16　Ti 质粒的基本结构

2. Ti 质粒的改建 Ti 质粒是植物基因工程的一种天然载体，但野生型 Ti 质粒直接作为植物基因工程载体存在许多障碍：①质粒太大（一般 200 kb 左右），比常用的大肠杆菌 pBR322 大得多，操作困难；②大型的 Ti 质粒上有各种限制性核酸内切酶的多个酶切位点，难以找到可利用的单一切割位点的内切酶，也就难以通过基因操作方法向野生型 Ti 质粒中导入外源基因；③T - DNA 区的 *onc* 基因产物属植物激素类，会干扰受体植物内源激素的平衡而诱发肿瘤，阻碍转化细胞的分化和再生；④Ti 质粒存在一些对 T-DNA 转移不起任何作用的序列；⑤Ti 质粒不能在大肠杆菌中复制，即使得到重组质粒也只能在农杆菌中进行扩增，而 Ti 质粒在农杆菌中拷贝少，接合转化率也很低（约 10%左右）。

研究发现在 T-DNA 转移过程中，*vir* 基因并不一定与 T-DNA 位于同一个质粒上，通过构建中间载体可以解决 Ti 质粒不能直接导入目的基因的问题。大肠杆菌具有能与农杆菌高度接合转移的特性，因此可以将 T-DNA 片段克隆到大肠杆菌的质粒中，并插入外源基因，最后通过接合转移把外源基因引入农杆菌的 Ti 质粒上。这是一种把预先进行亚克隆、切除、插入或置换的 T-DNA 引入 Ti 质粒的有效方法。带有重组 T-DNA 的大肠杆菌质粒的衍生载体称为中间载体（intermediate vector），而接受中间载体的 Ti 质粒则被称为受体 Ti 质粒（acceptor Ti plasmid），一般是卸甲载体（disarmed vector）。由于利用野生型 Ti 质粒作载体时影响植株再生的直接原因是 T-DNA 中 *onc* 基因的致瘤作用，因此为了使野生型 Ti 质粒成为基因转化的载体，必须切除 T-DNA 的 *onc* 基因，"解除"其"武装"，构建成卸甲载体或称缴械载体。在这种卸甲载体中已经缺失的 T-DNA 部分被大肠杆菌的一种常用质粒 pBR322 取代。这样任何适合于克隆在 pBR322 质粒上的外源 DNA 片段都可以与 pBR322 质粒 DNA 同源重组，被其整合到 *onc*-Ti 质粒载体上。中间载体通常是多拷贝的大肠杆菌小质粒，这一点对 Ti 质粒通过体外操作导入外源基因是必要的。为了使 Ti 质粒变成操作简便且有效的外源基因转移载体，必须对野生型 Ti 质粒进行改造。基于植物基因工程表达载体策略，可以采取两种不同的改造野生型 Ti 质粒策略，即一元载体系统和双元载体系统。

一元载体系统：由一个共整合系统中间表达载体与改造后的受体 Ti 质粒组成（图 3-17）。一元载体系统 Ti 质粒的改造相对简单一些。具体做法是：去除野生型 Ti 质粒 T-DNA 中的 *onc* 基因，引入一段工程操作的小质粒序列，保留 T-DNA 的边界序列。转化菌株的制备过程为：先将外源基因装载到带有 T-DNA 区段、可在大肠杆菌中复制的中间载体小质粒（如 pBR322）上，然后把载有外源基因的小质粒通过一定的方法导入农杆菌，利用 Ti 质粒与小质粒的同源重组，将外源基因引入 T-DNA，形成可穿梭的一元共整合载体，在 *vir* 基因产物的作用下完成外源基因向植物细胞的转移和整合。但这类方法构建困难，整合体形成率低，一般不常用。

双元载体系统：由两个分别含 T-DNA 和 Vir 区的相容性突变 Ti 质粒构成的双质粒系统（图 3-18）。双质粒即小 Ti 质粒（mini-Ti plasmid）和辅助 Ti 质粒（helper Ti plasmid，又称大 Ti 质粒）。Ti 质粒就是含有 T-DNA 边界、缺失 *vir* 基因的 Ti 质粒，为一个广谱质粒。它含有一个广泛宿主范围质粒的复制起始点（*ori*），带有 T-DNA 和选择标记基因，并在 T-DNA 上引入多克隆位点，便于在大肠杆菌中重组操作与保存，这个小 Ti 质粒也称操作质粒或穿梭质粒，含外源基因的小 Ti 质粒可在农杆菌内自主复制并保留下来。辅助 Ti 质粒为去除 *onc* 基因（卸甲过程）或 T-DNA 的 Ti 质粒，相当于共整合载体系统中的卸甲质粒，其作用是表达 *vir* 基因，激活处于反式位置上的 T-DNA 转移。目前 T-DNA 转化植物细胞的方法大多采用双元载体系统。双元载体系统在外源基因的植物转化中效率高于一元载体系统。

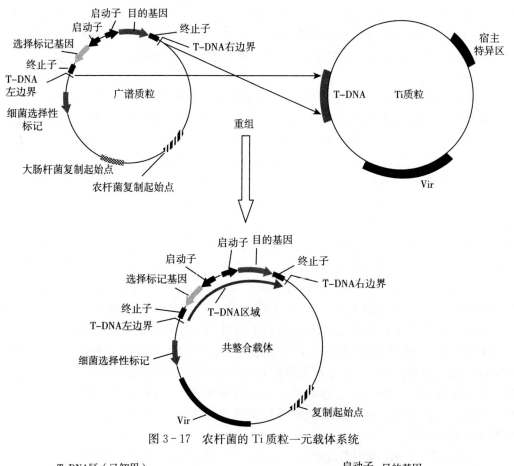

图 3 - 17　农杆菌的 Ti 质粒一元载体系统

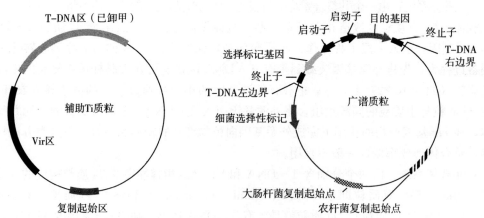

图 3 - 18　农杆菌的 Ti 质粒双元载体系统

三、Ri 质粒载体

被发根农杆菌（*Agrobacterium rhizogenes*）侵染后植物产生许多不定根，称为毛状根（hairy root）或发状根。发根农杆菌的质粒称为 Ri 质粒（root inducing plasmid）。Ri 质粒在基因工程中具有许多优点：①Ri 质粒可以不经"解除武装"就进行转化，并且转化产生的毛状根能够再生植株；②毛状根是一个单细胞克隆，可以避免产生嵌合体；③Ri质粒可直接作为中间载体；④Ri质粒和Ti质粒可以配合使用，建立双元载体系统，拓展了两类质粒在植物基因工程中的应用范围；⑤毛状根适于进行离体培养，而且很多植物的毛状根在离体培养条件下都表现出原植株次生代谢产物的合成能力。因此，Ri质粒不仅可作为转化的优良载体，还可应用于有价值的次生代谢物的生产。

1. Ri质粒的概述　根据Ri质粒转化植物后产生的毛状根合成冠瘿碱（opine）的类型不同，将Ri质粒分为3种类型：甘露碱型（mannopine type）、黄瓜碱型（cucumopine type）和农杆碱型（agropine type）。发根农杆菌的致根特性与其所带的Ri质粒类型有关，不同类型的发根农杆菌的致根特性存在差异，带有农杆碱型Ri质粒的农杆菌比带有甘露碱型或黄瓜碱型Ri质粒的农杆菌具有更广的寄主范围。

2. Ri质粒载体的结构　Ri质粒具有两个非常重要的功能区，即T-DNA（转移区）和Vir（致瘤区）。农杆碱型Ri质粒上的T-DNA具有两段不连续的边界序列，即TL-DNA和TR-DNA，可分别插入植物基因组DNA。TL-DNA区域还有4个与根的形态发生有关基因的位点 $rolA \sim rolD$，这些位点及 tms 基因的同源片段在植物细胞中表达导致了毛状根的发生，同时也影响再生植株的茎、叶的形态和一些生理性状。TR-DNA上有生长素合成基因 $tms1$ 和 $tms2$，指导吲哚乙酸（IAA）的合成，因此转化产生的毛状根在培养时不需要添加外源生长素。甘露碱型和黄瓜碱型Ri质粒只有单一的T-DNA区域，其上没有生长素合成基因，与农杆碱型Ri质粒的TR-DNA没有明显的同源性，但与TL-DNA具有高度同源的片段。甘露碱型Ri质粒的致病性较弱，感染时有外源生长素的存在可以提高毛状根的转化率，产生的毛状根能够在含有生长素的培养基上迅速增殖。

3种类型的Ri质粒上Vir区具有很高的保守性，Vir区的基因在转化过程中虽然不发生转移，但是对T-DNA的转移起着非常重要的作用。通常状态下Vir区的基因处于抑制状态，当发根农杆菌感染宿主植物时，受损伤的植物细胞会合成特殊的低分子苯酚类化合物乙酰丁香酮，这种低分子苯酚类化合物能够刺激农杆菌，使Vir区处于抑制状态的基因被激活，产生一系列限制性核酸内切酶，在酶的作用下产生T-DNA链，并引导T-DNA链与细菌细胞膜上的特定部位结合，然后向植物细胞转移，进入植物细胞核内，T-DNA随后整合进植物细胞的基因组中。

Ri质粒T-DNA上的基因不影响植株再生，野生型Ri质粒在自然条件下不必"解除武装"，可以直接进行转化植物，侵染宿主广泛，不仅仅局限于双子叶植物，亦可诱导少数单子叶植物产生毛状根，较易获得再生植株，每条毛状根是起源于同一细胞的克隆，因而遗传稳定。Ri质粒转化载体构建策略基本与Ti相同，也是构建成一元载体系统或双元载体系统。

3. Ri质粒T-DNA的整合机制　Ri质粒T-DNA的整合机制与Ti质粒的T-DNA具有相似性。在研究了一些转化根的单系中的T-DNA结构后，发现那些来自农杆碱型Ri质粒的TL-DNA区或黄瓜碱型Ri质粒的单一T-DNA区在转化细胞中，其长度是相当固定的。相反，那些来源于农杆碱型Ri质粒的TR-DNA区、甘露碱型Ri质粒的单一T-DNA，在转化细胞中其长度有很大变化。但在烟草的再生体中观察到这样一个有趣的现象：烟草转化细胞中的农杆碱型质粒的TL-DNA比其他转化植物细胞中的要短。有人认为转化的TL-DNA中已有小量序列丢失，该丢失部分和细胞再生或细胞其他生理过程是不相容的，即对外源DNA的排斥作用所致。整合到植物细胞中的T-DNA数目在转化的毛状根单系中有相当差异。许多毛状根单系中有多于一个的 T-DNA 整合。在许多毛状根转化体中，整合的 T-DNA 是独立存在的，它们与植物细胞基因组 DNA 的连接可以用适当的探针来确定。然而在一些情况下发现整合的多个 T-DNA 之间是连锁在一起的。对于不同 T-DNA 非连锁的整合，还可以通过分析再生植株有性后代中这些性状的分离来证实。多 T-DNA 整合现象可能是多菌转化的结果，例如一个植物细胞被两个或更多的细菌细胞转化或被转化了多个 T-DNA 的同细菌细胞转化，导致出现一定比例的多转化体。但是，多菌转化不如一个细菌中同时具有两种 T-DNA 进行转化时得到的转化体多，即后者更有效。后者 90% 的转化体中可以探测到共转化（多 T-DNA），因此，一个细菌中同时有两种 T-DNA 的转化过程是多 T-DNA 整合的有效途径。

4. Ri 质粒 T-DNA 小质粒的构建 Ri 质粒 T-DNA 小质粒的构建与 Ti 质粒 T-DNA 小质粒构建的基本原理及操作基本相同。上面叙述了 Ri 质粒和 Ti 质粒有一定的相容性，它们的复制起始点（ori）可以被用来构建 Ri 质粒 T-DNA 小质粒。Vilaine（1987）将 pRiA4 的 TL-DNA 克隆到广范围宿主的 Cosmid pLAFRI 上。当这个重组质粒引入农杆菌，并用 pAL404 或 pRiB278b 来启动时，能够获得转化根。他们还构建了一个 Ri 小质粒（去除了 Vir 区），并携带 ColE1 和 pRiA4a 的复制起始点（ori）、一个细菌选择标记基因、一个植物选择标记基因及来自 pRiHRI 的具有单一限制性核酸内切酶酶切位点的 T-DNA 边界序列。这个小质粒可以进一步插入目的基因，作为转化的基因载体。小质粒作目的基因载体必须具有 T-DNA 边界，以使在 vir 基因的作用下，将载有目的基因的 T-DNA 转移到受体细胞。

四、植物基因工程中常见的表达载体

1. pBI121 pBI121 载体是一个双元植物农杆菌表达载体，能够高效转染植物。该载体来源于 pB221 和 Bin19 载体。载体上含有来自 ColE1 的 ori 复制元件、来自 CaMV 的 pROK1 元件、大肠杆菌新霉素磷酸转移酶Ⅱ基因（neomycin phosphotransferaseⅡ gene，npt Ⅱ）、新霉素抗性基因（neomycin resistant gene，Neo）、敏感基因 β-葡萄糖苷酸酶基因（glucuronidase gene，gus）、Ter 农杆菌 Ti 质粒胭脂碱合成酶元件等（图 3-19）。

2. pBI101 pBI101 载体是一个双元植物农杆菌表达载体，能够高效转染植物。其原核抗性为 Kan^r，真核抗性为 G418，克隆菌株为 Stbl3（图 3-20），培养条件为 37 ℃，质粒宿主为植物细胞，质粒用途为蛋白表达载体。

3. pBI221 pBI221 载体是一个双元植物农杆菌表达载体，能够高效转染植物。质粒类型为植物载体；农杆菌双元表达载体，拷贝数为高拷贝，克隆方法为限制性核酸内切酶，多克隆位点，启动子为 Lac，载体抗性为 Amp^r，筛选标记为 gus（图 3-21），克隆菌株为 HB101 菌株，宿主细胞为植物细胞、农杆菌细胞，为稳定表达诱导型非病毒载体。

4. pCAMBIA3300 pCAMBIA3300 载体是一个双元植物农杆菌表达载体，能够高效转染植物。载体大小为 8 429 bp，启动子为 Lac 启动子，质粒类型为植物载体；农杆菌双元表达载体，载体抗性为 Kan^r，筛选标记为草铵膦（膦丝菌素，phosphinothricin）（Bar），克隆菌株为 HB101 等菌株，克隆方法为多克隆位点，限制性核酸内切酶（图 3-22）；宿主细胞为植物细胞、农杆菌细胞；为高表达、稳定表达、诱导型非病毒载体。

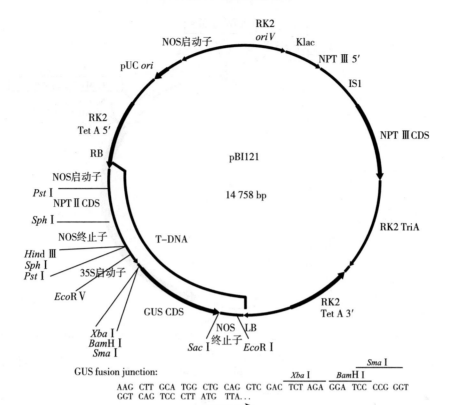

图 3-19 pBI121 载体图谱

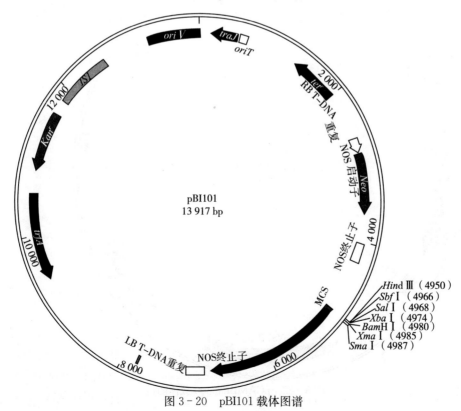

图 3-20 pBI101 载体图谱

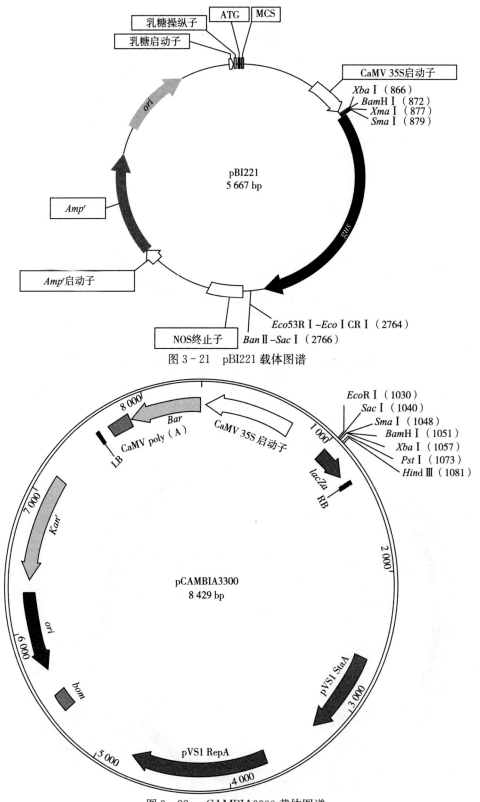

图 3 - 21　pBI221 载体图谱

图 3 - 22　pCAMBIA3300 载体图谱

第四节 具有特殊用途的载体

一、抑制和沉默目标基因的表达载体

为了研究基因的功能，需要基因超量表达来观察受体植物的性状变化，另一方面，在某些情况下又需要将目标基因抑制或沉默，以降低目标基因的表达量。

1. 反义 RNA 载体 反义 RNA 是指与靶 RNA（一般为 mRNA）具有互补序列的 RNA 分子，它通过与靶 RNA 进行碱基配对结合的方式参与基因表达的调控。通常把转录产生反义 RNA 的基因称为反义基因或反义 DNA。反义 RNA 的作用机制目前还不太清楚。在植物基因工程中，反义 RNA 技术被广泛地用于抑制内源基因的表达及其调控的研究，例如叶志彪等（1999）发现反义 ACC（1-氨基环丙基羧酸）氧化酶转基因番茄抑制乙烯合成，在常温下可贮藏 88 d，并保持原来的果实硬度和颜色等优点。构建反义 RNA 载体一般是将目标基因的一段或全长反向装入启动子下游，并将其通过载体导入细胞中，就可使细胞合成特异性的反义 RNA，进而调控相关基因的生物功能。但是，反义 RNA 对目标基因的抑制不够彻底。

2. RNA 干涉载体 RNA 干涉现象最早是在植物中发现的。Fire 等（1998）首次提出在线虫中双链 RNA（double-strand RNA，dsRNA）能高效特异地阻断相应基因的表达，并将这一现象称为 RNA 干涉（RNA interference，RNAi）。RNA 干涉是在转录水平上的基因阻断技术，是指将双链 RNA 导入细胞内，干扰与之同源基因的表达并产生相应的功能缺陷表型的现象。这种双链 RNA 的干扰作用比单链 RNA 的作用更明显，特异性更强。RNA 干涉的优点：①简单易行，容易开展；②与基因敲除（gene knockout）相比实验周期短，成本低；③与反义 RNA 技术相比抑制基因表达具有高度特异性和高效性；④可进行高通量（high throughout）基因功能分析。因此，RNA 干涉已成为一种强有力的选择性沉默基因表达和研究基因功能的实验工具。

二、植物病毒载体

近年来随着人们对植物和病毒相互作用机制的研究，病毒诱导的基因沉默（virus induced gene silencing，VIGS）已逐步成为人们用来研究植物基因功能的重要反向遗传学的手段。VIGS 即由携带目的基因片段的病毒载体感染植物，引起相应的寄主基因沉默的现象，VIGS 是利用植物对病毒的天然防御机制，快速鉴定植物基因功能的技术。

通过 DNA 重组技术，在病毒基因组中插入一段目标基因或其核苷酸片段，受侵染的寄主植物激发 RNA 介导的防卫机制（RNA-mediated defence，RMD）不仅对病毒产生抑制作用，同样可抑制与插入片段同源的寄主内源基因的表达，即 siRNA/RNase 复合体会特异地降解与插入片段同源的寄主植物本身的 RNA，结果被侵染的寄主植物表现出目标基因功能丧失或表达水平下降的表型。对该机制中不同有机体涉及的具体成分及具体作用效果还没有明确，大量的研究工作还在继续。以病毒作载体的表达系统

为瞬时表达系统，外源基因一般不能整合到植物细胞基因组中传递给后代。目前已有十几种植物病毒被改造成不同类型的外源蛋白表达载体中，包括花椰菜花叶病毒（CaMV）、烟草花叶病毒（TMV）、豇豆花叶病毒（CPMV）、马铃薯 X 病毒（PVX）、番茄丛矮病毒（TBSV）、烟草脆裂病毒（TRV）等。常用的有马铃薯 PVX201 载体和烟草脆裂病毒（TRV）载体。

三、无标记植物表达载体

转基因过程中为了使转化细胞（或个体）从众多的非转化细胞中选择出来，往往在载体中加入选择标记基因。在基因工程中常用的选择标记基因主要有两大类：抗生素抗性基因和除草剂抗性基因。前者可对某种抗生素产生抗性，后者可对除草剂产生抗性。在转基因植物中，选择标记基因与目的基因一同表达。近几年来，转基因植物中选择标记基因的生物安全性已引起全球关注。从健康及安全角度来看，选择标记基因及其产物可能是有毒的或可能导致过敏，人们担心转基因植物的抗生素抗性标记基因转移进入人或动物的病原菌中，从而使这些病原菌对抗生素产生抗性，使抗生素失去效力。

从环境安全方面，人们担心转基因植物的除草剂抗性基因转入杂草，会造成某些杂草难以人为控制，而选择标记基因传播到其他生物体中，可能会破坏生态平衡。因此，剔除转基因植株的选择标记基因，是提高安全性的最好方法。目前，获得无选择标记转基因一般采用载体共转化和位点特异性重组两种方法。

1. 载体共转化 当目的基因和选择标记基因分别置于两个独立的 T-DNA 上，并对植物细胞进行共同转化时，带选择标记基因的 T-DNA 和带目的基因的 T-DNA 就可能分别整合到植物基因组中的不同染色体上。T-DNA 在植物基因组中的整合带有一定的随机性，二者在转化植株的后代遗传分离中将发生重组交换，从而产生出只带目的基因的转化植株。载体共转化必须通过转基因植株有性杂交，在其后代中才能得到剔除标记的植株。得到无选择标记的转基因植株后，进一步自交以获得纯合的无选择标记的转基因植株。理论上这种策略可采用二质粒二菌株法（分别带选择标记和目的基因的农杆菌混合同时转化植物）、二质粒一菌株法（将两个载体同时装入农杆菌中进行转化）或双 T-DNA 法（将目的基因和选择标记基因分别插入带有双 T-DNA 的载体中用于转化）。

2. 位点特异性重组 位点特异性重组是利用重组酶催化两个短的、特定的 DNA 序列间的重组，来除掉选择标记基因，以获得无标记基因的转基因植物的转化系统。其原理是双链 DNA 片段之间可以发生相互遗传交换，链的交换是通过对 DNA 特定序列进行准确切割和连接，从而在基因或染色体水平上对生物进行遗传改造。利用特异性重组可以去除特定的外源基因，为培育无选择标记的转基因植物提供了新的思路，到目前为止已经使用的重组系统有 P1 噬菌体的 Cre/loxP 系统、酵母 FLP/FRT 位点特异重组系统、*Zygosaccharomyces rouxii* 的 R/RS 系统以及噬菌体 Mu 的 Gin 重组酶系统。应用最为广泛的是 P1 噬菌体的 Cre/loxP 系统。

四、基因编辑载体

1. CRISPR/sgRNA 载体 CRISPR/Cas9 系统是目前最流行的基因组编辑技术，CRISPR/Cas9 切割靶序列仅需要单向导 RNA（single guide RNA，sgRNA）以及由 sgRNA 引导的 Cas9 蛋白，该技术是一种由 RNA 指导 Cas 蛋白对靶基因的定性修饰技术。科学家为了让 Cas 蛋白定向剪切 DNA 序列，在 CRISPR 工作机制的基础上，人为重组了一段目的基因的 sgRNA，在 sgRNA 的引导下，Cas9 蛋白可以实现对目的基因的定向切割。下面主要介绍目的基因 sgRNA 设计和如何将 sgRNA 构建到 CRISPR/Cas 的相关载体。sgRNA 序列全长 96 nt，分为两部分，5′端决定靶序列的 20 nt（种子序列）和 3′端保守的结构序列。构建针对特定靶位点的 sgRNA 时，只需要克隆决定靶序列的 5′端 20 nt。为了保证转录出的 sgRNA 停留在细胞核中与 Cas9 蛋白结合，提高构建的多靶点载体的稳定性，避免在农杆菌或者植物基因组中 sgRNA 表达盒之间发生同源重组，从水稻中克隆了 4 个不同的核小 RNA（snRNA）启动子（OsU3、OsU6a、OsU6b 和 OsU6c），用于单子叶植物；从拟南芥中克隆了 4 个不同的 snRNA 启动子（AtU3b、AtU3d、AtU6‑1 和 AtU6‑29），用于双子叶植物。部分载体在 U3 或 U6 启动子上游含有 *lacZ* 基因，用于阳性克隆的筛选。*Bsa* I（1）和 *Bsa* I（2）位点用于将靶点双链接头连接到 sgRNA 表达盒，但 overlapping PCR 方法就不需要 *Bsa* I 酶切（图 3‑23）。

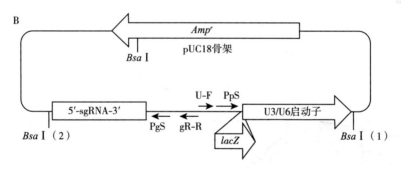

图 3‑23 sgRNA 载体结构

2. pYLCRISPR/Cas9 双元载体 pYLCRISPR/Cas9 双元载体的基本骨架为 pCAM‑BIA‑1300（ACCESSION：AF234296）；*Cas9p* 为植物密码子优化的合成基因，其两端加了核定位信号（nuclear localization signal，NLS）。这些双元载体质粒需要在含有基因型 *LacIq* 的大肠杆菌菌株（如 TOP10F）中繁殖；该菌株 *LacIq* 基因产生的高水平阻碍蛋白可抑制由 LacZ 启动子控制的致死基因 *ccdB* 的表达。pYLCRISPR/Cas9P$_{ubi}$‑H，‑N，‑B 载体中的 *Cas9p* 由玉米泛素基因启动子 P$_{ubi}$ 驱动，分别使用潮霉素抗性基因（*Hyg*）、卡那霉素抗性基因（*Kan*^{r}）和除草剂抗性基因（*Bar*），优先用于单子叶植物和大部分双子叶植物的基因组编辑。另外 3 个双元载体为以 CaMV 35S 启动子驱动 *Cas9p* 的 pYLC‑RISPR/Cas9P$_{35S}$‑H，‑N，‑B（A），可用于双子叶植物的基因组编辑。这些双元载体的 *ccdB* 基因的两端各有 1 个 II 型限制性核酸内切酶 *Bsa* I 位点，酶切后产生非回文黏性末端 B‑L 和 B‑R，用于以 Golden Gate 克隆法将 sgRNA 表达盒连接到载体（图 3‑24）。

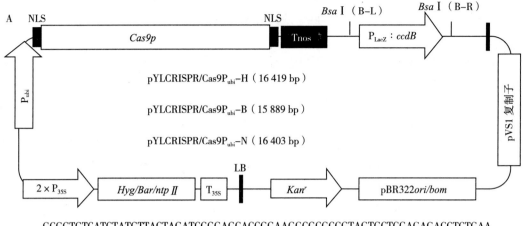

GCGGTGTCATCTATGTTACTAGATCGGGAGCACCGGAAGGCGCGCCGTAGTGCTCGAGAGACCTCTGAA
    SP-L1（测序引物）   *Asc* I   B-L   *Bsa* I

（P_{LacZ}：*ccdB*，657 bp） TGAGCGTGGGTCTCGCGGTATCATTGGCGCGCCTCTCGAGCTAGCGGCCGCAT

GCATCGATCTCCTACATCGTATAAATTAGCCTATACGAAGTTATTGCATC-3′
                                    SR-R（测序引物）

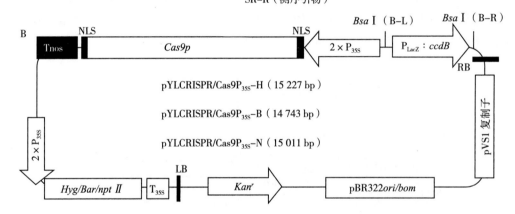

GTCGTGCTCCACATGTTGACCGAGTAAGGCGCGCCGAGTGCTCGAGAGACCTCTGAA（P_{LacZ}：*ccdB*）TGA
   SP-L2   *Asc* I   B-L   *Bsa* I

  Bsa I   B-R   *Asc* I
GCGTGGGTCTCGCGGTATCATTGGCGCGCCTCTCGAGCTAGCGGCCGCATGCATCGATCTCCTACATCGTATA

AATTAGCCTATACGAAGTTATTGCATCT-3′
            SP-R

图 3-24 pYLCRISPR/Cas9 载体结构

A. pYLCRISPR/Cas9P$_{ubi}$- H，- N，- B 载体 B. pYLCRISPR/Cas9P$_{35S}$- H，- N，- B 载体

 复习思考题

1. 名词解释

载体 克隆载体 表达载体 卸甲载体 质粒 质粒的不相容性 噬菌体载体 人工

染色体载体　酵母人工染色体（YAC）　细菌人工染色体（BAC）　报告基因　RNA干涉　植物病毒载体　CRISPR/Cas9系统

2. 简答题

（1）简述克隆载体需具备的条件。

（2）简述选择标记基因和报告基因的选择策略及其在应用上有哪些异同。

（3）简述选择Ti质粒结构的4个区及各自的功能。

（4）剔除选择标记基因主要有哪些途径？

第四章

植物基因工程的目的基因

　　利用人工方法从某一种生物中获得的具有特定功能的 DNA 片段，称为目的基因。常见的目的基因包括抗虫、抗病、抗非生物胁迫、抗衰老、雄性不育、改善品质、提高产量、改变植物花色和花形及抗体、疫苗等相关基因。这些目的基因成为目前植物基因工程取得重大成就的关键基础之一。本章主要介绍植物基因工程中所用的抗虫、抗病、抗非生物胁迫、改良作物产量和品质、雄性不育、抗除草剂、调节花观赏特性等基因。

第一节　抗虫基因

　　植物虫害每年给全世界造成的损失高达数千亿美元，损失的粮食占世界粮食总产量的 14%。迄今发现并应用于提高植物抗虫性的基因主要有两类：一类是从细菌等微生物中分离出来的抗虫基因，如苏云金芽孢杆菌杀虫晶体蛋白基因、异戊基转移酶基因（*ipt*）；另一类是从植物和动物中分离出来的抗虫基因，如外源凝集素基因、淀粉酶抑制剂基因等。

一、来源于微生物的抗虫基因

（一）苏云金芽孢杆菌杀虫晶体蛋白的杀虫机制

　　1901 年日本的 Ishiwata 在《大日本蚕丝会报》上报道了 1898 年发现的蚕软化病（猝倒病）是由杆状细菌引起的。分离该菌的菌体和芽孢发现其具有使蚕致死的能力，这种杆菌就是现在的苏云金芽孢杆菌猝倒亚种 *Bacillus thuringiensis* subsp. *sotto*。1911 年，Berliner 从来自德国苏云金省一个面粉厂的染病地中海粉螟（*Ephestia kuhniella*）中分离出一种致病杆菌，并于 1915 年 4 月对其形态、培养特征和致病性做出了描述，命名为苏云金芽孢杆菌（*Bacillus thuringiensis*，Bt）。1938 年，苏云金芽孢杆菌的第一个商业制剂 Sporéine 在法国问世，并用于防治地中海粉螟。目前从 Bt 中分离出了对不同昆虫如鳞翅目、鞘翅目、双翅目及蛛形纲和无脊椎动物（如线虫）有特异性毒杀作用的晶体蛋白。

　　Bt 杀虫晶体蛋白的杀虫机制为：当 Bt 杀虫晶体蛋白被敏感昆虫取食后，进入昆虫中肠道，在碱性条件下，晶体溶解，蛋白分子从晶体点阵结构中释放出来。在昆虫肠道内该蛋白被蛋白酶水解成 65～70 ku 的活性毒素分子。活性毒素分子与中肠道上皮纹缘细胞膜上的特异受体位点结合，并发生作用造成细胞膜穿孔，使纹缘膜细胞的离子、渗透压平衡遭到破坏，导致昆虫停止取食并最终死亡。Bt 杀虫晶体蛋白对哺乳动物、鸟类、鱼类和非靶昆虫（如天敌昆虫）安全。

（二）Bt 杀虫晶体蛋白的分类和结构

Bt 是一种革兰氏阳性芽孢杆菌。Bt 杀虫活性源于芽孢形成时产生的杀虫晶体蛋白（insecticidal crystal protein，ICP）或苏云金杆菌毒蛋白（Bt toxic protein）。根据 ICP 的抗虫谱及它们的系列同源性，ICP 被分为 6 类，每一类中又分为许多亚类。前 5 类称为晶体蛋白（crystal protein，Cry）基因（*Cry*）家族，第 6 类称为细胞溶解性晶体蛋白（cytolytic protein，Cyt）基因（*Cyt*），它来源于 Bt 以色列亚种。在基因结构及功能上 Cyt 与 Cry 不同，在毒性上，Cyt 除对双翅目昆虫有毒杀作用外，还对一些无脊椎动物和脊椎动物有溶解细胞的毒杀作用，属细胞外毒素。目前为止，抗膜翅目和线虫的 ICP 也已被发现。

典型的 ICP 由 N 端的活性片段和 C 端的结构片段构成。带有结构片段的 ICP 被称为原毒素，它经过蛋白酶的消化作用后，产生有活性的毒性肽。N 端的活性片段又分为毒性区和细胞结合区。毒性区含有若干个疏水区，富含 α 螺旋结构。研究表明，疏水区以及 α 螺旋结构对 ICP 的毒性是必需的，一般认为，这种结构与杀虫晶体蛋白在昆虫消化道细胞膜上穿孔有关。

（三）Bt 杀虫晶体蛋白基因及发展

1. 第一代转 Bt 杀虫晶体蛋白基因植物　1981 年，Schnepf 等人首次成功克隆了第一个 Bt 杀虫晶体蛋白基因，拉开了利用基因工程培育抗虫植物的序幕。世界上第一例转 Bt 杀虫晶体蛋白基因的是比利时的 Montagu 实验室的 Vaeck 等人于 1987 年报道的，他们将 *CryIAb* 基因与 *npt*Ⅱ基因融合，从得到的转基因烟草（*Nicotiana tabacum*）中检测到了微弱的抗虫性，但转化 3′端缺失的 *CryIAb* 基因的转基因烟草对烟草天蛾（*Manduca sexta*）具有一定的杀虫活性，表达 *CryIAb* 基因最强烈的植株含有 5 个拷贝。接着美国 Monsanto 公司的 Fischhoff 等（1987）、Agracetus 公司的 Barton 等（1987）、Agrigenetic 公司的 Adang 等（1985）分别用 3′端缺失的 *CryIAb*、*CryIAa*、*CryIAc* 基因转化番茄和烟草，得到的转基因植株均具有抗虫性。但所获得的转基因植株抗虫性都很弱，难以检测出 mRNA 的转录，杀虫晶体蛋白的表达量只有可溶性蛋白的 0.001% 或几乎检测不到杀虫晶体蛋白的表达。进一步研究发现，野生型 Bt 杀虫晶体蛋白基因含有较多 AT 碱基和 ATTTA 重复序列，AT 富含区是高等植物中不能表达的内含子，ATTTA 重复序列则在高等植物的转录翻译系统中影响 mRNA 稳定性，或因含量过低而检测不到全长的 mRNA，造成基因在高等植物中表达含量低下。此外，Bt 杀虫晶体蛋白基因是原核基因，在植物中进行翻译时由于某些种类的 tRNA 含量过少而降低了翻译效率。

2. 第二代转 Bt 杀虫晶体蛋白基因植物　为了提高植物中 Bt 杀虫晶体蛋白基因表达水平，人们对 Bt 杀虫晶体蛋白基因进行了改造。Bt 杀虫晶体蛋白基因富含 AT，而植物基因含 GC 较多。因此，第一条途径是部分改造、修饰基因，使之含较多 GC 并使密码子适应于某种特定作物，提高表达强度和抗虫性。1991 年 Perlak 等选了 9 个含有不稳定元件区域，合成了 9 个更换这些区域的寡核苷酸引物片段（A－I），经定点诱变方法，使原来野生型 *CryIAb* 基因序列中 3.5% 的核苷酸发生改变，减少了富含串联的 AT 保守序列，使植物偏爱的 GC 密码子的含量由 37% 提高到 41.5%。部分改造后的基因称为 *PM*

Cry1Ab 基因。用 *PM Cry1Ab* 基因转化烟草和番茄得到的抗虫转基因植株与野生型 *Cry1Ab* 基因转化植株比较，*PM Cry1Ab* 在转基因植株中的表达量为 $0.02\sim0.2$ ng/μg（植物可溶性总蛋白），比野生型 *Cry1Ab* 在转基因植株中的表达量提高了不少。第二种途径是人工全合成基因方法。Perlak 等（1991）将 Bt 杀虫晶体蛋白结构基因中的不稳定元件几乎全部更换，同时尽可能将 Bt 杀虫晶体蛋白基因的密码子更换成植物基因组中常用的优化密码子，使原核 Bt 杀虫晶体蛋白基因完全适应在植物细胞中表达的要求。全合成的基因称为 *FM Cry1Ab*。它与野生型 *Cry1Ab* 基因在核苷酸上有 21% 的不同，GC含量由 37% 提高到 49%，ATTTA 序列由 13 个降为 0。用 *FM Cry1Ab* 基因转化烟草和番茄，10% 以上的转基因植株表达杀虫晶体蛋白量达到 $0.6\sim2$ ng/μg（植物可溶性总蛋白）。第三种途径是利用组织特异性启动子。Koziel 等（1993）合成了 *Cry1Ab* 基因，分别用 CaMV 35S 启动子、磷酸烯醇式丙酮酸羧化酶（PEPCase）启动子、玉米花粉特异性启动子调控，结果由后 2 个启动子调控的 *Cry1Ab* 基因在转基因玉米中的表达显示出明显的特异性，在绿色组织中，*Cry1Ab* 基因强烈表达，占可溶性蛋白的 $0.1\%\sim0.4\%$，田间试验表明，转基因玉米植株能够抵御玉米螟（*Ostrinia nubilalis*）在生长季节的反复危害。

3. 第三代转 Bt 杀虫晶体蛋白基因植物 害虫会对转基因植物产生抗性，因此，人们开始用复合的具有非竞争性结合关系的 Bt 杀虫晶体蛋白基因来转化植物，以获得延缓昆虫对单一 Bt 杀虫晶体蛋白产生耐受性的第三代转基因植物。Honee 等（1990）用分别属于 *Cry1Ab* 和 *Cry1C* 的两个基因构建了融合基因，编码由这两种 Bt 杀虫晶体蛋白的活性片段构成的融合蛋白，它的杀虫活性比单个的杀虫范围大。

二、来源于植物的抗虫基因

1. 植物凝集素基因 植物凝集素（agglutinin）发现于 1888 年，Stillmark 等在蓖麻籽萃取物中发现了一种细胞凝集因子，具有凝集红细胞的作用，根据它的特性被命名为红细胞凝集素（hemagglutinin）。

1995 年，Peumans 和 Van Damme 将植物凝集素定义为至少具有一个可与单糖或寡聚糖特异可逆结合的非催化结构域的植物蛋白。根据这个定义，一大类具有不同凝集和沉淀糖缀合物能力的植物蛋白均被包括在凝集素范畴内。根据氨基酸序列的同源性及其在进化上的相互关系，植物凝集素可以分为 7 个家族：豆科凝集素、几丁质结合凝集素、单子叶植物甘露糖结合凝集素、2 型核糖体失活蛋白、木菠萝凝集素家族、葫芦科韧皮部凝集素和苋科凝集素。植物凝集素的生理作用有：①在种子成熟、萌发过程中发挥作用；②作为植物胚细胞的促有丝分裂因子；③作为植物与微生物的共生介质；④抵抗细菌、真菌、病毒等病原体的入侵；⑤具有抗虫性。

研究发现刺吸式口器昆虫如椰粉虱、叶蝉、蚜虫等对一些单子叶植物甘露糖结合凝集素敏感。例如用纯化的雪花莲凝集素（*Galanthus nivalis* agglutinin，GNA）和转雪花莲凝集素基因烟草饲喂昆虫都表明，GNA 既可以抗刺吸式口器昆虫，也可以抗植物病原性线虫。豌豆外源凝集素（pea-lectin，P-lec）和雪花莲外源凝集素对人的毒性极低，但对害虫却有极强抑制作用。它们对昆虫产生毒害的机制为：凝集素与糖蛋白（如昆虫肠道围食膜表面、消化道上皮细胞的糖缀合物，糖基化的消化酶等）结合，影响昆虫对营养的吸收，促进消化道中细菌的繁殖和诱发病灶，抑制昆虫的生长发育和繁殖，最终达到杀虫的作用。

植物凝集素基因的应用是从 1990 年 Boulter 等获得第一例整合豌豆葡萄糖和甘露糖凝集素转基因烟草开始，表达豌豆凝集素的转基因烟草对烟青虫的抗性明显优于非转基因烟草，并且对哺乳动物和害虫的毒性都很低。现已证明 GNA 对稻褐飞虱、黑尾叶蝉、白背飞虱等有较强的毒杀作用，同时还能抑制蚜虫生长，对鳞翅目害虫也具有中等抗性。

2. 蛋白酶抑制剂基因 蛋白酶抑制剂（proteinase inhibitor，PI）是对蛋白水解酶有抑制活性的一种小分子蛋白质，其分子质量较小，在动植物及微生物体内普遍存在，是一类天然的抗虫蛋白质。其抗虫范围广，而且作用位点在酶的活性中心，突变的可能性小，昆虫产生抗性突变的可能性几乎没有。蛋白酶抑制剂根据其作用于酶的活性基团不同及其氨基酸序列的同源性，可分为丝氨酸蛋白酶抑制剂、半胱氨酸（巯基）蛋白酶抑制剂、金属蛋白酶抑制剂、天冬氨酸蛋白酶抑制剂等。蛋白酶抑制剂对大多数的鳞翅目、直翅目、双翅目、膜翅目及某些鞘翅目昆虫有毒性，且昆虫不易产生耐受性，但对人畜无副作用等优点。蛋白酶抑制剂杀虫机制是其与昆虫消化道内的蛋白消化酶作用，形成酶-抑制剂复合物（EI），从而阻断或削弱蛋白酶对外源蛋白质的水解作用，导致蛋白质不能被正常消化。同时，它还能刺激消化酶的过量分泌，通过神经系统的反馈使昆虫产生厌食反应，最终造成昆虫非正常发育和死亡。蛋白酶抑制剂分子还通过昆虫消化道进入血液淋巴系统，干扰昆虫蜕皮过程，破坏免疫功能，导致昆虫发育受阻。

3. 淀粉酶抑制剂基因 淀粉酶抑制剂（α-amylase inhibitor，α-AI）是用于植物改良的第二大类酶抑制剂，它在植物界中普遍存在，尤其是在禾谷类、豆科作物的储藏器官中，含量更为丰富。植物来源的 α-AI 能抑制动物及昆虫的 α 淀粉酶活性，但对植物及细菌来源的 α 淀粉酶不起作用。它的杀虫机制与蛋白酶抑制剂类似，它能抑制昆虫消化道内 α 淀粉酶的活性，使食入的淀粉无法正常消化水解，阻断了主要的能量来源；同时，α-AI 和淀粉酶结合形成复合物也可通过神经系统的反馈使昆虫产生厌食反应，最后导致昆虫发育不良或死亡。

三、来源于动物的抗虫基因

1. 昆虫神经毒素基因 来源于动物的抗虫基因主要从蝎子、蜘蛛、螨、胡蜂、蚂蚁等捕食性动物毒腺分泌的毒液中纯化分离而来。这类基因编码的蛋白分子质量小，仅由几十个氨基酸残基组成，蛋白含有多个二硫键，属于保守部分，其毒性大、专一性强。神经毒素控制着昆虫许多关键的生理过程，且在极微量的情况下就能发生作用。由于昆虫毒素专一作用于昆虫，而对于哺乳动物无害或毒性很小，因此可开发此类毒素作为一种高效生物杀虫剂。

蝎毒（scorpion toxin）是储存于蝎子尾刺毒囊中的毒液，是蝎子捕食、御敌的武器，也可用来治疗肿瘤、血栓等疾病。随着对蝎毒的研究，发现蝎毒中含有丰富的对兴奋膜离子通道有选择作用的神经毒素成分，已从 30 多种蝎子的蝎毒中分离出 120 多种神经多肽，并将蝎毒基因导入烟草，对棉铃虫、烟青虫等有很高的致死性。

蜘蛛毒素是从有毒蜘蛛的毒液中分离出的一种小肽，体外实验表明，这种小肽能够杀死多种对农作物有害的昆虫，但对哺乳动物没有毒性。

2. 几丁质酶基因 几丁质是以 β-1，4-糖苷键连起来的 N-乙酰氨基葡萄糖胺（GluNAC）的线性多聚物，它是自然界中许多生物的结构性组分，具有多种晶体形式。从几丁质内部裂解 GluNAC 多聚链的酶被称作几丁质酶（chitinase）。几丁质酶存在于植物、微生物、昆虫中，能够破坏昆虫含几丁质结构的中肠上皮的围食膜组织，从而损伤昆虫消化道而使其死亡。降解几丁质是一种防治昆虫很有前景的策略。

四、其他抗虫基因

1. 营养杀虫蛋白基因 营养杀虫蛋白基因编码营养杀虫蛋白（vegetative insecticidal protein，Vip），是一类高效杀虫蛋白质。目前已发现了 3 种营养杀虫蛋白，包括从蜡状芽孢杆菌培养物中分离出的 Vip1、Vip2 和从苏云金芽孢杆菌培养物中分离出的 Vip3A。Vip 可与敏感昆虫肠道表皮细胞，尤其是柱状细胞相结合，造成细胞崩解，伴随着肠道严重受损，使昆虫迅速死亡。Vip3A 被称为第二代营养杀虫蛋白。

2. 胆固醇氧化酶基因 胆固醇氧化酶基因（*cho*）的表达产物胆固醇氧化酶（cholesterol oxidase）是胆固醇代谢过程中的一个关键酶，也是一类新型杀虫剂。胆固醇氧化酶能氧化害虫生物膜上的胆固醇，在浓度降低时，昆虫中肠纹缘膜会受到破坏；在浓度较高时，完全的溶胞现象使膜的结构和功能发生变化而引起害虫死亡。胆固醇氧化酶的杀虫谱相当广泛，对鞘翅目、鳞翅目、双翅目、直翅目和半翅目等害虫均有不同程度的杀虫作用。

五、抗虫基因的协同与多抗虫基因工程

任何一种抗虫基因单独使用时杀虫能力都是有限的，而且害虫还可能会产生抗性。故将两个或以上抗虫基因组合在一起可优势互补，对提高抗虫能力、拓宽抗虫范围具有很重要的现实意义。如将 *CpTI* 基因和 Bt 杀虫晶体蛋白基因联合使用，拓宽了转基因植株的抗虫谱，增强了其抗虫性。延缓或避免害虫产生抗性的方法是将具有不同作用机制的抗虫基因导入植物中，发挥其聚合效应（pyramiding），层层增强其抗虫性，降低害虫抗性产生的概率，延缓害虫产生耐受性，延长转基因产品的使用年限。

第二节 抗病基因

一、抗植物病毒病基因

植物病毒是造成多种农作物减产的重要病原，植物病毒病已成为植物界的"癌症"。Hamilton 于 1980 年首先提出了利用基因工程防治病毒病的设想，即在转基因植物中表达病毒基因组序列可能是防御病毒侵染的途径之一。1986 年，Powell 等首次成功地将烟草花叶病毒（tobacco mosaic virus，TMV）的外壳蛋白基因转化到烟草植物中，获得能稳

定遗传的抗病毒烟草植株，开辟了抗病毒基因工程的崭新领域。植物抗病毒基因工程策略包括 3 个方面：一是利用病毒本身的基因导入受体植物，获得抗性植株，所获得的抗性也称病原起源抗性（pathogen - derived resistance）；二是利用植物中自然存在的抗性基因；三是利用植物、微生物的核糖体失活蛋白基因获得抗病毒植物。

（一）来源于病毒的基因

1. 病毒外壳蛋白基因 1986 年，美国华盛顿大学 Beachy 研究小组首次将烟草花叶病毒（TMV）的病毒外壳蛋白（coat protein，CP）基因进行克隆，并转化到烟草中，培育出了能稳定遗传的抗 TMV 的烟草植株。

2. 病毒复制酶基因 植物正链 RNA 病毒的复制酶（replicase）属于依赖于 RNA 的 RNA 聚合酶（RNA - dependent RNA polymerase，RdRp），通常由 1～2 种病毒基因编码的蛋白和多种寄主成分组成。在病毒基因编码的复制酶组分中存在多个保守序列，一个是存在于所有 RNA 聚合酶中的甘氨酰-天冬氨酰-天冬氨酸（Gly - Asp - Asp）三肽基元序列（GDD motif），为复制酶的核心组成部分，对聚合酶活性是必不可少的；另一个是三磷酸核苷酸结合结构域（NTP binding domain），此保守序列与解旋酶（helicase）活性有关，在病毒复制过程中对 RNA 双链复制解旋起重要作用。复制酶基因介导的抗性既可以在蛋白质水平上又可以在 RNA 水平上实现。

3. 病毒运动蛋白基因 植物病毒侵染寄主植物后在体内的运转方式主要有两种：一是通过植物维管组织进行的系统转移（长距离移动）；二是通过胞间连丝在细胞之间的移动（短距离移动）。病毒在细胞间的移动是一个主动的过程，需要病毒基因编码的蛋白参与，这种蛋白称为运动蛋白（movement protein，MP）。

4. 病毒反义 RNA 基因 反义 RNA（antisense RNA）方法的设计对象可以是病毒外壳蛋白基因、复制酶基因或病毒基因组的其他成分。反义 RNA 介导抗性的作用机制可能为：①反义 RNA 与病毒 RNA 结合形成二聚体，结合位点可以是复制酶结合位点、核糖体结合位点或某个关键基因，从而抑制了病毒的复制或扩展；②反义 RNA 与病毒复制过程中形成的负链 RNA 竞争病毒或寄主因子，干扰了病毒复制。

5. 核酶基因 1988 年，Haseloff 和 Gerlach 提出了锤头状核酶的人工设计原则，主要是在酶活性中心的两侧拼接上有特定碱基序列的两段 RNA 臂，使这两条臂能特异地与底物 RNA（如病毒 RNA）按碱基互补配对原则结合，然后活性中心将底物切开。现已成功在体外合成了能够切割番茄卷叶病毒（potato leaf roll virus，PLRV）和马铃薯纺锤块茎类病毒（PSTVd）等几种病毒（类病毒）RNA 的核酶（ribozyme）。但该方法在转基因植株水平上进展较慢，体内表达的核酶对病毒 RNA 的切割似乎不如在体外有效。另外该方法也存在潜在危险性，即核酶可能将细胞 RNA 作为靶 RNA 切割而破坏细胞的正常功能。

6. 病毒卫星 RNA 基因 某些病毒除基因组 RNA 外，还伴有一些小片段 RNA，称为卫星 RNA（satellite RNA），携带卫星 RNA 的病毒称为辅助病毒（helper virus）。卫星 RNA 介导抗性的机制是卫星 RNA 与病毒基因组 RNA 争夺病毒复制酶。

7. 缺陷干扰型 RNA 基因 缺陷干扰型 RNA（defective interfering RNA，DI RNA）是指那些直接来源于病毒的核酸序列，其所含的基因比正常病毒的基因少，但是其核酸两端以及复制起始点都和正常病毒有相同的 RNA。DI RNA 在动物中普遍存在，而在植物中仅存在于番茄丛矮病毒组（*Tombusvirus*）和香石竹斑驳病毒组（*Carmovirus*）中。DI RNA 方法仍有可能在转基因植物体内发生 RNA 重组而产生新病毒。

8. 病毒弱毒株完整基因组　将病毒弱毒株的完整基因组导入寄主植物，可使其对相应病毒的强毒株表现交互保护作用。Yamaya 等（1988）最早得到了表达 TMV 弱毒株完整基因组的转基因烟草，转基因株系与正常植株一样生长，但对接种的 TMV 强毒株表现很强的交互保护作用，这种作用比外壳蛋白介导的保护作用强。但存在潜在危险：一是弱毒株亦可能造成减产或降低品质；二是弱毒株可能突变成强毒株。所以，科研人员建议构建缺失突变株来克服这些潜在的缺陷。

（二）利用植物自身的抗病毒基因

1. 核糖体失活蛋白基因　核糖体失活蛋白（ribosome‐inactivating protein，RIP）是一类通过 N‐糖苷酶（N‐glycosidase）或核酸酶的作用使核糖体失活来抑制蛋白质生物合成的蛋白，它在许多植物、细菌、真菌中含量丰富。单链 RIP 和双链 RIP 的 A 链具有 N‐糖苷酶活性，能够专一地水解真核生物核糖体 26S、28S rRNA 上一段 14 个碱基的高度保守序列 5′‐AGUACGAGAAGGGA‐3′中一特定的腺嘌呤 A 处的糖苷键，从而阻止 EF2‐GTP 复合物与核糖体 60S 大亚基的结合，抑制肽链延伸，使蛋白质合成受到抑制。

2. 潜在自杀基因（latent suicide gene）　将植物来源的抗病毒蛋白基因克隆到某种病毒的启动子下游，再将这一重组体以反义形式克隆到植物表达载体中并转化植物。植物体内转录出包含病毒启动子与该病毒蛋白在内的复合物，但不会翻译表达有功能的活性毒素蛋白。若该病毒侵染植物，其体内已经转录出的反义 RNA 会利用病毒酶系统转录出正义链的 mRNA，mRNA 再翻译表达产生有功能的活性毒素蛋白，结果被病毒侵染的细胞死亡而邻近的细胞不受影响。

3. 植物病毒抗体基因　根据免疫学原理，将某一植物病毒的抗体基因转入植物体内，使其充分表达，来抵御相关病毒的入侵，从而达到防治植物病毒病的目的。现已研究表明，植物体内能生产从小分子抗体到全抗体等各种工程抗体，因此，这种方法在生产中将有广阔的发展前景。

（三）干扰素基因

脊椎动物细胞在受病毒感染后分泌一种糖蛋白，能结合在细胞膜上，形成抗病毒结构，这类小分子质量蛋白质称为干扰素（interferon）。它具有广谱抗病毒特性。干扰素不是直接作用于病毒，而是激活寄主细胞中的一些酶，如能促使寡核苷酸合成酶、核酸内切酶和激酶的产生，来阻断病毒蛋白质的合成。这 3 种酶平时处于相对静止状态，一旦易感细胞被病毒感染或经双链 RNA 作用后才被活化。

二、抗植物真菌病基因

（一）抗真菌的蛋白基因

1. 病程相关蛋白基因　病程相关蛋白（pathogenesis‐related protein，PR）是由植

物寄主基因编码，在病程相关情况下诱导生成的一类蛋白质，是防卫反应蛋白的一种。PR 类蛋白与植物系统获得性抗性（systemic acquired resistance，SAR）和系统诱导性抗性（induced systemic resistance，ISR）的建立密切相关。

植物几丁质酶是植物与病原相互作用中植物防御反应中的重要 PR 类蛋白，它能够降解含几丁质的真菌细胞壁，从而抑制真菌生长，也能抵抗含几丁质的昆虫。植物几丁质酶基因表达受病原菌攻击、激发子、植物激素、重金属以及机械伤害等的诱导。

β-1，3-葡聚糖酶是真菌细胞壁的重要结构成分，具有水解 β-1，3-葡聚糖的作用，其基因表达受病原菌攻击、水杨酸和细胞分裂素的诱导，而对乙烯和伤害的诱导不敏感。β-1，3-葡聚糖酶基因属于防卫基因家族成员，在植物抗病作用中扮演着重要角色。

烟草 AP24 基因编码的是一种 24 ku 的碱性渗透蛋白（osmotin），也属于植物防卫反应蛋白。其转录受到盐胁迫（NaCl）、干旱、机械伤害、乙烯、脱落酸、烟草花叶病毒（TMV）、真菌以及紫外辐射的诱导。体外抑菌实验表明，碱性渗透蛋白对一系列真菌具有抑制效应。

2. 核糖体失活蛋白基因　核糖体失活蛋白（RIP）属于一类特殊的 RNA N-糖苷酶，能水解植物及真菌细胞核糖体 28S rRNA 上某一碱基的 N-C 糖苷键，释放一个碱基从而阻碍真菌蛋白质的合成。RIP 不影响自身的 28S rRNA，对亲缘关系较远的植物的 28S rRNA 有不同程度的特异作用。

3. 抑制病原菌毒性因子的蛋白质基因　多聚半乳糖醛酸抑制蛋白（PGIP）是存在于植物细胞壁中的一种糖蛋白，能抑制真菌多聚半乳糖醛酸酶的活性。表达菜豆 PGIP 和表达梨 PGIP 的转基因番茄对真菌产生的抗性结果不一样，进一步研究发现菜豆 PGIP 在体外对真菌半乳糖醛酸酶的抑制存在专一性，因此在利用多聚半乳糖醛酸抑制蛋白基因进行转化实验前应先进行体外的预筛选。

（二）植保素基因

植物在受到病原菌诱导或胁迫时，会产生一种对病原菌具有毒性的物质，称为植物植保素或植物抗毒素（phytoalexin），它们是一类经生物或非生物因子的激发和诱导，在植物体内产生与积累的低分子质量的抗菌化合物，如类黄酮（flavonoid）和类萜类（terpenoid）。如葡萄中合成的类似 1，2-二苯乙烯的植保素——白藜芦醇（resveratrol），可提高葡萄对病原真菌灰葡萄孢（Botrytis cinerea）的抗性，这说明植保素的合成是寄主植物抗病原真菌的直接原因。

（三）增强细胞壁强度的基因

植物在受到病原菌侵染时，在结构上的抗性反应为增强细胞壁的强度，从而在结构上阻止病原菌入侵。植物中存在的咖啡酰辅酶 A 甲基转移酶（caffeoyl-CoA-3-methyl-transferase，COMT）将香豆酰辅酶 A（coumaroyl-CoA）催化成阿魏酰辅酶 A（feruloyl-CoA），而后者进一步促进植物细胞壁中多糖酯化，以增强细胞壁的强度。

（四）改变细胞壁结构成分的基因

木质素是植物细胞壁的重要组成成分之一，它不仅可增强植物细胞壁的强度，增强抗真菌穿透的能力，而且抗病原菌酶的降解，限制真菌酶和毒素向寄主扩散以及营养或水分从寄主向真菌渗透。因此提高植物细胞壁木质素的含量是提高植物对真菌抗性的重要手段。

（五）来自植物的抗真菌基因

1. *HM1* 基因 Johal 和 Briggs（1992）利用转座子标签法在玉米上克隆了抗圆斑病菌抗性基因 *HM1*，这是第一个被克隆的与植物抗毒素有关的基因。它编码依赖于烟酰胺腺嘌呤二核苷酸磷酸（NADPH）的 HC-毒素还原酸酶，该酶能使病原真菌 *Cochliobolus* 产生的致病因子 HC-毒素失活，从而抵抗真菌的侵入。

2. 番茄的 *cf-2* 基因 Dixon 等（1996）利用定位克隆技术从番茄中克隆出 *cf-2* 基因，含有编码富含亮氨酸的重复序列（leucine-rich repeat，LRR），属于 LRR 类抗病基因。它是串联存在的两个拷贝，这两个拷贝的开放阅读框（ORF）间仅有 3 个核苷酸的差异。它们的两个核基因都有内含子，一个是 182 bp，另一个是 185 bp。分析表明：*cf-2* 基因编码的蛋白的 N 末端是由 26 个不带电荷的氨基酸构成的一个跨膜结构域，蛋白上有 31 个 N-糖基位点。

3. 番茄的 *cf-9* 基因 *cf-9* 基因是 Jones 等（1994）利用转座子技术从番茄中克隆的一个基因，也属于 LRR 类抗病基因。该基因无内含子，它编码了一个含 863 个氨基酸的蛋白，其结构特点是：N 末端的信号肽含有几个半胱氨酸，有一个以 24 个氨基酸为单位的 LRR 结构域，还有疏水的跨膜结构域。整个蛋白中含有 22 个 N-糖基化位点。

4. 亚麻的 *L₆* 基因 L_6 基因也是利用转座子技术而克隆的一个基因。从 L_6 基因的核苷酸序列推导出其蛋白产物含有 1 294 个氨基酸，蛋白的 N 末端是一个信号肽，C 末端则是一个亮氨酸比例较高的区域。L_6 多肽包含两个直接重复的分别由 146 个和 149 个氨基酸构成的富含亮氨酸的区域，且该多肽上有一个核苷酸结合位点（nucleotide binding site，NBS）和一个亮氨酸拉链结构，但 L_6 蛋白上没有疏水的跨膜结构域。实验表明 L_6 蛋白对病原真菌 *Melampsora lini* 有抗性。

三、抗植物细菌病基因

（一）抑制细菌致病和毒性因子的基因

1. 阻止致病因子表达的基因 N-酰基高丝氨酸内酯（N-acyl-homoserine lactone，AHL）作为信号分子介导的细菌数量应答系统参与许多植物病原细菌的致病过程。病原细菌侵染寄主植物后，随着细菌的自身繁殖，细菌细胞分泌产生的 AHL 逐渐增多。当细菌群体密度达到足够量时，AHL 的浓度达到临界值，此时 AHL 进入细菌细胞与胞内受体结合，该复合物结合于细菌致病基因的启动子区域，启动编码果胶水解酶、纤维素酶、果聚醛酸酶等致病蛋白基因的表达。将来源于细菌的 AHL 水解酶基因导入植物，转基因植株产生的 AHL 水解酶会持续不断分解病原细菌产生的 AHL，使其失去生物学活性，阻止病原细菌致病基因的表达，从而使植物获得抗性。

2. 抗细菌毒素酶的基因 菜豆丁香假单胞菌（*Pseudomonas savastanoi* pv. *phaseolicola*）产生的三肽毒素（phaseolotoxin）是病原细菌的致病因子，该毒素抑制植物体内参与精氨酸合成的鸟氨酸氨甲酰转移酶（OCTase）的活性，而病菌本身的 OCTase 对其毒素不敏感。现已从病菌内克隆出编码该酶的基因 *argK*，将 *argK* 基因导入菜豆，代替编码原来的酶的基因，该基因表达后得到的转基因菜豆对菜豆丁香假单胞菌表现出完全抗性。

（二）非植物抗细菌蛋白基因

1. 昆虫裂解肽基因　昆虫裂解肽（cecropin）及其杀菌活性更强的人工类似物 shiva-1 是一类小分子质量的蛋白质，能破坏细菌细胞膜，抗菌谱很广，对革兰氏阴性和阳性细菌均有效。用青枯菌（*Ralstonia solanacearum*）接种表达 shiva-1 基因的转基因烟草，植株发病延缓且死亡率降低。

2. 乳铁蛋白　乳铁蛋白（lactoferrin）是哺乳动物受感染时产生的一类抗菌蛋白，对细菌生长有抑制作用。用青枯菌接种表达人体乳铁蛋白基因 *lactoferrin* 的转基因烟草和非转基因烟草，转基因烟草比非转基因烟草推迟发病 5～25 d。乳铁蛋白对革兰氏阴性菌的杀伤力强于 shiva-1。

（三）激活植物本身抗细菌病机制的基因

1. 表达抗病基因　水稻 *Xa21* 基因。白叶枯病是危害水稻生产最为严重的细菌病害之一。1995 年，Song 等从水稻中发现并克隆了第一个抗水稻白叶枯病的 *Xa21* 基因，该基因编码 1 个受体激酶，是一个具有广谱抗性的基因。它含有一个 3 075 bp 的巨大（ORF）开放阅读框，编码含 1 025 个氨基酸的蛋白质。*Xa21* 的核基因含有一个 843 bp 的内含子。

番茄 *Pto* 基因。番茄抗细菌叶斑病基因 *Pto* 是第一个克隆到的符合基因对基因模式的抗病基因。该基因含有由 963 bp 构成的 ORF，其蛋白质产物含 321 个氨基酸。它编码的是一个没有明显的跨膜结构域和细胞外结构域的丝氨酸-苏氨酸蛋白激酶。*Pto* 基因在番茄植株中的过量表达能导致植株局部细胞死亡、水杨酸积累等抗性防卫反应，从而增强了植株的广谱抗性。

2. 增强激发子产生的基因　激发子（elicitor）是指能诱发寄主防卫反应的一些生物与非生物来源物质的总称。许多病原菌在侵染寄主时释放出激发子，激发子与寄主细胞膜表面受体相互识别，引发包括离子流和膜电势的改变、活性氧的产生、蛋白质磷酸化与去磷酸化、脂质氧化、系统信号分子产生等一系列信号传导过程，继而发生过敏反应，激活寄主防卫系统。将胡萝卜软腐欧文氏菌（*Erwinia carotovora*）果胶酸酯裂解酶编码基因转入马铃薯，转基因马铃薯在受到病原物侵染时，植物组织受伤，释放果胶酸酯裂解酶，该酶分解植物细胞壁，释放一种寡糖激发子，提高对软腐病的抗性。

3. 增强活性氧产生的基因　在植物和病原物相互作用初期，即植物和病原物相互识别后，在侵染点周围会短时产生大量活性氧（ROS），这种过程称为氧化爆发（oxidative burst）。现已明确氧化爆发在许多植物-病原互作体系中发生，是植物-病原互作最为重要的早期防御反应之一，而且是过敏反应（hypersensitive response，HR）的一个特征。ROS 能够诱导相邻组织的防御基因活化，激发植物局部细胞过敏性死亡，参与植物细胞壁的增厚加固，抵御病原物的进一步侵染。

4. 提前启动防御机制抵御病菌侵染的基因　在以酰基高丝氨酸内脂类物质（AHL）为信号分子的细菌群体感应系统（quorum sensing system）介导的植物病原细菌致病反应中，AHL 的浓度是诱导细菌致病基因表达的关键因子。在病原菌数量较少时，如果人为地提高 AHL 的浓度使其达到临界值，诱使病原菌提前启动致病基因表达，而植物在病原菌未达到危害数量时就启动防御系统，可以遏制病害发生。

第三节　抗非生物胁迫的基因

一、抗旱、抗盐基因

干旱引起植物细胞代谢和基因表达的变化，培育和选择抗旱植物品种是解决干旱地区水资源不足的主要途径。Tarczynski 等（1993）首次报道了抗旱转基因植物研究，成功地将甘露醇-1-磷酰脱氢酶基因（*Mltd*）整合进烟草基因组中，并证实了转基因烟草中的甘露醇含量显著高于非转基因烟草，从而增强渗透调节能力，提高抗旱能力。现已相继克隆出了一些重要的耐旱基因，按其功能可分为两类：一类是调控性基因，即在胁迫响应中调控信号传导和基因表达的基因；另一类是功能性基因，即基因表达产物直接进行抵御外界环境胁迫。

（一）渗透调节基因

植物在感受到干旱胁迫时，细胞会主动形成一些渗透调节物质，并在细胞内大量积累，通常积累的渗透调节物质有脯氨酸、甜菜碱、甘露醇、山梨醇、海藻糖、果聚糖、肌醇、多胺等小分子化合物。通过渗透调节提高溶质浓度，降低水势，细胞就继续从外界吸水，从而增强植物的保水能力，稳定体内的渗透压平衡，保证植物正常生长。渗透调节物质除受干旱胁迫诱导产生外，在高温、低温、盐等其他非生物逆境胁迫下也会产生。

1. 编码季铵类化合物合成的基因　胆碱在植物和其他真核生物中是合成卵磷脂——磷脂酰胆碱十分重要的代谢物，在植物中合成磷脂酰胆碱最初的限速步骤是磷酸乙醇胺（P-EA）的甲基化，这一反应由磷酸乙醇胺 N-转甲基酶（PEAMT）催化，PEAMT 还催化随后的两个甲基化反应生成磷脂酰胆碱，然后脱磷酸形成胆碱。在一些植物如菠菜的叶绿体内，含有胆碱单加氧酶（CMO）和甜菜碱醛脱氢酶（BADH）。CMO 或 CDH（胆碱脱氢酶）和 BADH 可以催化胆碱经过两步氧化反应，最后生成三甲基甘氨酸，即甘氨酸甜菜碱（GlyBet），简称甜菜碱（betaine），它是甘氨酸的衍生物，是重要的强渗透调节物质。但许多植物如水稻、马铃薯、烟草和番茄等并不能积累甜菜碱，只能利用基因工程手段，把甜菜碱合成途径的相关基因转入相关植物中使其积累甜菜碱，增强这些植物的抗旱性。

（1）*PEAMT* 基因。PEAMT 是在干旱胁迫下表达的一个晚期应答蛋白。它是合成磷脂酰胆碱的关键限速酶，而磷脂酰胆碱是合成胆碱途径中的重要中间产物。其酶活性受到 S-腺苷甲硫氨酸、磷酸胆碱、磷酸、Mn^{2+} 和 Co^{2+} 的抑制，不受乙醇胺、一甲基乙醇胺、二甲基乙醇胺、胆碱、甜菜碱或 Mg^{2+} 的抑制。在烟草中过量表达菠菜 *PEAMT* 基因，使转基因烟草的磷脂酰胆碱水平提高了 5 倍，胆碱水平提高了 50 倍。

（2）*BADH* 基因。甜菜碱醛脱氢酶（BADH）主要位于菠菜和甜菜叶绿体基质中，它是合成甜菜碱的关键酶。甜菜碱是生物界广泛存在的细胞相容性物质，也是公认的在微生物和植物细胞中起着无毒渗透保护作用的主要次生代谢积累物之一，其积累使许多代谢过程中的重要酶类在渗透胁迫下能继续保持活性。多种生物如细菌、藻类、高等植株等，在盐碱、水分和低温胁迫下，能诱导 *BADH* 基因表达，积累甜菜碱类物质来维持细胞的正常膨压。

（3）*CMO* 基因。胆碱单加氧酶（CMO）是一种特殊的加氧酶（oxygenase）。现已经成功克隆了菠菜、甜菜、山菠菜、三色苋 *CMO* 基因的 cDNA 全序列。

（4）*betA* 基因。在大肠杆菌中证实有一个 bet 操纵子，bet 操纵子中的 *betA* 基因（胆碱脱氢酶基因）是甘氨酸甜菜碱合成的关键酶基因，该基因编码的胆碱脱氢酶（CDH）可将胆碱一步合成为甜菜碱。

2. 编码氨基酸合成的基因　在编码氨基酸合成的关键基因中，对脯氨酸合成酶基因的研究较为深入。脯氨酸是植物蛋白质的组分之一，以游离状态广泛地存在于植物体中，是植株中主要的渗透调节物质之一，它不仅是生物大分子的保护剂或羟基的清除剂，还是植物从胁迫条件回到正常过程中迅速、有效的氮源、碳源和还原剂。正常条件下，植物体中游离脯氨酸的含量并不多，但在逆境条件（如干旱、盐渍、冷冻等）下，植物体内游离脯氨酸表达量可增加 10～100 倍，达到游离氨基酸的 40% 以上。脯氨酸的作用不仅仅能起渗透调节作用，还能使活性氧在干旱、盐渍、冷冻等逆境中仍维持在一个低水平的动态平衡，防止活性氧对膜脂和蛋白质的过氧化作用。现已克隆出了多个与脯氨酸合成酶相关的基因，即脯氨酸合成酶基因族。其中包括吡咯啉-5-羧酸合成酶（pyrroline-5-carboxylate synthetase）基因 *P5CS* 及 *PVAB2*、吡咯啉-5-羧酸还原酶（pyrroline-5-carboxylate reductase）基因 *P5CR* 及 *PproC1*、榆钱菠菜脯氨酸转运蛋白（proline transport protein）基因 *AhProT1*。其他编码氨基酸合成的基因有在番茄中编码 S-腺苷甲硫氨酸合成酶（S-adenosylmethionine synthetase）的基因 *SAM1* 和 *SAM3*。

3. 编码糖醇类及偶极含氮类化合物合成的基因　肌醇甲基转移酶（inositol methyl transferase）基因 *Imtl* 是从生长于南非沙漠中的冰叶午时花的 cDNA 文库中分离得到的，该基因在盐碱或干旱胁迫下诱导表达，合成一种具有较强亲水能力的多羟基糖醇化合物——芒柄醇。甘露醇和山梨醇属于多元醇，亲水力强，有利于增强植物的抗盐碱性。1-磷酸甘露醇脱氢酶（mannitol-1-phosphate dehydrogenase）基因 *mtlD* 和 6-磷酸山梨醇脱氢酶（glucitol-6-phosphate dehydrogenase）基因 *gutD* 都是从大肠杆菌中克隆的分别编码这两种醇的关键基因，并已在部分植物中转化获得成功。

4. 果聚糖生物合成相关的基因　果聚糖（fructan）是果糖的多聚分子，其高可溶性能提高植物的渗透调节能力。果聚糖转移酶基因 *sacB* 是从细菌中分离出的合成果聚糖的关键酶编码基因。将 *sacB* 导入烟草中，在非胁迫条件下果聚糖积累对植株生长和产量无影响；在聚乙二醇（PEG）介导的渗透胁迫下转基因植株的耐受性明显提高，耐逆性强弱与果聚糖积累量成正相关。

（二）清除活性氧基因

植物在干旱胁迫下会在体内产生抗氧化防御系统，它由能清除活性氧的酶和抗氧化物质组成，如超氧化物歧化酶（SOD）、过氧化物酶（POD）、过氧化氢酶（CAT）和抗坏血酸（AsA）等，它们协同抵抗干旱胁迫诱导的氧化伤害。在整个防御系统中，SOD 是所有植物在氧化作用中起重要作用的抗氧化酶。根据其结合的金属离子的不同，SOD 可分为 Cu/Zn - SOD、Mn - SOD 和 Fe - SOD 3 种类型。

1. SOD 基因　SOD 是植物体内第一个清除活性氧的关键抗氧化酶。将 Mn - SOD 表达基因转化到紫花苜蓿中，发现紫花苜蓿的抗逆（抗旱、耐寒）能力和生物产量都有所提高。表达拟南芥 Fe - SOD 和表达番茄 Cu/Zn - SOD 的转基因烟草抵抗干旱引起的氧化胁迫能力均得到增强。

2. CAT 基因　CAT 是一类含有血红素辅基的四聚体酶，它跟 SOD 一样都是清除 H_2O_2 的主要酶类。通过催化 H_2O_2 转变成水和氧气，从而使需氧生物体免受 H_2O_2 的毒害。烟草的 3 种 *CAT* 基因编码的蛋白质的功能已得到确证，*CAT1* 基因产物主要清除光呼吸过程中产生的 H_2O_2，*CAT2* 基因产物可特异地清除活性氧胁迫过程中产生的 H_2O_2，*CAT3* 基因产物主要清除乙醛酸循环体中脂肪酸 β 氧化产生的 H_2O_2。

3. POD 基因　POD 是广泛存在于各种动物、植物和微生物体内的一类氧化酶，催化 H_2O_2 参与的各种还原剂的氧化反应。Hertig 等（1991）的研究显示，从小麦上分离的诱导型 *POD* 基因有 2 个内含子，这 2 个内含子也存在于番茄和辣椒 *POD* 基因的相似位置上。

（三）保护生物大分子及膜结构的蛋白质基因

1. 晚期胚胎发生丰富蛋白基因　晚期胚胎发生丰富蛋白（late - embryogenesis - abundant protein，LEA 蛋白）是高等植物胚胎发生后期种子中大量积累的一系列蛋白质，受植物发育阶段、脱落酸和脱水信号的调节。LEA 蛋白具有高度亲水性，在种子成熟干燥过程中，或渗透胁迫条件下保护细胞免受水势降低的损伤，从而保护细胞免受干旱胁迫的伤害。LEA 蛋白的作用有：①作为脱水保护剂。LEA 蛋白在结构上富含不带电荷的亲水氨基酸，它们既能像脯氨酸那样，通过与细胞内的其他蛋白发生相互作用，稳定这些蛋白结构，又能给细胞内的束缚水提供一个结合的衬质，从而使细胞结构在脱水中不致遭受更大的破坏。②作为一种调节蛋白参与植物渗透调节。③通过与核酸结合而调节细胞内其他基因的表达。

2. 脱水蛋白基因　脱水素（dehydrin）作为 LEA 蛋白能提高植物耐水分胁迫的能力，其作用的机制是：①缓解由于细胞失水而引起的离子浓度升高对细胞造成的伤害；②丝氨酸保守区在细胞脱水时可以磷酸化进入细胞核，可能在保护核酸中发挥作用；③植物失水时脱水素可与可溶性糖协同作用抑制细胞质晶体化并维持膜表面的液化状态，保持细胞的可溶状态，避免细胞结构的塌陷，稳定细胞结构尤其是膜结构；④起分子伴侣和亲水性溶质的作用，在水分胁迫时稳定和保护蛋白质的结构和功能。

3. 渗调蛋白基因　渗调蛋白（osmotin，OSM）是干旱胁迫下植物所产生的一种新型的脱水储存蛋白，但该蛋白的积累则要求氯化钠或低水势的存在。目前已得到由 OSM 的启动子调控的 *Gus* 基因的转基因烟草。

4. 水通道蛋白基因　水通道蛋白（aquaporin，AQP）可以形成选择性的水运输通道，允许水自由出入，而将离子或其他有机物拒之门外。它是一类具有选择性的高效转运水分子功能的跨膜通道的主嵌入蛋白（major intrinsic proteins，MIP），可进行水分的快速跨膜转运，也可参与长距离或短距离的胞间水分子流动，以及液泡与胞质间、胞质与质外体间的渗透调节。

（四）RD 系列脱水响应基因

RD 系列脱水响应基因主要有 *RD29A*、*RD29B*、*RD22* 等基因。在干旱胁迫下，RD 系列脱水响应基因被诱导表达，引起植物的抗旱性反应，增强植物的抗旱性。

（五）编码转录因子的调节基因

转录因子，也称反式作用因子，是能够与真核生物基因启动子区域中的顺式作用元件发生特异性作用的 DNA 结合蛋白。在干旱条件下，通过 Ca^{2+} 和蛋白质磷酸化信号传递，植物细胞内的某些组成型转录因子磷酸化，诱导抗旱相关的转录因子基因迅速表达，一般数分钟即可达到较高水平，进而调节细胞核内抗旱功能基因的表达。由于对干旱胁迫响应迅速，植物抗旱相关的转录因子基因也称为早期响应基因。通过研究这些基因的表达，发现很多基因的表达受到其启动子附近的顺式作用元件（*cis* - acting element）以及与之相结合的反式作用因子（*trans* - acting factor）的调控。自 1987 年 Paz - Ares 首次报道玉米转录因子基因的克隆以来，相继分离出调控干旱、高盐、低温、激素、病原反应及生长发育等相关基因表达的转录因子，如 bZIP 类、MYB、ERF 类、DREB 转录因子等。通过表达这些转录因子基因，显著提高了转基因植株的耐旱、耐盐等能力。

二、耐寒基因

低温是限制冷敏感植物（plant chilling - sensitive plant），如热带和亚热带作物和水果的生长、发育、生存及分布的重要环境因子，在 0 ℃以上的低温条件下，这些植物会受到冷害。耐寒性是由多基因控制的性状。

1. *AFP* *AFP* 即编码抗冻蛋白（antifreeze protein，AFP）的生物基因，属于冷诱导（cold induced）基因。抗冻蛋白是一类抑制冰晶生长的蛋白质，它能以非依数性形式降低水溶液的冰点而对其熔点影响甚微，从而导致水溶液的熔点和冰点之间的差值变大，这种差值的定量描述称为热滞活性（thermal hysteresis activity，THA），抗冻蛋白也称为热滞蛋白或温度迟滞蛋白（thermal hysteresis protein，THP）。AFP 主要起两种作用：一种是屏障作用，即避免增长的冰晶侵入叶表皮及细胞内；另一种是抑制冰的重结晶，*AFP* 基因最早是从鱼类中克隆出来的，包括含糖的抗冻糖蛋白（AFGP）和不含糖的 Ⅰ～Ⅳ型的 5 种 AFP。

2. 脂肪酸去饱和代谢关键酶基因 一般具有较高膜脂不饱和度的植物，在较低温度下保持膜流动性，维持正常的生理功能。导入脂肪酸去饱和代谢关键酶基因后，其表达产物能使一部分饱和脂肪酸催化成不饱和脂肪酸，从而提高膜脂不饱和度，提高植物抗寒能力。脂肪酸去饱和酶（fatty acid desaturase）是不饱和脂肪酸合成途径的关键酶。

甘油-3-磷酸酰基转移酶（glycerol - 3 - phosphate acyltransferase，GPAT）是磷酰

甘油（phosphatidyl glycerol，PG）生物合成过程中的第一个酰基酯化酶，对决定植物膜PG 的不饱和度起关键作用。研究将 *GPAT* 基因导入烟草和拟南芥，均改变了植株体内磷酰甘油的脂肪酸组成，提高其不饱和度，从而提高了植物抗寒性。

植物脂酰基载体蛋白（acyl carrier protein，ACP）饱和酶是植物中唯一可知的可溶性去饱和酶家族。目前研究最多的是植物硬脂酰 ACP 去饱和酶（stearoyl - ACP desaturase，SAD）。将菠菜中编码硬脂酰 ACP 去饱和酶的 *SAD* 基因导入烟草，提高了烟草的抗冻力。

3. *COR* 基因　现已从拟南芥中克隆的 *COR* 基因主要有 *COR15a*、*COR6.6*、*COR78* 以及与 LEA 蛋白同源的 *COR47* 等，它们是拟南芥中高效表达的与冷相关研究最多的基因，又称 *LTI* 基因、*KIN* 基因、*RD* 基因或 *ERD* 基因。拟南芥的 *COR15a* 基因在低温、干旱及受脱落酸（ABA）诱导的胁迫中都表达，*COR15a* 基因的表达可以稳定膜的结构，减轻了寒冷对植物带来的伤害。

4. 糖类基因　抗寒性强的植物一般积累的可溶性糖也较多，其对防止脱水后的蛋白质变性具有保护作用；胞间糖类通过影响冰晶生长来减轻寒害，保护细胞及其内膜系统。

5. *CPT* 基因　低温诱导植物抗寒性与脂代谢相关，胆碱磷酸转移酶（CPT）是一个整合的膜蛋白，胆碱磷酸转移酶基因（*CPT*）是磷脂合成代谢途径上重要的酶基因，该基因产物是磷脂酰胆碱（PC），是生物膜主要组成成分，与膜流动性和作物的抗寒性有密切关系。

三、耐热基因

目前植物耐热性研究的热点主要是热激蛋白。当植物受到高于正常生长温度 $8\sim10\ ℃$ 的热刺激时，会产生热激反应（heat shock），大部分正常蛋白质的合成和 mRNA 的转录被抑制，同时一些新的蛋白质被诱导出来，这些蛋白称为热激蛋白（HSP）。热激蛋白具有高度的保守性、热激反应的短时性、种类多样性等特点。热激蛋白的功能是：①提高植物的耐热性；②起分子伴侣的作用；③作为 DNA 水解酶（dnaK）在碱基错配时协助修复DNA 结构；④具有交叉保护功能。

第四节　改良作物产量和品质的基因

一、改良淀粉品质的基因

植物淀粉分为直链淀粉和支链淀粉，直链淀粉和支链淀粉含量的比例是影响农作物品质的要素之一。植物中的淀粉含量及其结构主要取决于淀粉生物合成中的一系列关键酶，包括 ADPG 焦磷酸化酶（ADP - glucose pyrophosphorylase，AGPP）、淀粉合酶（starch sythase，SS）、淀粉分支酶（starch branching enzyme，SBE）和淀粉去分支酶（starch debranching enzyme，DBE）等。AGPP 催化 1 -磷酸葡萄糖和 ATP 生成的 ADP -葡萄糖作为 SS 的底物参与直链淀粉和支链淀粉的合成，因此它是淀粉合成的限速酶。SS 是一个葡萄糖转移酶，以寡聚糖为前体，以 ADP -葡萄糖为底物，通过 $\alpha-1,4$ -糖苷键不断增加寡聚糖的葡萄糖单位，最终合成以 α-1,4-糖苷键连接的葡聚糖，葡聚糖又将作为 SBE 的底物合成支链淀粉。SBE 具有双重功能，一方面能切开以 α-1,4-糖苷键连接的葡聚糖（包括直链淀粉或支链淀粉的直链区），另一方面又可将切下的短链通过 α-1,6-糖苷键连接在受体链上。DBE 的主要作用是特异水解淀粉中的 α-1,6-糖苷键，在淀粉合成中起最后修饰作用。

二、抑制果实成熟的基因

水果和花卉在贮藏、运输过程中，随着花果的成熟和衰老，发生一系列复杂的生理生化反应，包括乙烯的生成，淀粉、叶绿体和细胞壁的降解，果实硬度的下降以及色素、有机酸和蔗糖的变化等，从而导致果实和花卉在色泽、质地和风味上的转变。

1. PG 基因　果实成熟的一个明显特征是果实的软化，而果实软化进程与多聚半乳糖醛酸酶（polygalacturonase，PG）活性增高一致，说明果实的软化与 PG 有关，因此降低 PG 活性能够达到延缓果实成熟的目的。PG 基因不受乙烯诱导，推测乙烯是通过控制 PG mRNA 的翻译或 PG 多肽的稳定性调节 PG 合成。Smith 等（1988）首次利用反义 RNA 技术构建了 PG 的反义基因转化番茄，获得的转基因番茄植株的 PG 活性和果胶质降解显著下降。

2. PE 基因　在绿色果实中存在果胶甲基酯酶（PE）。在果实成熟过程中，PE 能从细胞壁的果胶中去除甲基基团，从而加速细胞壁的降解，而 PE 的脱甲基产物又是 PG 作用的基质，因此 PE 的作用是加速果实的成熟软化。PE 也是一个多基因家族。转基因番茄中该反义基因的表达大大降低了果实中的 PE 活性，但对叶片或根部的酶活性没有抑制作用，转基因果实中 PE 活性为正常的 10% 以下，检测不到 PE 蛋白和 PE 的 mRNA。

3. 乙烯生成相关的基因　伴随着果实的成熟和花器官的衰老，会有一定数量的乙烯产生。乙烯在植物体内的生物合成途径为：甲硫氨酸（Met）→S-腺苷甲硫氨酸（SAM）→1-氨基环丙烷羧酸（ACC）→乙烯。该途径中 3 个重要的酶已被分离，催化 SAM 形成的是腺苷甲硫氨酸合成酶（SAM synthetase，SAMS），催化 SAM 生成 ACC 的是 ACC 合酶（ACC synthase，ACS），催化 ACC 形成乙烯的是 ACC 氧化酶（ACC oxidase，ACO），又称乙烯形成酶（ethylene-forming enzyme，EFE）。SAMS 催化甲硫氨酸和 ATP 形成 SAM，通过基因工程手段降低番茄植株内 SAM 含量也可显著减少 ACC 合成从而抑制乙烯合成，这表明 SAM 合成在一定程度上也影响乙烯合成。ACS 由多基因家族编码，从番茄、苹果、西葫芦、猕猴桃、香石竹等植物中已经克隆了 ACS 表达基因的 cDNA。

三、种子储藏蛋白基因

1. 改良植物种子储藏蛋白品质的基因　在许多植物中人体必需的氨基酸含量较低，如禾谷类作物种子中缺少赖氨酸（Lys），而豆类植物种子中赖氨酸含量是禾谷类作物种子中赖氨酸含量的 10 倍。大豆蛋白质含量十分丰富，但含硫氨基酸（甲硫氨酸、半胱氨酸）含量低。研究将 15 ku δ-玉米醇溶蛋白基因用基因枪法转入大豆中，在转基因植株中甲硫氨酸含量提高了 12%～20%，半胱氨酸含量提高了 15%～35%，而其他的氨基酸组分没有发生明显的改变。

2. 改良烘烤面包小麦种子储藏蛋白特性的基因 普通小麦面粉的加工品质独特，适合制作面包、馒头、面条、糕点等多种食品，主要归功于胚乳储藏蛋白所特有的面筋形成能力。根据溶解特性可将小麦籽粒蛋白分为 4 种类型，即溶于水和稀释缓冲液的清蛋白、溶于盐溶液的球蛋白、溶于 70%～90% 乙醇的醇溶蛋白以及溶于稀酸或稀碱的麦谷蛋白。清蛋白和球蛋白统称代谢蛋白，醇溶蛋白和麦谷蛋白统称储藏蛋白。麦谷蛋白又分为高分子质量麦谷蛋白亚基（HMW-GS）和低分子质量麦谷蛋白亚基（LMW-GS），HMW-GS 赋予面团黏弹性，LMW-GS 赋予面团延展性，良好的弹性和延展性是制作优质面包的基础，因此选择优良的 HMW-GS 和 LMW-GS 等位基因是小麦品质改良的主要目的。

四、改良脂肪酸组成的基因

人体不能自身合成一些必需的脂肪酸，只能从动植物中摄取，但长期从动物中摄入饱和、氢化脂肪酸或反式不饱和脂肪酸会导致高血压、冠心病，因此食用植物油便成为必需脂肪酸摄入的主要方式之一。然而植物油中存在较多不饱和脂肪酸，不但使其保存期缩短，还使烹饪过程出现不稳定性，如长时间油炸可形成多聚物等。利用基因工程技术调控一些脂肪酸脱氢酶基因和延长酶基因的活性，可以修饰植物种子中脂肪酸链的长度和不饱和度，调整脂肪酸分子在三酰甘油酯相关位置上的分布，增加或减少特定的脂肪酸成分；在植物种子中超表达或抑制已有的基因控制某种脂肪酸的合成途径，来提高或减少某种脂肪酸的含量；或导入新的基因以获得普通植物种子不能合成的特殊脂肪酸，从而获得高油酸含量，低亚油酸、亚麻酸含量，低饱和脂肪酸含量的油料作物。

1. 提高油脂含量的基因 油脂和蛋白质合成均来自葡萄糖的酵解产物——丙酮酸，即蛋白的合成与油脂的合成存在底物竞争关系。磷酸烯醇式丙酮酸羧化酶（PEPCase）和乙酰辅酶 A 羧化酶（ACCase）这两类代谢关键酶的相对活性，决定了油脂和蛋白质产物的合成。通过抑制 PEPCase 可以阻断丙酮酸生成蛋白质的途径，进而促进油脂的合成。Roesler 等（1997）将拟南芥中编码 ACCase 的基因导入油菜，在种子中超表达，获得了种子含油量比对照增加 3%～5% 的转基因植株。

2. 提高硬脂酸和油酸含量的基因 硬脂酸（stearic acid）和油酸为单不饱和脂肪酸，具有相对稳定和不易氧化等特点，并且能降低胆固醇和血脂及低密度脂蛋白水平，维持高密度脂蛋白水平的保健功效。Knutzon 等（1992）通过种子特异表达的反义硬脂酰-ACPΔ⁹-去饱和酶（Δ^9DES）mRNA 策略，培育出第一个转基因油脂改良的油菜品系，种子油中硬脂酸（18∶0）含量比对照提高了 30%～40%。

3. 提高多聚不饱和脂肪酸含量的基因 多不饱和脂肪酸（polyunsaturated fatty acid，PUFA）是一类含有 2 个或 2 个以上双键且碳原子数为 16～22 的直链脂肪酸。它们能降低血清中的胆固醇和甘油三酯含量，影响机体的免疫机能，决定细胞膜的功能等。大豆中由于缺少 Δ^6 脂肪酸脱氢酶，不能将底物亚油酸转化成 γ 亚麻酸。从玻璃苣中分离出 Δ^6

脂肪脱氢酶基因，将其整合到大豆中，获得了无筛选标记的转基因大豆，T_3 代种子中 γ 亚麻酸（GLA）含量可达到 29.8%～34.1%（Howe et al.，2004）。

五、改良甜味蛋白基因

甜味蛋白具有甜度高、热量低、天然安全等特点，其作为新型甜味剂已经在生产中使用，目前关于改良甜味蛋白基因的克隆、功能研究及遗传转化等已有很多报道。

普通大豆种子中含有 1.4%～4.1% 的水苏糖，它是人类和其他单胃动物不能消化的低聚糖。大豆低聚糖能促进肠道内双歧杆菌的增殖、改善肠道菌群等。低水苏糖大豆中，水苏糖被易消化的蔗糖所取代，使其具有比传统大豆更高的能量和甜味。美国杜邦公司已育成了这种低水苏糖转基因大豆，并且还选育了其他抗营养因子（如寡糖、棉子糖和半乳糖等）水平较低的大豆新品系。

从 20 世纪 60 年代以来已经发现 5 种植物甜味蛋白，即应乐果蛋白（monellin）、索马甜（thaumatin）、仙茅甜蛋白（curculin）、Pentadin 和马槟榔甜蛋白（mabinlin）。这些甜味蛋白的最大特点是它们大多甜味极高，热值低，是食品饮料工业中理想的甜味剂。应乐果蛋白是在非洲植物应乐果中发现的，是由两条肽链组成的蛋白。人们采用化学合成方法合成出了应乐果蛋白基因，并在转基因番茄和莴苣中进行了表达。

六、改良植物抗氧化物质的基因

提高食品中的抗氧化物质如类胡萝卜素（如番茄红素和 β 胡萝卜素）、维生素 A、维生素 C、维生素 E、类黄酮、多酚（如苯醌）等的含量，对人类健康具有重要的作用。

1. 类胡萝卜素合成基因 类胡萝卜素是维生素 A 的前体，人体缺乏维生素 A 易患夜盲症。类胡萝卜素在清除自由基、增强人体免疫力、预防心血管疾病中有着重要作用。在类胡萝卜素生物合成途径中，八氢番茄红素合成酶是一个限速酶。牻牛儿基牻牛儿基焦磷酸（GGPP）在八氢番茄红素合成酶的作用下形成八氢番茄红素。

2. 番茄红素生物合成基因 番茄红素是番茄中的主要胡萝卜素。在番茄红素的生物合成途径中，八氢番茄红素转化为番茄红素需要八氢番茄红素脱氢酶（PDS）、胡萝卜素脱氢酶（ZDS）和类胡萝卜素异构酶（CRTISO）共同催化。

3. 维生素 E 生物合成基因 维生素 E 又称生育酚，也是植物中重要的抗氧化剂，其合成代谢途径已得到深入研究，并克隆了相关的重要酶基因。维生素 E 以多种同分异构体的形式存在于植物体中，其中以 α 维生素 E 和 β 维生素 E 最为丰富，也有以 γ 维生素 E 形式存在的，应用基因工程技术提高植物中 α 维生素 E 与 γ 维生素 E 的比率是改良营养品质的一个目标。

4. 黄酮类化合物生物合成基因 黄酮类化合物是一类小分子的酚类物质，具有抗癌、降低冠心病发生率、降低胆固醇含量和预防骨质疏松等功效。细胞色素 P_{450} 加氧酶是催化合成黄酮类化合物的关键酶之一，目前已从拟南芥、大豆、甘草和油菜等多种植物中分离和克隆了许多编码细胞色素 P_{450} 的基因。

第五节　植物雄性不育基因

植物雄性不育性（male sterility）是指植物由于生理或遗传等原因不能产生有功能的花粉囊、花药、花粉或者雄配子而导致的不育，但雌蕊发育正常，能接受正常花粉而受精结实的特性。植物雄性不育的类型有细胞核雄性不育（genic male sterility，GMS）和细胞质雄性不育（cytoplasmic male sterility，CMS）。

人们已经从番茄、烟草、油菜、拟南芥、矮牵牛、玉米、水稻等的花粉、绒毡层等部位克隆了多个花粉特异基因、绒毡层特异表达基因，以及多个花药或花粉特异表达启动子（如 TA29、ZM13、A9、S1 等），为利用基因工程技术创造植物雄性不育系奠定了坚实基础。

1. 细胞毒素基因　将花粉或花药特异表达启动子、细胞毒素基因等构建成遗传载体转化植物，细胞毒素的特异表达能够选择性地破坏与花粉发育相关的某些器官或组织，阻断其正常发育过程，从而导致植物雄性不育。利用玉米的绒毡层特异启动子 pca55 和水稻的绒毡层特异启动子 pE1 和 pT72 与 *Barnase* 基因嵌合后转化小麦，获得了雄性不育植株。

2. *CHS* 反义基因　类黄酮色素基因不仅调控花的颜色，而且还调控花粉的发育。苯基苯乙烯酮合成酶（CHS）是类黄酮合成一个的关键酶。Vander Meer 等（1992）将"花药盒序列"（anther box）与 CaMV 35S 启动子串联在一起，然后将 *CHS* 基因和反义RNA 基因构建成嵌合基因表达载体，导入矮牵牛，实现了 *CHS* 反义 RNA 基因在矮牵牛花药绒毡层中的表达，抑制了 CHS 的合成，得到了雄性不育的矮牵牛植株，且花冠颜色变浅，花药变成白色。

3. β-1,3 葡聚糖酶基因　在花粉发育过程中，小孢子的分离要靠花药绒毡层分泌胼胝质酶降解坚硬的胼胝质。这个过程有着严格的时间性，如果提前分泌胼胝质酶，过早降解胼胝质，小孢子发育就会停止，产生畸形花粉，从而导致植物雄性不育。

4. 细胞质雄性不育相关基因　许多研究者发现不育与可育细胞质线粒体不同，一些不育细胞质特有的线粒体往往被认为与细胞质雄性不育有关，把这些线粒体分离出来，将其中与细胞质雄性不育有关的片段重新构建新的嵌合基因，导入可育的植株中可产生雄性不育植株。

在高等植物中存在的细胞质雄性不育与线粒体的显性突变有关，即线粒体机能损伤会导致花粉败育，其中 RNA 编辑与细胞质雄性不育有密切的关系。通过表达 *Atp9* 的反义 RNA，将由非编辑的 *Atp9* 基因诱导的雄性不育转基因植物恢复为雄性可育的植物，由于非编辑的 *Atp9* 的转录水平急剧下降，使花器官正常发育并产生种子，这同时说明非编辑的 *Atp9* 基因表达可以诱导雄性不育，并可通过反义 RNA 技术使植物恢复育性。

5. *Rol* 基因　发根农杆菌 A4 是植物毛根病的病原物，在其质粒 T-DNA 左边界端有 4 个基因 *RolA*、*RolB*、*RolC*、*RolD* 是致病关键基因，将这些基因导入植物会造成雄性不育。

第六节　改良植物其他性状的基因

一、抗除草剂基因

传统农业靠手工去除农作物杂草，费时费力，效率低下。随着化学工业的发展，人们筛选出许多有效的除草剂，如草甘膦（glyphosate）、草铵膦（phosphinothricin，PPT）、溴苯腈（bromoxynil）、莠去津（atrazine）等。但这些除草剂均为非选择性除草剂，只有通过基因工程途径培育抗广谱除草剂的农作物新品种，才能有效地控制杂草。

1. 抗草甘膦的 *EPSPS* 基因　莽草酸羟基乙烯转移酶（EPSPS）是芳香族氨基酸合成途径中的一个酶，存在于叶绿体中，它能被除草剂草甘膦抑制。现已经从矮牵牛、番茄、拟南芥、玉米等植物中分离出该基因，并成功地转化了番茄、大豆、烟草、玉米等植物。草甘膦对转 *EPSPS* 基因的棉花营养生长没有不利影响，但 4 叶期后喷施草甘膦会显著降低花粉活性，抑制散粉、授粉和结实，导致转 *EPSPS* 棉花对草甘膦的抗性呈现出一定程度的时空变化。

2. 抗草甘膦的 *aroA* 基因　*aroA* 基因是在鼠伤寒沙门氏菌（*Salmonella typhimurium*）中得到的突变基因，测定其核苷酸序列存在两个突变点，第一个突变点在启动子上，可提高基因表达水平，第二个突变点在 *arod* 结构基因上，产生对草甘膦不敏感的变异 EPSPS。

3. *bar* 基因和 *pat* 基因　*bar* 基因大小为 615 bp，来源于土壤潮湿霉菌（*Streptomyces hygroscopicus*），编码草铵膦乙酰转移酶（phosphinothricin acetyltransferase，PAT）。此酶由 183 个氨基酸残基组成。*pat* 基因的 Bg/11 - Ss Ⅱ片段编码 PAT。*bar* 基因和 *pat* 基因表达产物均被称为 PAT，两种 PAT 具有相似的催化能力，且氨基酸序列具有 86% 的同源性。PAT 使草铵膦的自由氨基乙酰化，使之不能抑制谷胱甘肽合成酶或谷氨酰胺合成酶（glutamine synthetase，GS）活性，从而对草铵膦产生抗性。

4. *ALS* 基因　磺酰脲（sulfonylurea）类除草剂（如氯磺隆）和咪唑啉酮（imidazoline）类除草剂（如咪草烟）都是植物体内支链氨基酸，如亮氨酸、异亮氨酸和缬氨酸的生物合成抑制剂，其作用靶标是乙酰乳酸合成酶（acetolactate synthetase，ALS）。从烟草与拟南芥分离出了 *ALS* 基因的单突变基因，其表达产生的异构 ALS 的活性不再受磺酰脲类和咪唑啉酮类除草剂的影响。

5. *PsbA* 基因　莠去津、西玛津等除草剂通过破坏植物光合系统Ⅱ中电子传递链而杀死植物，它们通过干扰质体醌（plastoquinone）结合到泛醌 Q_B 蛋白上。编码 Q_B 蛋白的 *PsbA* 基因位于叶绿体基因组中。该类除草剂基因工程的主要问题是导入的基因必须在叶绿体中表达。

6. *BXN* 基因　溴苯腈的杀草机制是抑制光合作用过程中的电子传递链，它属于接触型除草剂。编码溴苯腈的水解酶的基因 *BXN* 已被克隆出来，用该基因构建载体转化烟草、番茄，均获得了抗溴苯腈的转基因植株，且表现了良好的田间抗性。

二、抗衰老基因

生物体的衰老与基因的调控有关。目前在植物中研究较多的是叶片抗衰老。叶片衰老是一种动态的程序性细胞死亡（programmed cell death，PCD）过程。植物一旦发生叶片衰老，则光合能力减弱，光合产物减少，结实率低，产量降低，品质变差。叶片衰老受植物激素的调节，脱落酸和乙烯促进衰老，赤霉素和细胞分裂素则延迟衰老。目前，植物叶片抗衰老的基因主要有 IPT 基因和 Homeo box 基因家族基因。

1. IPT 基因 IPT 基因是编码异戊烯基转移酶（isopentenyl transferase，IPT）的基因，它是生物合成细胞分裂素过程中最重要的一步限速酶基因。其作用原理是：当叶片开始衰老时，衰老叶片特异表达的启动子 SAG12 被激活，IPT 基因开始表达，细胞分裂素含量增加，叶片衰老延缓；而叶片衰老的延缓反过来又使 SAG12 启动子失活，从而避免了细胞分裂素过量合成造成植物的形态和发育异常。

2. Homeo box 基因家族 Homeo box 基因家族由多个基因组成。已从高等植物玉米、水稻、拟南芥、烟草等植株中克隆了 *knotted 1*、*OSH 1*、*knat 1*、*knat 2*、*NTH 15* 等 Homeo box 基因家族基因，它们在高等植物茎顶端分生组织的分化和维持中发挥着重要的作用。研究发现组成型过量表达这些基因获得的转基因植物中细胞分裂素含量增加，与过量表达 IPT 基因的转基因植株的形态、生理变化基本一致。

三、调节花观赏特性的基因

1. 花分生组织特征基因 花分生组织特征基因研究得较清楚的有来自拟南芥的 *LEAFY*（*LFY*）、*APETALA1*（*AP1*）和 *CAULIFLOWER*（*CAL*）基因，金鱼草的 *FLORICAULA*（*FLO*）和 *SQUAMOSA*（*SQUA*）基因（位明明等，2020）。*FLO* 和 *LFY* 都属于转录因子。*FLO* 基因不能使花序分生组织产生花分生组织，即不能形成花朵，在生长花朵的位置长出的仍是花序分生组织。原位杂交也表明 *FLO* 基因在花发育的早期表达。*LFY* 不仅控制着花分生组织的形态特征，也调控花瓣和雄蕊的形成，*LFY* 基因的过量表达可以促进花分生组织的形成。

AP1 是来源于拟南芥的花分生组织决定基因，*AP1* 基因属于 MADS-box 家族，编码一个转录激活因子。*AP1* 基因的表达受开花时间决定基因 *FCA* 和 *LFY* 的激活以及花分生组织决定基因 *TEL1* 的抑制。*AP1* 基因在整个花分生组织中表达，花原基刚刚在花序分生组织发生时，*AP1* RNA 就开始表达，调控花原基的特异性，当花器官特征基因开始表达时，*AP1* 在内二轮的表达减少，以后定位于花萼和花瓣原基。

2. 花器官形成及 MADS-box 家族基因 通过对拟南芥和金鱼草的花同源异型突变体的研究，人们提出了花发育的 ABC 模型假说。2001 年，Theissen 和 Saedler 提出了花发育的 ABCDE 模型。无论是 ABC 模型还是 ABCDE 模型，其中涉及的同源异型基因（homeogene）大多数属于 MADS-box 家族基因，具有 168 bp 的保守序列，编码 61 个氨基酸。该基因家族编码一类转录因子，它们在 5′端都具有高度保守的 MADS-box（M）、半保守的 K-box（K）、M 区与 K 区间的插入中间区（I）和 C 末端区（C），此外一些基因还具有 N 末端区（N 区）。M 区的 N 区能够与特定的 DNA 序列结合，C 区则参与二聚体及多聚体的形成。K 区位于 M 区下游，对于选择性地形成二聚体起关键作用。I 区不太保守，长度各异。C 区是变化最大的区，功能尚不清楚，可能参与转录激活或多聚体的形成，对某些 MADS 蛋白与 DNA 结合及形成二聚体是必需的。

3. 花色基因 花色是一种复杂性状，主要由类黄酮、类胡萝卜素、生物碱 3 类物质决定。

类黄酮色素的生物合成途径已较为清楚。花色素苷作为一类主要的类黄酮色素，主要积累在花瓣表皮细胞的液泡内，控制花的粉红色、红色、紫罗兰色和蓝色，是花、果实的主要色素，在花瓣中的含量增高或降低都可能改变花的颜色。花色素苷的生物合成前体是丙二酸单酰 CoA 和对香豆酰 CoA（ρ - coumaroyl - CoA）在查尔酮合酶（CHS）的催化下形成的黄色的查尔酮（chalcone）；查尔酮可以自发缓慢地异构化，形成无色的黄烷酮（flavanone），也可以在查尔酮黄烷酮异构酶（CHI）的催化下加速完成异构化；黄烷酮在黄烷酮羟基化酶（F3H）的催化下，形成香橙素（DHK），还可以在类黄酮-3′-羟化酶（F3′H）的催化下形成双氢槲皮素（DHQ），或在类黄酮-3′,5′-羟化酶（F3′5′H）的催化下形成双氢杨梅树皮素（DHM）。这些无色的双氢黄酮醇（dihydroflavonol）在双氢黄酮醇还原酶（DFR）催化下会还原成无色花色素（leucoanthocyanidin）；无色花色素再经过 1~2 步的转化形成有色花色素（anthocyanidin），然后糖基化形成花色素苷（anthocyanin），这一步是由 UDP-类黄酮-3-O-葡萄糖基转移酶（UF3GT）催化完成的。由花色素苷生物合成途径可以看出，影响花色素苷代谢的基因分为结构基因和调节基因。结构基因直接编码花色素苷代谢的生物合成酶类，调节基因控制结构基因表达的强度和程式，是调节花色素苷生物合成基因活性、色素空间和时间积累的基因。目前已经分离并克隆了许多结构基因和调节基因。

基因工程技术主要从 3 个途径来改变花的颜色：①利用类黄酮色素中的花色素苷对花色形成起主要作用的机制；②利用反义 RNA 技术（反义抑制法）；③共抑制法（有义抑制法），即通过导入一个或几个内源基因额外的拷贝，抑制该内源基因转录产物的积累，进而抑制该内源基因的表达。另外还有核酶抑制作用和生物合成转录调控因子的引入途径。

复习思考题

1. 简述苏云金芽孢杆菌杀虫晶体蛋白的杀虫机制。
2. 来源于病毒的植物抗病毒病基因有哪些？
3. 简述植物清除活性氧基因的种类及特点。
4. 简述抗冻蛋白基因的特点。
5. 简述植物热激蛋白的功能。
6. 简述改良植物淀粉品质基因的种类及特点。
7. 通过植物基因工程的方法改良脂肪酸组成的意义是什么？
8. 雄性不育基因有哪些种类及特点？
9. 植物抗除草剂基因有哪些种类及特点？
10. 简述利用基因工程技术改变花颜色的途径。

第五章

目的基因的克隆方法

　　植物基因工程的主要目的是将目的基因导入植物，使其整合到基因组上，同内源基因一样能够遗传、表达和翻译，并赋予受体植物新的性状或改良性状。获得具有功能的目的基因是开展植物基因工程的首要条件。一个具有重要利用价值的基因可以带动一个产业，谁先克隆具有优良性状的新基因，就可以申请专利并拥有知识产权，因而发掘和克隆调控植物重要性状的基因已成为世界各国争夺基因资源、抢占应用市场的制高点。最近几十年，随着分子生物学及其相关技术的发展以及生物信息学的迅猛发展，基因克隆技术也得到快速发展。从最初通过解析基因编码的蛋白来克隆基因，到基于差异表达技术克隆基因，再到图位克隆，直到目前利用各种组学生物信息大数据克隆控制复杂性状的基因，基因克隆的难度逐步降低，速度和效率越来越高。本章将主要介绍克隆目的基因的基本策略与技术发展、主要方法和技术原理，最后通过实例介绍如何综合利用各种组学信息克隆调控作物复杂性状的系列基因。

第一节　概　　述

一、基因克隆的价值与意义

　　植物的生命活动是基因在表达调控的基础上发生的多种代谢和生理过程的综合现象。要深入解析植物的各种生命活动，必须从控制性状的遗传本质着手，通过克隆相关基因并深入研究其功能才能实现。要利用基因工程改良植物某个性状，揭示基因的功能，首先需要克隆目的基因，在此基础上才能进行植物表达载体的构建和转化，最后利用转基因植株进行功能分析。

　　基因克隆的主要目标是识别、分离特异基因并获得基因的完整序列，阐明基因结构，明确其表达调控特点及对特定性状的遗传控制关系。植物基因工程的最终目的是要生产出符合人类需要的产品或赋予生物新的性状，培育具有优良目的性状的植物新品种。分离与克隆具有重要科学研究价值或潜在经济价值的目的基因是开展转基因研究的首要条件，没有目的基因，基因工程就是"无米之炊"。

　　控制植物重要性状的基因发掘与克隆已成为世界各国争夺的焦点，基因资源已成为"物化资本"。加强植物基因的克隆策略和相关技术研究，克隆更多优异基因，可为基因工程提供源源不断的优良"动力"。例如，我国已在水稻中克隆了一批控制重要农艺性状、具有自主知识产权的基因，如调控水稻分蘖的关键基因、磷诱导根系发生相关基因、影响水稻机械强度基因、水稻磷饥饿信号专一诱导表达标记基因、植物磷高效相关的转录因子、植物抗盐基因、抗病基因等，这些基因的克隆对我国利用基因工程技术改良水稻遗传特性具有极为重要的意义。

二、基因克隆的策略与技术发展

克隆基因的策略包括正向遗传学（forward genetics）和反向遗传学（reverse genetics）（Peters et al.，2003）。正向遗传学是由表型到基因型的过程，符合人们的传统认知，从表型上有显著差异的材料入手，最终克隆并确定影响该表型的基因。例如，经典的图位克隆法就是典型的利用正向遗传学策略克隆目的基因。为了扩大表型变异的范围，常使用各种理化因素来增加变异频率和范围，人工创造性状变异，构建突变体库，然后通过分离纯化变异体，可以高通量鉴定控制相应性状的突变基因。反向遗传学则是从基因型到表型的过程。反向遗传学是从一个未知功能的基因序列入手，通过研究基因突变、缺失，干涉或过表达带来的表型变化，最终反向推演出该基因的功能，建立基因与表型的内在联系。

近年来随着分子生物学的迅速发展，基因克隆技术不断创新，新方法不断涌现，植物基因分离技术已日臻完善和多样化，为克隆有利用价值和科学研究价值的基因提供了有力工具。目前已发展出一系列适合不同条件的基因分离与克隆方法。最早期采用功能克隆法（functional cloning），在基因序列未知情形下根据基因编码的蛋白质或氨基酸序列反推其相应核苷酸序列，再根据此序列合成寡聚核苷酸探针或利用基因编码的蛋白质制备相应抗体探针，然后从 cDNA 文库或表达文库中筛选阳性克隆，通过测序获得目的基因序列。

近年来，反向遗传学的建立为分离未知产物的基因提供了更多的方法。过去十多年发展迅速的一类方法是基于基因差异表达的克隆技术，例如差异筛选法、mRNA 差别显示反转录 PCR（differential display reverse transcript PCR，DDRT‐PCR）、代表性差别分析（representational difference analysis，RDA）、差减杂交（subtractive hybridization，SH）、抑制差减杂交（suppression subtractive hybridization，SSH）、基因芯片筛选等（王关林等，2014）。

针对大部分基因无核苷酸序列及编码蛋白信息，但具有基因遗传图谱、转座子标签等条件，开发出图位克隆（map‐based cloning）和转座子标签克隆（transposon tagging cloning）等方法。利用这两种方法已从植物中克隆了许多抗病基因和调控其他性状的重要基因。图位克隆和转座子标签克隆一般都能准确找到控制目标性状的基因，有充分的遗传学证据，大大减少后续验证工作量。随着相关技术的改进与完善，图位克隆已逐渐成为克隆目的基因的主要方法。

另外，随着大量分子生物学相关数据库的建立，利用生物信息学克隆目的基因的技术已逐步成熟。例如，对于全基因组或部分基因组测序已完成的拟南芥和水稻等植物，可以利用计算机分析全基因组序列获得候选基因。同时，随着更多植物基因组测序的完成以及各种组学的发展，例如基因组、转录组、变异组、代谢组和蛋白组等产生的海量数据及功能强大的生物信息学分析软件和手段的发展，利用大数据分析克隆控制复杂性状的基因已变成现实。

有些植物研究已进入基因组学时代，可以利用生物信息学数据快速克隆基因，但也有一些植物，人们对其基因组了解很少，没有多少可以参考和利用的生物信息学数据，一些普遍采用的基因克隆方法并不适用，在克隆基因时，需要根据研究植物已经具备的条件选择合适的方法，才能比较快捷地克隆目的基因。图 5-1 为克隆目的基因的一般策略。

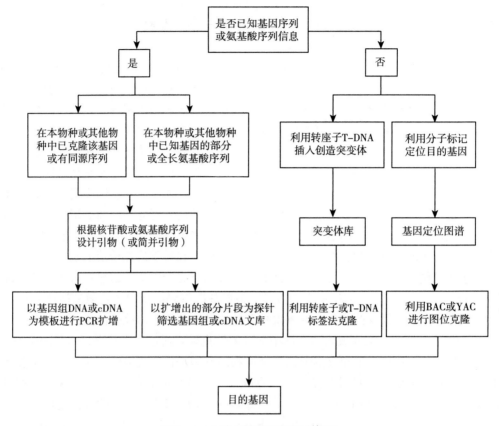

图 5-1   克隆目的基因的基本策略

第二节   同源序列克隆法

根据已知序列不同，同源序列克隆法分为以氨基酸序列和以核苷酸序列为基础的两种方法。其中以氨基酸序列为基础的功能克隆法是最经典的方法，目前应用比较少。以核苷酸序列为基础的同源序列克隆法目前仍然广泛采用。

一、以氨基酸序列为基础的功能克隆法

蛋白质和多肽是由相应基因编码的，虽然对控制某一性状的基因序列未知，但如果能获得该基因编码蛋白的信息，通过反密码子序列便可以推导出基因的序列。在传统遗传学占主导地位的时代，人们对于基因本身的信息了解不多，主要以基因编码产物为着眼点来分离克隆基因。

功能克隆是一种经典的基因克隆方法，很多基因的克隆利用了这种方法，如植物抗病虫基因工程中常用的苏云金芽孢杆菌杀虫晶体蛋白基因、豇豆胰蛋白酶抑制基因（*CpTI*

基因)、病毒外壳蛋白基因（*CP* 基因）等就是用此法克隆。功能克隆的特点是依据基因表达产物蛋白质的信息来克隆基因。

如果对某一性状调控的生理生化及代谢途径研究的比较清楚，就可以分离和纯化控制该性状的相关蛋白质。通过生物化学方法分离鉴定有关基因编码的蛋白，通过对蛋白质氨基酸序列进行分析，推断出编码该蛋白质的基因序列。生物进化过程中，编码蛋白质的氨基酸存在保守区段，这些区段在不同生物种、属，甚至在不同门类生物体之间存在高度保守性。如果在某一近缘物种中已克隆了同类基因，也可以根据保守区段序列设计引物或制备探针，通过筛选文库获得目的基因。

纯化相应的编码蛋白后，构建 cDNA 文库或基因组（gDNA）文库，从文库中筛选基因可用 3 种方式进行：①根据氨基酸测序结果合成寡核苷酸探针，从 cDNA 或 gDNA 文库中筛选编码基因；②将编码蛋白制成相应蛋白抗体探针，从 cDNA 文库中筛选相应克隆；③根据蛋白推断序列设计简并引物，利用 RT－PCR（反转录 PCR）或 cDNA 末端快速扩增（rapid amplification of cDNA end，RACE）技术获得全长基因。采用功能克隆法虽然已经克隆了很多基因，但由于绝大多数基因的产物并不清楚，有些调控基因还有可能不编码蛋白；同时，功能克隆法受限于蛋白质的分离和纯化技术，在大部分基因产物的结构功能未知的情况下，该方法的应用受到限制。

二、以核苷酸序列为基础的同源序列克隆法

对已知序列的基因扩增是基因克隆最简便的方法。已知基因序列可用文献中提供的序列号追溯，也可通过数据库，例如 GenBank（http：//www. ncbi. nlm. nih. gov）、欧洲分子生物学基因数据库（http：//www. ebi. ac. uk）或不同物种的专用数据库查询需要克隆基因或同源基因是否已经在基因库中登记。从数据库中下载基因序列，根据基因序列设计特异引物，通过 PCR 从 gDNA 或 cDNA 序列中扩增出目的基因。

不同种、属生物同源基因序列之间存在保守性。亲缘关系越近，基因保守性越高，例如同属茄科的马铃薯和番茄的有些同源基因序列相似性可达 95% 以上。当其他植物的同类基因已克隆，并且核苷酸序列保守性较高时，可以直接用这些已知的基因片段作探针对未克隆到该基因的植物基因文库进行筛选。克隆方法主要有两种：第一种是先从GenBank 中找到有关基因序列设计一对寡核苷酸引物，以待分离此基因的植物 gDNA 或cDNA 为模板，进行 PCR 扩增，对扩增产物进行测序，并与已知基因序列进行同源性比较，最后经转化鉴定是否为待分离的基因。第二种是用已知序列的基因制备探针，筛选待分离基因的植物 gDNA 或 cDNA 文库。基因编码区序列的同源性一般高于非编码区，许多基因两末端保守性低，或两末端虽具有保守序列却不适宜设计 PCR 引物，在这种情况下可以从基因内部寻找保守区段设计引物，通过 PCR 扩增出基因内部的部分序列，再以此序列标记探针筛选 gDNA 或 cDNA 文库获得完整基因。也可以利用 RACE 技术获得全长基因。

近年来，一种用于克隆 *R* 基因（抗病基因）的候选基因（resistance－gene analog，RGA）的克隆方法被开发出来。研究者发现多数抗病基因在结构上具有高度保守性，目前克隆的植物抗病基因大多具有保守结构域，例如富含亮氨酸的重复序列（LRR）、核苷酸结合位点（NBS）、亮氨酸拉链（LZ）和蛋白激酶等结构域，根据这些保守序列设计简

并引物，对基因组进行扩增，可以获得抗病基因类似序列，检测这些序列与抗病性的共分离情况，用探针筛选基因组文库，从而获得候选抗病基因。

第三节　基于差异表达克隆目的基因

植物基因组有数万个基因，在植物生长发育过程中，不同发育时期、不同组织，以及在各种生物与非生物胁迫下，基因发生与功能相适应的选择性转录和表达，依据这一特点，可以发掘和克隆与特定功能相关的基因，例如，干旱胁迫下差异表达基因很可能是植物参与抵抗干旱胁迫的基因。目前已开发出多种克隆差异表达基因的方法，例如 mRNA 差别显示反转录 PCR（DDRT - PCR）、cDNA 代表性差别分析方法（cDNA - RDA）、抑制差减杂交（SSH）、基因表达系列分析（serial analysis of gene expression，SAGE）和基因芯片筛选等。该类方法往往找到一系列差异表达基因片段序列，这些差异基因是否与特定性状相关或是直接控制基因，后期需要大量功能验证工作。另外，这类方法克隆的基因不具备直接的遗传学证据，但作为功能基因组研究的一个方面，可以对性状形成机制研究提供大量有用的信息。

一、经典 cDNA 文库筛选法

基因文库（gene library）是指通过克隆方法保存在适当宿主中的某一生物体 DNA 分子的总和，这些插入分子片段和载体连接在一起，代表某种生物的全部基因组序列或全部 mRNA 序列。基因文库一般分为基因组文库和 cDNA 文库。一个生物体的 gDNA 用限制性核酸内切酶部分酶切后，将酶切片段克隆在载体中，所有这些插入了 gDNA 片段的载体分了的集合体构成了这个生物体的基因组文库。cDNA 文库是以某一生物体特定组织或特定时期所表达的 mRNA 反转录形成双链 cDNA，插入原核或真核载体组成的分子克隆集合体。cDNA 文库代表生物的某一特定器官或特定发育时期细胞内转录水平上的基因群体，并不能包括该生物的全部基因，这些基因在表达丰度上存在很大差异，从而使它们在个体发育、细胞分化、细胞周期调控、细胞衰老和死亡调控等生命现象的研究中具有更好的针对性。cDNA 一般不含内含子，因此可以从 cDNA 文库中筛选到直接用于表达的目的基因。

cDNA 文库差别筛选法首先是用具有差异表达基因的目标样品材料抽提总 RNA，构建 cDNA 文库；然后分别抽提对照样品与目标样品 mRNA，用对照样品与目标样品 mR-NA 合成探针；再与文库菌落作平行的原位杂交，筛选仅与目标样品探针有杂交信号的克隆，即为特异表达克隆；挑选出在目标样品中特异表达的目的基因菌落，通过亚克隆和测序获得差异表达基因序列。早期基因克隆常用此方法，由于操作繁杂等弊端，目前很少使用。

二、差异筛选法与抑制差减杂交

mRNA 差别显示反转录 PCR（DDRT - PCR）技术是 Liang 和 Paradee 于 1992 年发

明的一种克隆差异表达基因的方法。DDRT－PCR技术具有简便、快速、灵敏度高、可同时对多个样品进行平行差异表达分析等特点，曾在动植物分子生物学研究领域得到广泛应用，但该方法也存在假阳性频率高、重复性差、扩增片段大多在3′非编码区等缺点，因而在材料选取、引物设计、PCR参数优化、差异条带的鉴定等方面可有不少改进（Liang et al.，1995；Mcclelland et al.，1995；Tugores et al.，1999）。mRNA差别显示反转录PCR的基本原理是分别用目标材料与对照材料mRNA作模板，用12个可能的锚定引物T11M（G/C/A）N（A/G/C/T）反转录全部表达的mRNA合成cDNA第一链；再用选择性3′锚定引物与5′10 mer随机引物分别扩增，在变性聚丙烯酰胺凝胶上找到差异表达条带；从胶上回收差异条带，通过测序获知其片段序列，然后利用筛查cDNA文库方法或利用cDNA末端快速扩增（RACE）技术获得全长差异表达基因。

抑制差减杂交（SSH）是一种高通量克隆差异表达基因的方法（Diatchenko et al.，1996）。其依据的原理与技术主要是抑制PCR和差减杂交，抑制PCR是利用DNA链内退火优于链间退火，比链间退火更稳定的动力学特性，使非目的系列片段两端反向重复序列在退火时产生类似锅柄的结构，无法与引物配对，从而选择性地抑制了非目的基因序列片段的扩增。同时，该方法运用了杂交二级动力学原理，即丰度高的单链cDNA在退火时产生同源杂交的速度要快于丰度低的单链cDNA，从而使得在杂交完毕后原来在丰度上有差别的单链cDNA达到均一化的目的。通过抑制差减杂交可以建立均一化差异表达基因片段文库，为后续差异基因功能研究奠定坚实基础。差减文库测序可以获得大量差异表达基因片段序列信息，后续可以进一步利用qRT－PCR技术验证是否是真正差异表达基因，克隆全长基因序列，进行转基因功能验证。步骤主要有cDNA的合成与酶切、接头连接、两次差减杂交、两次选择性PCR扩增、特异片段克隆筛选与测序等。目前SSH技术应用较少。

三、基因芯片技术

基因芯片技术（gene chip technology）是随着人类基因组计划（Human Genome Project，HGP）的进展而发展起来的一种高通量检测基因表达的技术，自1996年第一片DNA芯片诞生，随着配套的工艺和分析技术不断完善，在生命科学领域得到广泛引用。其原理是根据研究目标，以预先设计的方式将大量的cDNA片段、gDNA或人工合成寡核苷酸片段以微阵列的方式固定在载玻片、硅片等固相载体上制成密集的二维DNA探针阵列分子芯片。芯片每平方厘米固相表面上可固定上万个基因DNA寡核苷酸片段探针。后续差异表达的检测则是通过荧光标记目标样品与对照样品cDNA与芯片杂交信号的强弱来判断。一个样品cDNA用黄色荧光标记，另一样品用红色荧光标记，当等量混合探针与芯片杂交时，cDNA中特定片段会与芯片上特定探针竞争杂交，某一样品中特定基因表达量越高，则该样品对应荧光标记信号越强，通过荧光检测设备自动探测每个探针点的两种荧光信号，再经过计算机分析处理转化为两个样品中的特定基因表达量（图5－2）。筛选到特定处理样品中差异表达基因后，后续可以克隆感兴趣的目标基因进行功能验证。例如，干旱诱导处理样品中特异上调表达或下调表达的基因其功能很可能与干旱胁迫反应相关。后续可以通过转基因超表达或干涉验证它们在干旱胁迫中的功能。

由于基因芯片技术具有高通量、微型化、连续化、自动化、快速等特点，可以定量检测两个平行样品中大量基因相对表达量。该技术已在基因表达检测、基因突变和多态性分析、基因组 DNA 分析，以及转基因农作物检测等方面广泛应用。目前，很多作物都有大规模商业化芯片，可以直接购买使用，另外，一些公司制作了用于各种诊断的小芯片，用于较高通量基因表达检测。

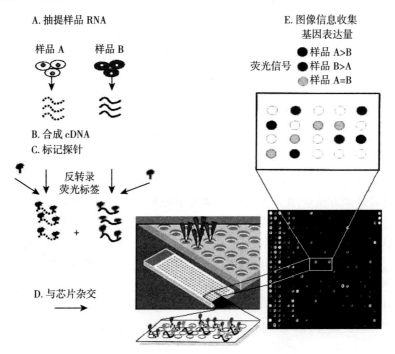

图 5 - 2　基因芯片检测差异表达基因流程

第四节　突变体和转座子标签克隆目的基因

自然界植物自身会发生基因变异，从而改变或产生新的性状，但是自然界中自然变异发生频率比较低。对于研究者来说需要更多高频率的变异和更广泛的性状变异谱，以便对感兴趣的性状进行遗传研究。通过物理或化学方法对植物进行诱变，产生可遗传的变异。也可利用转座子或 T - DNA 插入基因内部致使该基因功能减弱或失活，再根据插入位置所在基因与表型关系来确定和克隆控制目的性状的基因。

一、利用突变体库克隆目的基因

为了获得高通量性状变异，一般采用物理或化学方法处理起始材料。通过验证获得性状能够稳定遗传的突变体，由各种突变体组成突变体库。要克隆与某一突变表型相关的基因，则以表型突变材料与野生型杂交获得性状分离群体，再利用混合分组分析（BSA）结合基因组测序（DNA - Seq）或 BSA 结合 RNA 测序（RNA - Seq）方法进行目的基因的精细定位和克隆，也可直接利用突变体与野生型基因组测序方法直接找到突变位点。甲基磺酸乙酯（EMS）能使鸟嘌呤变成 7-乙基鸟嘌呤，后者不能与胞嘧啶配对而与胸腺嘧啶配对从而引发突变。EMS 已被广泛用来诱变各种植物材料。

利用拟南芥 EMS 突变体库克隆目的基因的方法：用 EMS 处理野生型拟南芥种子，播种后获得 M_1 代种子，种植 M_1 代种子，得到 M_2 代种子，M_2 代种子播种后仔细观察各种性状变异，并收获 M_3 代种子，获得性状稳定的遗传突变体后构建杂交分离群体，进行基因定位和克隆。图 5-3 是利用拟南芥突变体精细定位和克隆目的基因的流程。根据此流程，一年之内即可克隆感兴趣的基因。在此过程中，标记开发和精细定位可以利用基因组测序信息和 BSA＋RNA-Seq 方法进行，使得克隆过程更加快捷。

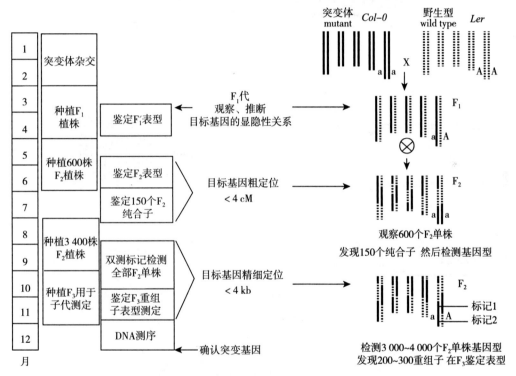

图 5-3　利用拟南芥突变体精细定位和克隆目的基因的流程

（引自 Jander et al.，2002）

TILLING 技术：20 世纪 90 年代末期，由美国 Fred Hutchinson 癌症研究中心和华盛顿大学植物学系的一个研究小组发展了定向诱导基因组局部突变（targeting induced local lesions in genomes，TILLING）技术，是一种通过研究基因型反向研究表型的反向遗传学技术。此技术通过诱导植物材料，建立突变体库，结合 PCR 技术进行突变体的筛选。TILLING 技术最早应用于模式植物拟南芥的研究，现已应用于小麦、水稻、大麦、玉米、大豆等多种作物的基因功能研究。

其基本原理是首先利用诱变技术获得大量诱变材料构建突变群体。将突变材料种植后自交，种子留存构建种子库。种植获得的种子，从单株上提取 DNA，构建 DNA 库。再将 DNA 库中的样品等浓度混合，构建 DNA 池。同时，根据目标基因的参考序列进行特异性引物的设计，并对构建的 DNA 池进行特定片段的扩增。最后对 PCR 扩增产生的异源双链进行检测鉴定，如果异源双链中存在错配碱基，PCR 片段退火时，突变位点不能配对，形成单链凸起，*Cel* 1 酶切可以从突变点将单链切断，电泳检测时就会有两条带，即点突变检测结果呈阳性，追溯与 DNA 池相对应的 DNA 库，对该库的多个样品进行逐一筛选，最后锁定单一突变株号，考察突变株性状变异，建立基因型与表型的联系，从而将特定基因与其具体功能联系起来（图 5 - 4）。

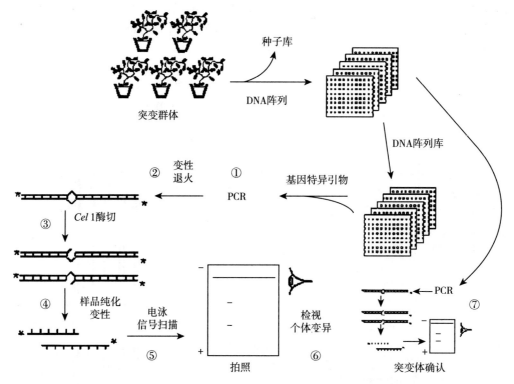

图 5 - 4　TILLING 技术发掘玉米点突变基因
（引自 Till et al.，2003）

二、T - DNA 标签克隆目的基因

T - DNA 是位于根癌农杆菌 Ti 质粒上的一段 DNA，农杆菌转化时 T - DNA 能够稳定整合到植物基因组中。T - DNA 可装载基因片段并能完整和高频地进行转移，没有明显插入位点的偏好性，其整合不引起植物基因组大的重排，可随机插入基因表达的活跃区域。随机插入植物基因组中的 T - DNA 类似于给植物基因"贴"了一个序列标签，根据这个标签就可以找到插入位点侧翼的基因。为了便于筛选，T - DNA 区间可以插入抗生素筛选标记基因，也可插入其他元件（图 5 - 5A）。如果 T - DNA 插入位点位于基因的编码区或启动子区，则可能导致靶位点基因失活，得到丧失功能的突变体；如果 T - DNA 边界含有启动子或增强子等元件，则可能造成靶位点基因的异常表达，得到获得功能

(gain of function) 的突变体（Weigel et al.，2000；Matsuhara et al.，2000；Jeong et al.，2002）。另外，也可利用基因捕获系统创造各种突变体，根据报告基因在基因捕获系统载体中的位置及报告基因激活表达方式的不同将 DNA 标签分为 3 种常见类型：基因捕获（gene trap）标签、启动子捕获（promoter trap）标签和增强子捕获（enhancer trap）标签（图 5－5A）。利用基因捕获技术建立的随机插入突变体文库，可用于大规模发掘、鉴定和研究大量未知功能或已知功能的基因。

由于农杆菌介导的 T－DNA 转化方法具有高效、重复性好和表达稳定等优点，而且技术成熟，在大多数植物中可以开展，利用 T－DNA 插入可以产生大量突变体。类似拟南芥基因组很小的模式植物，T－DNA 插入可饱和覆盖整个基因组，T－DNA 几乎可以插入到所有的基因间（图 5－5B）。早期 T－DNA 插入突变也广泛用于水稻功能基因组的研究。利用 T－DNA 标签克隆基因的主要步骤是：①构建合适的 T－DNA 标签；②选择高效的农杆菌转化系统，获得大量具有表型变异的突变体，构建突变体库；③通过表型观察鉴定，找到表型发生稳定变异的突变体；④突变体遗传鉴定，利用突变体与野生型杂交，检测插入片段与突变性状是否共分离，确认表型变异是由 T－DNA 标签插入所致；⑤T－DNA 插入片段侧翼序列的分离。分离 T－DNA 插入片段侧翼序列的主要方法有质粒拯救法（plasmid rescue）、热循环不对称 PCR 法（thermal asymmetric interlaced PCR，TAIL－PCR）等方法。

质粒拯救法的基本原理：构建的 T－DNA 标签中含有大肠杆菌中的质粒复制起始点和抗生素抗性基因。选择在 T－DNA 标签中没有酶切位点的限制性核酸内切酶对突变体基因组进行充分酶切，然后使酶切片段自连环化。携带大肠杆菌质粒复制起始点和抗生素抗性基因的 DNA 片段自连成环状，形成类似质粒的结构，这种环状结构转化大肠杆菌后通过抗生素筛选后大量增殖，其他片段将在大肠杆菌的繁殖过程中自行消失。最后通过提取大肠杆菌的质粒和测序、通过分析质粒 DNA 中插入序列获知侧翼序列（图 5－5C）。

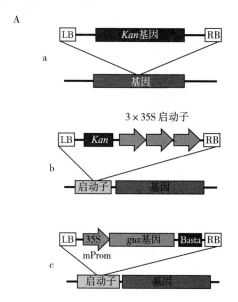
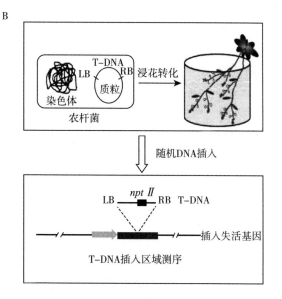

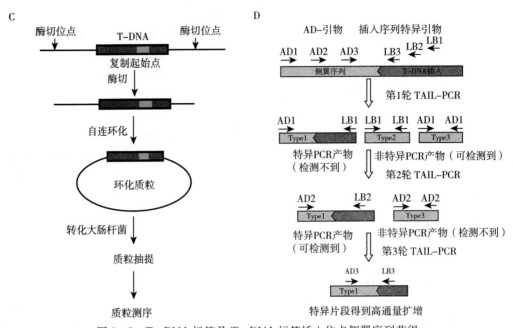

图 5-5　T-DNA 标签及 T-DNA 标签插入位点侧翼序列获得

A. T-DNA 标签类型（a. 简单 T-DNA 标签　b. T-DNA 激活标签　c. T-DNA 增强子陷阱标签）

B. 拟南芥 T-DNA 突变体创制　C. 质粒挽救法克隆 T-DNA 标记插入位点基因

D. TAIL-PCR 扩增 T-DNA 插入片段侧翼序列

TAIL-PCR 的基本原理（图 5-5D）：通过较复杂的嵌套引物的连续 PCR 扩增（3 次）而获得 T-DNA 插入片段侧翼基因组序列。首先，根据已知的质粒 T-DNA 序列设计 3 个特异引物（长度分别为 20 bp 左右），分别表示为 LB1、LB2、LB3，它们逐次靠近 T-DNA 的某一边界，有较高的熔解温度（T_m）。根据突变植物 DNA 序列特点，设计若干较短的随机简并引物（长度为 14 bp 左右，具有较低的 T_m 值，与特异引物的 T_m 值相差 10~15 ℃），分别表示为 AD-G1、AD-G2、AD-G3 等。然后，将 3 个特异引物分别与同一个随机简并引物（如 AD-G1）配成 3 组嵌套引物对，以 LB1 和 AD-G1 引物对进行第一轮扩增，以第一轮扩增产物为模板进行第二轮（LB2 和 AD-G2 引物对）扩增，再以第二轮产物为模板进行第三轮（LB3 和 AD-G3 引物对）扩增。TAIL-PCR 法通过控制复性温度来调节特异引物和随机简并引物与模板的复性，通过 3 轮 PCR 扩增，最终达到对目的区域 DNA 序列的特异扩增。

三、转座子标签克隆目的基因

转座子标签法（transposon tagging）是以人为创造突变体为基础的基因克隆方法，是近年来发展起来的一种非常有效的分子生物技术，被广泛用于植物基因的克隆和功能研究。利用转座子标签已在玉米、烟草、番茄、亚麻等植物中克隆出许多抗病基因（Johal et al.，1992；Whitham et al.，1994；Jones et al.，1994；Gregory et al.，1995）。例如玉米抗圆斑病基因 *HM1*（Johal et al.，1992）。

　　转座子（transposon）是在原核和真核基因组中存在的一段特异的具有转位特性的独立 DNA 序列。转座子是一个在染色体 DNA 上可自主复制和位移的基本单位。在转位过程中原来位置的 DNA 片段（转座子）并未消失，发生转位的只是转座子的拷贝。转座子发生转位可引起插入突变，使插入位置的基因失活并诱导产生突变型，或在插入位置上出现新的编码基因。通过追踪转座子插入的位置就可找到突变基因。

　　转座子标签技术是把转座子作为基因定位的标签和通过转座子在染色体上的插入和嵌合来克隆基因（Jones et al.，1994）。但转座子标签受多种因素的影响，只能在容易进行遗传转化且容易诱发转位突变、能够获得大量稳定突变株的植物上进行。多倍体植物中的突变容易被等位基因掩盖，虽然有较高转位频率，但得到表型变异的突变体不多。另外，转座子还受稳定性、位置效应、剂量效应、插入位点以及植物生长条件等诸多不确定因素影响。转座子标签法克隆目的基因需要采用好的标签系统，期望能够产生大量转位事件。常用的转座子标签主要有玉米 *Ac/Ds*（activator/dissociation）、*En/Spm*（enhancer/suppressor - mutator）、*Mu*（mutator）及金鱼草 *Tam3* 等转座子（Sundaresan，1996；Ramachandran et al.，2001）。*Ac/Ds* 和 *En/Spm* 转座子是广泛应用于异源植物的转座子，它们都是双因子系统。双因子系统由两个转基因系组成，一个含有稳定的自主元件（如 *Ac* 或 *En*），另一个含非自主元件（如 *Ds* 或 *Spm*），后者需要前者编码的转座酶作用才能切割和重新插入，通常需要通过有性杂交使它们在一个个体中相遇。例如，通过两个转化植株的杂交（*Ac*×*Ds*），使 *Ac* 与 *Ds* 存在于一个个体中导致转座，其引起的突变既可以稳定遗传（*Ac* 与 *Ds* 分离时），又可再次转座引起新的突变（*Ac* 与 *Ds* 存在于一个个体时）。利用 *Ac/Ds* 系统已克隆了拟南芥侧根形成基因 *LRP1*（Smith et al.，1995）、矮牵牛花颜色基因、番茄抗叶霉素基因 *Cf - 9* 和矮化基因等（Jones et al.，1994；Meisner et al.，1997）。

　　利用转座子克隆目的基因的步骤如下：①将适当的转座子与选择标记构建成含转座子的质粒载体；②通过农杆菌介导等方法把转座子导入目标植物；③利用 Southern 杂交等技术检测转座子是否从载体质粒中转位到目标植物基因组中；④转座子插入突变的筛选和鉴定；⑤利用反向 PCR 或 TAIL - PCR 从突变株基因组中获得转座子两侧的序列；⑥以侧翼序列为探针从 cDNA 文库或基因组文库中筛选目的基因，也可利用生物信息学分析方法，以侧翼序列为探针直接在基因组测序数据库中查找全长基因。

第五节　图位克隆法

一、经典图位克隆法

　　控制植物各种性状的基因在染色体上具有特定的基因座，通过经典遗传学方法可以确定基因位于哪条染色体，并确定在染色体上的位置。一旦确定了基因在染色体上的精细位置，就可以克隆到目的基因，这种克隆基因的方法称为图位克隆法（map based cloning 或 positional cloning），该方法最早由剑桥大学的 Alan Coulson 于 1986 年提出。在不知基因的信息及表达产物，即对控制某一性状的基因一无所知，但能够观察或检测到适宜的相对表型时，图位克隆是最常用的基因克隆方法。已知的大部分抗病基因通过该方法克隆。1993 年 Martin 等最早用图位克隆法克隆出番茄 *Pto* 基因。1995 年 Wenyuan 等用这一方

法克隆了水稻 *Xa21* 基因。该方法的前提是需要有与目的基因紧密连锁的分子标记和高密度遗传图谱和物理图谱。起初该方法主要用于基因组较小、有高密度分子标记连锁图谱的拟南芥、番茄、水稻等模式植物上。随着相关配套技术和方法，例如群体构建技术，分子标记技术，高密度遗传图谱构建，基因组、转录组测序，生物信息学分析方法的发展与日趋成熟，图位克隆法的应用范围越来越广，已成为克隆植物基因的主流方法。当前利用图位克隆法在水稻、玉米、小麦等主要农作物，一些园艺植物，以及模式植物上克隆了大批基因。

(一) 基本原理和程序

控制植物性状的基因在基因组中都有相对较稳定的基因座（基因位点，gene loci），当植物进行有性杂交时，染色体发生交换重组，基因座也随之发生交换，通过遗传连锁分析原理进行基因座初步定位，利用与目标基因紧密连锁的分子标记将目的基因精确定位在染色体的特定位置，然后用目标基因两侧紧密连锁的分子标记筛选含有大片段插入的基因组文库（包括 BAC、YAC、TAC、PAC 等文库），构建目的基因区域的物理图谱，再利用物理图谱通过染色体步移（chromosome walking）或染色体登陆（chromosome landing）技术逐渐逼近目的基因（Tanksley et al.，1995），找到候选基因，通过遗传转化进行功能互补验证，最终确定目的基因及其碱基序列（图 5 - 6）。

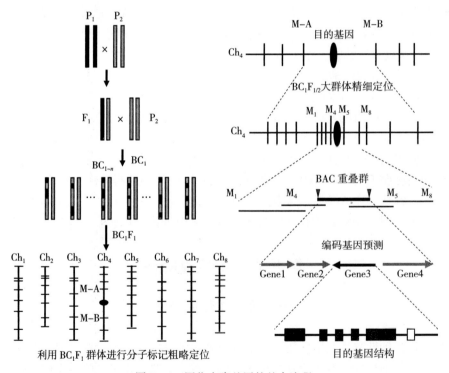

图 5 - 6　图位克隆基因的基本流程

(二) 主要技术环节

1. 遗传作图群体构建　图位克隆采用的是典型正向遗传学策略，其特点是无须预先知道基因的 DNA 序列和其表达产物的有关信息，直接从表型入手，最后获得目标基因。

要克隆控制某一性状的基因，首先要构建目标性状发生分离的遗传分离群体，合适的遗传群体是筛选与目的基因紧密连锁分子标记的关键环节，直接关系到建立遗传图谱的难度、准确性和适用性。理论上，如果遗传群体中个体间除了目的基因所在座位的局部区域外，其余部分基因组 DNA 序列差异越小（遗传背景差异越小），在这样的材料中就越容易筛选出与目的基因紧密连锁的多态性标记。

杂交亲本间的差异要适度，具体根据不同物种的亲缘关系和多态性而定，例如，多态性高的异交作物可选种内不同品种杂交，而多态性低的自交作物则选择种间和亚种间材料作为杂交亲本。双亲通过杂交和自交形成的后代中性状和标记位点基因型均是分离的，也称为分离群体，因为这种群体常用于遗传图谱构建，因此又称为作图群体。

根据遗传稳定性一般将遗传作图群体分为暂时分离群体和永久分离群体。暂时分离群体包括 F_2 群体以及衍生群体 $F_{2:3}$、回交群体（BC）。F_2 群体由 F_1 代自交得到，该类型群体基因型丰富，信息量大，作图效率高，构建相对容易。BC 群体由 F_1 代与某一亲本回交得到，该群体基因型相对简单，统计及作图相对容易。永久分离群体包括重组自交系（RIL）群体、近等基因系（near isogenic line，NIL）和加倍单倍体（DH）群体等。RIL 群体是 F_2 群体通过多代自交一粒传（每株只收一粒种子）获得的相对纯合群体。NIL 是指一组遗传背景相同或相近，而某个特定性状或其遗传基础有差异的一组品系。通常用多次回交构建近等基因系，以带有不同目标性状的亲本（供体亲本）与拟导入这一目标性状的亲本（受体亲本，又称轮回亲本）进行杂交，再用轮回亲本继续多次回交，回交至一定世代后自交分离，即可获得遗传背景与轮回亲本相近但带有不同目标性状的近等基因系。一般在近等基因系间存在的多态性分子标记位于目的基因的侧翼附近的可能性更大。永久分离群体遗传纯合度高，可以通过自交利用种子传代，对性状多代重复鉴定，特别是对受环境影响大的性状及多基因控制性状的研究有很大优势。暂时分离群体如果能够利用组织培养进行无性繁殖长期保存，就具有类似永久分离群体的特点。例如，马铃薯二倍体群体一般 F_1 代就会发生分离，将 F_1 代各单株组织培养物保存就会变成永久分离群体。

2. 遗传连锁图谱构建　最经典的遗传连锁图谱是利用交换和重组的遗传学原理构建的基于形态或其他表型标记的遗传连锁图谱，大致可以知道控制某一性状的基因位于哪条染色体上什么区段，但这种粗略的遗传图谱无法精细定位基因，而克隆基因需要构建高密度图谱。常用的分子标记有随机扩增多态性 DNA（RAPD）、RFLP、扩增片段长度多态性（AFLP）、简单重复序列（SSR）、序列特征化区域扩增（SCAP）和相关序列扩增多态性（SRAP）等。基于测序技术的单核苷酸多态性（SNP）标记、小片段插入/缺失（InDel）标记也已广泛用于分子标记图谱的构建。

分子标记图谱构建的基本过程：根据物种特点选择合适的一种或几种分子标记，首先筛选在两亲本间有差异的标记，然后在群体中进行标记多态性的检测，整合多种标记数据，利用植物遗传作图软件（如 Mapmarker/Exp、JoinMap、Mapmanager 等）构建连锁图谱。连锁图谱的质量包括标记在染色体上的覆盖程度、分布均匀性、标记平均间距。高质量连锁图谱标记应该均匀分布于各条染色体，标记平均间距 10~20 cM 或更小，每条连锁群上标记密度高。例如水稻基因组为 450 Mb，构建一个平均图距为 1 cM 的分子图谱，所需标记至少 1 700 个。遗传连锁图谱的分辨率和精度取决于群体大小和标记数量，群体越大作图精度越高，但是成本费用增加。从作图效率考虑，如果只是构建基本骨架连锁图谱，可以用 100～200 株的随机小群体，后期可以针对目标区域扩大群体加密标记。如果要精细定位或基因组序列分析，则需要更大群体。作图群体大小也与群体类型有关，一般来讲所需群体大小顺序为 $F_2 > RIL > BC_1$ 和 DH。

3. 目的基因区域的精细定位 遗传连锁图谱构建完毕后，必须与群体目标性状分离数据统一起来，通过关联分析，找到与目标性状紧密连锁的分子标记，确定这些标记在连锁图上的位置。关于目的基因定位，根据表型在分离群体中的表现分为质量性状基因定位和数量性状基因定位，质量性状一般受一个或少数几个主效基因控制，数量性状受效应值比较小的数量性状位点（QTL）控制，定位策略存在一定差异。

目前，质量性状基因定位主要利用分离群体分组分析，也称混合分组分析（bulked segregation analysis，BSA）。根据混合分组法的差异分为基于表型和基于标记基因型的分析方法。表型分析法的主要原理是根据表型在群体中挑选一定数量的极端或代表性性状的个体抽提 DNA 等量混合组成混合池，通过分析混合池之间以及双亲等位基因与分子标记频率比值的差异，筛选与性状紧密相关的位点标记，在具有目标性状的混合池及相应亲本中存在的分子标记就可能与目的基因连锁。基于标记基因型的分析方法适合目的基因已定位在连锁群的某一区间，在此区间需要进一步筛选更为紧密的连锁标记。假定目的基因位于某一连锁群上 A、B 两个标记之间，A1/B1 来自亲本 1，A2/B2 来自亲本 2，根据群体标记分别选取 A1B1/A1B1 和 A2B2/A2B2 基因型个体组成两个混合池，在两个混合池之间具有多态性的标记很可能是与目的基因紧密连锁的标记。近等基因系分析法主要是利用目标性状差异显著的近等基因系来筛选紧密连锁的分子标记。其原理是比较轮回亲本、NIL 及供体亲本三者的标记基因型，仅在 NIL 及供体亲本中出现的多态性标记很可能与目的基因连锁。获得与目的基因连锁的标记后，再返回到分离群体上验证，利用遗传连锁图谱标记估算标记基因与目的基因的距离，确定目的基因在连锁群上的位置。

数量性状基因定位相对复杂。数量性状在群体中变异呈连续性分布，无法明确分组，这类性状无法通过表型直接推断其基因型，易受环境和遗传背景影响。表型必须用数量遗传统计分析方法。其主要原理是利用分子标记连锁图谱和群体表型数据的联合统计分析，利用特定分析模型软件例如混合区间法用混合线性回归模型分析标记基因型和数量性状值之间是否存在关联（Zeng，1994），在连锁群上准确估算 QTL 的区间以及 QTL 的遗传效应。之后通过随机群体进一步验证这些位点的效应，进一步对一些位点分别扩展大的群体，利用基因的连锁和交换，定位 QTL 区间，不断缩小候选基因区间，逼近到单基因水平，实现精细定位。

在遗传连锁图谱上利用分子标记定位了目的基因区段后，需要估算跨越的区间，区间越小，后期克隆基因的难度越小。染色体的交换重组遗传图谱与物理图谱存在差异，即便构建了高密度分子标记连锁图谱，精细定位了目的基因，实际上物理距离（碱基数目）跨越区域很大，即使是在小基因组水稻中，平均 1 cM 也相当于 250 kb 左右的物理距离，如果在着丝粒附近可能相当于 1 000 kb 左右。精细的遗传图谱对图位克隆非常重要，因此，目的基因粗定位后需要利用大群体，在目的基因两侧标记区间继续加密标记，通过连锁交换以及表型的分离情况，进行精细定位，逐步缩短候选基因区段，缩短到足够小的区段（2 cM 以下），最理想的情形是到单基因的水平。

4. 构建高质量的基因组文库 克隆目的基因最后必须要获得目的基因的基因组序列信息。构建大片段基因组文库是目前克隆目的基因的可靠方法。植物基因一般都有内含子，一个完整基因的基因组序列往往长达几千个到几万个碱基对，只有容纳大片段插入的克隆载体，才有可能包含完整的基因。基因组文库主要有人工染色体（YAC）文库和柯斯质粒（Cos 质粒）文库。Cos 质粒可高效插入 25～35 kb 的 DNA 片段。YAC 作载体可以插入 300～1 000 kb 的 DNA 片段。后来又陆续发展了几种以细菌为寄主的载体系统，例如 BAC、PAC。能够插入 100～200 kb 片段的载体都是比较理想的文库载体。

5. 染色体步移与重叠群构建 以目的基因两侧的紧密连锁分子标记为探针筛选基因组文库，获得单个阳性克隆，以该克隆为起点进行染色体步移，对单个阳性克隆末端进行测序，然后以阳性克隆的远末端作为探针继续筛选基因组文库获得阳性克隆，继续进行染色体步移，直到获得包含目的基因两侧分子标记的大片段克隆或跨叠群（contig）。将这些大片段克隆测序并组装成为连续的基因组序列，然后利用生物信息学软件分析预测该区域可能编码基因的开放阅读框。理想情况是该区域包含数个基因，有时可能包含多个编码基因，后续需要进一步进行验证，最终确定哪一个是目的基因。

6. 目的基因的鉴定与确认 利用生物数据信息库预测与性状相关的候选基因，通过下列分析以确定目的基因：①候选基因是否与目标性状共分离；②克隆 cDNA 序列，查询数据库了解该基因的功能；③检查 cDNA 时空表达特点是否与表型一致；④如有可能找到该基因的突变体，分析 DNA 序列变化及与功能的关系；⑤进行功能互补实验，通过遗传转化突变体或不具该性状的个体，观察突变体表型是否恢复正常或发生预期的表型变化。功能互补实验是最直接、最终鉴定目的基因的方法。

二、混合池测序结合定位克隆目的基因的方法

前边介绍了经典图位克隆法，其中连锁图谱构建、紧密连锁分子标记筛选是一项关键而烦琐的工作。近年来第二代测序技术（next generation sequencing，NGS）和生物信息学大数据分析方法的快速发展，使得图位克隆更加简便快捷。

目前，许多物种基因组测序已经完成，即便没有基因组信息的物种也可进行简化基因组测序，获得参考基因组信息，标记开发完全通过测序获得，基因组图谱可以替代遗传连锁图谱，从而大大加快克隆基因的步伐。目前混合分组分析（BSA）结合简化基因组测序（BSA＋DNA‐Seq）以及 BSA 结合 RNA 测序（BSA＋RNA‐Seq）方法已广泛用于基因克隆。简化基因组测序成本相对较高，对于较大、倍性较复杂的基因组测序比较困难。RNA 测序相对简单，成本也比较低，近年来在基因定位中广泛使用。以下介绍 BSA＋RNA‐Seq 结合基因组数据快速克隆目的基因的方法。

BSA 性状定位的核心原理是检测双亲的 SNP 并计算子代池间全基因组水平的 SNP‐index，由于与性状连锁的标记会在两个池间表现出多态性，而与目的基因距离较远或不连锁的标记会在两个池间表现出随机的杂合型。利用这一原理可较快得到与性状连锁的分子标记。

与经典图位克隆法相似，该方法首先选择具有相对性状的合适亲本构建分离群体，例如 F_2 群体、$F_{2:3}$ 群体，通过表型观察与测定确定目标性状遗传规律，推断控制目标性状的基因数目和性质。基于 BSA 的方法，首先要在表型差异产生的阶段取样，从 F_2 群体中分别挑选一定数量（10～50 株）的极端表型单株组成两个 RNA‐Seq 极端混合池。等量样品混合抽提 RNA，然后进行两个混合池及亲本的 RNA 测序，测序完成后将测序数据比对到参考基因

组上，进行 SNP－index 的计算。SNP－index 是基于高通量测序的 BSA 分析中最重要的概念，即某位点上与某个亲本一致的 reads 占总 reads 的比例，可以看成子代混合池中某种等位基因的频率。以图 5－7 为例，10 条 reads 覆盖了某一个核酸位点，该位点的测序深度是10。在这 10 条 reads 当中，如果有 4 条 reads 包含与参考基因组不同的碱基，则 SNP－index为 0.4；如果 10 条 reads 均包含与参考序列不同的碱基，则 SNP－index 为 1。将两个极端混合池的 SNP－index 相减得到 ∆SNP－index。通过滑窗计算各染色体上（基因组）区域的∆SNP－index，依据峰值出现的区域判断染色体上哪个区域最有可能包含目标位点。

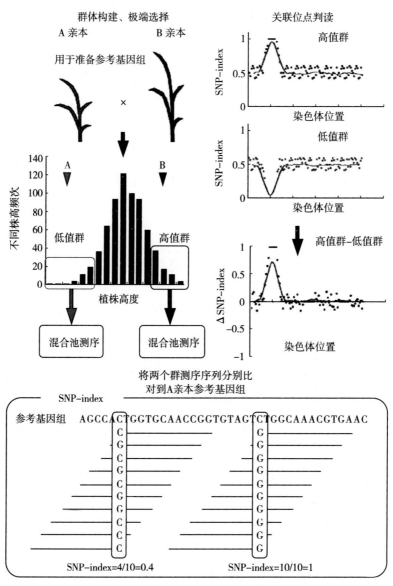

图 5－7　基于高通量测序的 BSA 分析
(引自 Takagi，2013)

　　通过 ∆SNP－index 滑窗分析，可能在不同染色体或者同一染色体上发现多个显著峰值位点，后续在每个峰附近的染色体上开发分子标记，如果该标记在两个极端混合池中的分离比明显呈现偏分离情况，表明这个分子标记有可能与控制目标性状基因的位点连锁。

如果目标性状是质量性状，就会发现明显的单一峰。多基因控制性状会出现多个峰。如果是数量性状，也会出现多个峰，主效基因位点峰会明显一些。对于由多个基因控制的性状，为了避免位点间的相互影响，必须将它们进行单基因化后再进行精细定位。以每个位点两侧标记的基因型作为位点基因型，对 F_2 代和 F_3 代群体进行筛选，挑选单位点基因型单株收集自交种子获得 $F_{2:3}$ 或 $F_{3:4}$ 亚群体。将这些亚群体播种，挑选性状分离明显、分离比例符合 3∶1 的群体作为单基因分离群体，在此基础上进行进一步的精细定位。精细定位主要是利用基因组物理图谱与 BSA＋RNA－Seq 测序数据，不断开发分子标记逐步缩小候选基因所在范围。同时结合两个混合池中目标区基因的表达差异确定候选基因，扩增两亲本的候选基因 gDNA 和 cDNA，比较它们的差异，开发特异性标记后在精细定位群体中进行扫描，如果标记性状与目标性状共分离，表明该基因很可能就是目的基因。后续基因验证工作类似于经典图位克隆法中目的基因的鉴定方法。

第六节　组学克隆目的基因的方法

一、基于 RNA 直接测序发掘差异表达目的基因

转录组是某个物种或者特定细胞类型产生的所有 RNA（转录本）的集合，包括 mRNA 和非编码 RNA（non－coding RNA），非编码 RNA 又包括 tRNA、rRNA、核仁小 RNA（snoRNA）、小 RNA（miRNA）、P 互作 RNA（piRNA）和长链非编码 RNA（lncRNA）等。植物组织、器官、细胞在生长发育不同阶段或处在特定状态，例如生物或非生物逆境胁迫时，都有大量特定基因的表达，利用转录组能够从整体水平研究基因表达，揭示特定生物学过程的分子机制。随着测序技术的发展和成本的不断降低，直接利用新一代高通量测序技术研究基因表达已被广泛应用于生命科学各个领域。

转录组测序和分析已完全实现标准化，通过构建特定组织在特定条件下所有转录本的数字基因表达谱（digital gene expression profiling，DGEP），可以快速得到基因表达谱的全面变化。通过比较转录组或基因表达谱的研究可以系统揭示植物某一生命过程的分子机制。利用高通量测序技术研究基因表达的同时，还可以通过对序列信息精确的比较和分析，了解转录本结构（基因边界、非翻译区域、基因融合、可变剪切等）、转录本变异（cSNP，编码区 SNP）和非编码区域功能（非编码 RNA、miRNA 前体等）。另外也可检测出低丰度转录本和发现全新转录本。利用转录组信息的深度挖掘，还可从基因调控网络、信号转导通路、蛋白质功能等方面深入研究分子机制。

转录组测序（RNA－Seq）是目前普遍使用的技术，主要过程为特定植物组织总 RNA 样品制备，cDNA 片段合成与接头连接，测序文库制备以及测序环节。目前 Illumina 二代测序技术广泛用于转录组测序，单次测序可以获得大量数据，能够得到更高的覆盖率，检测到更多低丰度的转录本。以 PacBio 公司的单分子实时测序技术（single molecule real－time sequencing，SMRT）为代表的三代测序技术可以实现全长转录组测序，直接获得 mRNA 的全长。

RNA 测序完成以后获得原始数据（raw data），然后利用一系列生物信息学软件进行

数据分析，挖掘更多信息。主要分析流程包括去除接头序列及低质量 reads 的处理、测序质量评估、参考基因组比对、全基因组 reads 分布图谱、UniGene 拼接、基因表达分析、差异基因 KEGG 生物通路富集分析、差异基因 GO 功能富集分析等。RNA‐Seq 数据分析流程见图 5‐8。

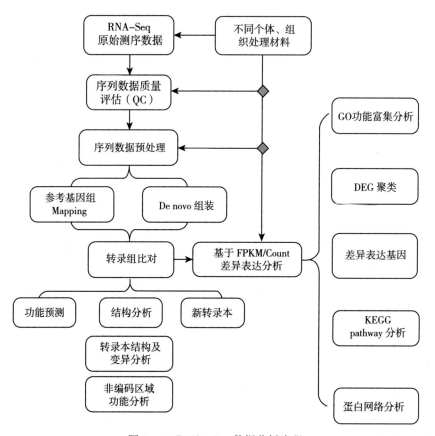

图 5‐8　RNA‐Seq 数据分析流程

二、基于蛋白组差异克隆目的基因

蛋白质是基因编码的产物，通过不同组织或相同组织在不同处理时蛋白质表达的差异比较，可以找到参与特定生命活动的蛋白，进而找到相应的基因。

利用蛋白质双向电泳技术（two‐dimensional electrophoresis）可以对蛋白质进行分子质量和等电点二维精细分离，通过提取不同组织或同一组织不同处理的蛋白样品，进行平行的十二烷基硫酸钠‐聚丙烯酰胺凝胶电泳（SDS‐PAGE）分离，经染色得到蛋白分布二维图。用信号扫描软件比较样品间特异表达或差异表达蛋白，从胶上回收这些蛋白，然后通过蛋白测序来了解编码这些蛋白的基因。近年来利用该技术策略在植物中克隆了很多重要基因。

蛋白质组（proteome）的概念最先由 Marc Wilkins 提出，蛋白质组是指一个基因组（genome）或一个细胞、组织表达的全部蛋白质。不同物种、不同生物个体以及同一生物体在不同发育阶段或不同处理条件下，其表达的蛋白质都会不同。近年来随着蛋白测序技术和分析技术（如 iTRAQ、SILAC）的飞速发展，目前可以实现一个基因组表达的全部蛋白质或一个复杂的混合体系中所有的蛋白质进行精确的定量和鉴定。结合研究物种基因组信息以及生物信息学大数据分析，就可以利用蛋白组差异克隆差异表达基因。

三、全基因组关联技术克隆目的基因

植物的复杂性状大多是多基因控制的数量性状，存在基因间的相互作用以及在不同环境中基因的特异表达。1996 年 Risch 等首先提出在全基因水平上对复杂性状的遗传变异进行关联分析（genome‑wide association study，GWAS）的概念。其原理是以连锁不平衡（linkage disequilibrium，LD）检测群体的遗传变异与性状之间的关联为基础，扫描定位群体（数百到上千个体）全基因组的百万以上单核苷酸多态性（single nucleotide poly‑morphism，SNP）标记，然后通过统计基因型和表型的关联性大小，筛选出与复杂性状表型变异相关联的分子标记，进而分析这些分子标记对表型的遗传效应，确定其遗传机制。随着基因组学、高通量廉价测序技术以及多种生物信息学技术和统计学方法发展，GWAS 已成为解析植物复杂性状的新策略，利用该方法已在动植物及人类中发现并鉴定了大量与复杂性状相关联的遗传变异。近年来，随着水稻、玉米、大豆、油菜、棉花、番茄、黄瓜等主要农作物及经济植物全基因组测序工作的完成，GWAS 成为解析复杂性状基因变异、精细定位、发掘和克隆农作物数量性状位点（QTL）和基因的有力武器。

GWAS 通常以自然群体为遗传材料，在长期进化过程中自然群体积累了大量重组和变异遗传信息，其可同步检测同一基因位点上的多个等位基因。自然群体在许多性状（如产量、品质和抗性等）中都会存在丰富的遗传变异，因此，利用同一套种质资源群体材料和基因型信息就可以对多个不同性状同时进行遗传学分析，大幅提升了遗传学研究的通量，同时也大幅节约了由于重复构建群体和鉴定群体基因型所产生的成本。也可以利用人工组建的具有丰富变异的群体作为分析群体。例如，多亲本重组自交系（multi‑parent advanced generation inter‑cross，MAGIC）群体，是用多个亲本通过两两杂交得到一个包含所有亲本信息群体，而后经过多代近交或自交产生一个稳定的群体。MAGIC 群体能够显著增加重组发生频率，有利于挖掘复杂性状形成的遗传基础。

GWAS 的简要技术流程：①种质资源材料的收集和群体的组建，一般要求具有丰富的自然变异类型，尽可能多地收集不同地区来源的代表性种质资源（至少 200 个），另外要注意群体的结构。②表型记录。表型观察和鉴定应在多年多点环境下进行，以便获得准确的各种目标性状的表型数据。③基因分型。通过对群体各单株的基因组测序，获得覆盖全基因组的高密度 SNP 或 InDel 标记信息。④关联分析。利用合适的遗传模型对目标性状表型信息和标记基因型进行关联分析（连锁不平衡分析和单倍型分析），确定控制目标性状遗传特性的遗传位点。

获得遗传位点后，还需从生物信息学的角度进行如下分析：①对遗传位点附近进行 LD Block 分析，确定候选区间的范围；②对候选区间内的基因进行功能注释（包括 nr、GO、KEGG 等）；③遗传位点是否位于编码区，是否引起编码氨基酸的改变；④同源分析，结合其他物种对应的同源基因的功能猜测候选基因的功能，通过后续实验验证最终确定目的基因。

GWAS 例子：Si 等（2016）以 381 株完成重测序粳稻（40 株热带粳稻和 341 株温带

粳稻）为群体材料，对谷粒大小的性状进行 GWAS 分析，在水稻染色体上共定位到 4 个显著 QTL，其中最显著的一个 QTL 位于 7 号染色体（命名为 GLW7）上。

利用基因组信息进一步分析发现 SNP 峰值所在地方注释到 11 个基因，后续对这 11 个基因分别在稻穗、叶片和根系中进行 RT - PCR 表达分析，其中只有 OsSPL13 基因在稻穗中表达有差异。对 26 株小粒和 21 株大粒品种的 OsSPL13 基因进行测序，分析表明 OsSPL13 基因在水稻大粒和小粒之间存在序列差异，包括 SNP 位点和小的 InDel，但编码区没有突变，通过转基因找到影响 OsSPL13 基因表达的相关区域，位于 5′ 非翻译区中的一个串联重复序列。RNA 干扰大粒品种中 OsSPL13 的表达量，下调后会使水稻籽粒的长度和粒重都显著降低，证实 OsSPL13 为控制谷粒大小的目的基因。

四、综合多组学克隆目的基因

植物的某些性状，往往受到与之相关的许多代谢调控相关基因的调控，例如维生素 C 代谢途径、花青素代谢途径、次生代谢产物等合成都涉及复杂的代谢通路，要改良这些复杂性状，必须对调控这些途径的限速点或关键基因进行改良才能取得理想效果。对这些复杂性状调控遗传机制的解析，需要联合更多的信息，随着各种组学，如基因组、变异组、转录组、代谢组、蛋白组、表型组等的蓬勃发展，产生了大量的生物信息学数据，生物学研究已进入大数据时代。整合和综合利用这些大数据，可以高效准确地揭示和解析以前无法研究的一些复杂性状的遗传机制。

苦味是影响黄瓜口味的重要指标，现代栽培黄瓜是从极苦的野生黄瓜驯化而来，大多栽培黄瓜没有苦味，但是有些黄瓜在逆境胁迫下苦味增加。为了解黄瓜苦味驯化的遗传机制，中国农业科学院黄三文团队从黄瓜基因组大数据中挖掘重要的线索，结合传统的遗传学、变异组、转录组、代谢组、生物分析和分子生物学等手段，揭示了黄瓜苦味驯化及苦味合成、调控的遗传及分子机制。以下通过介绍如何解析黄瓜中苦味素的生物合成、调控及转运机制，展示如何综合利用各种组学信息解析复杂代谢调控机制（马永硕，2017；Shang et al.，2014）。

1. 叶片苦味 Bi 基因的克隆 利用黄瓜 115 份核心种质资源的 360 万个 SNP 变异位点进行全基因组关联分析，在叶片苦味基因 Bi 定位的物理图谱区间内，发现基因 Csa6G088690 内部一个关键 SNP 变异位点（G→A），导致第 393 位的半胱氨酸突变成了酪氨酸（C393Y）。进一步的遗传杂交实验证实，Csa6G088690 为控制叶片苦味的 Bi 基因（图 5 - 9）。

2. 确定 Bi 基因功能 生物信息学分析显示 Bi 基因与西葫芦中的葫芦二烯醇合成酶基因 CPQ 直系同源。气相色谱-质谱（GC - MS）检测发现在酵母中表达 Bi 基因，能够合成葫芦二烯醇，证实该基因编码葫芦二烯醇合成酶，能够环化 2,3 -氧化角鲨烯生成葫芦二烯醇。

3. 叶片苦味合成调控相关基因克隆 构建 EMS 诱变的黄瓜突变体库，经过大规模苦味表型筛选，鉴定到了两个无苦味突变体材料 XY - 3（野生型 XY - 2）和 E3 - 231（野生型 406）。对野生型 XY - 2 和突变体材料 XY - 3 全基因组重测序，发现 Csa5G156220 bHLH（basic helix - loop - helix）内含子和外显子的剪接位点处发生 SNP 位点突变。无苦味突变体材料 E3 - 231 中 Csa5G156220 编码区第 85 位的精氨酸突变成了赖氨酸（R85K）。遗传学和表达分析进一步证实，Csa5G156220 为叶片特异表达苦味调控基因 Bl。在无苦味突变体材料 XY - 3 中过表达 Bl 时，无苦味的黄瓜子叶能够恢复苦味的表型，表明 Bl 能够调控黄瓜叶片中苦味素的合成。后续研究证实 Bl 能够选择性地结合在 Bi 基因的启动子上的 E - box 元件上，证明 Bl 通过直接激活 Bi 基因的表达来调控黄瓜叶片中苦味素的合成（图 5 - 10）。

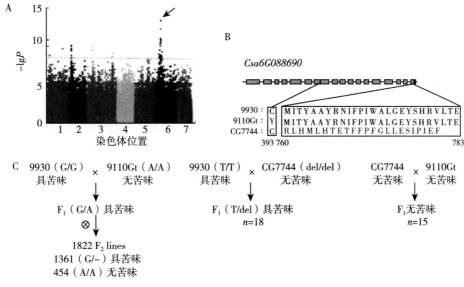

图 5 - 9 全基因组关联结合遗传分析确定 Bi 基因

A. 叶片苦味性状的全基因关联分析，箭头表示最显著的信号位点

B. 野生型材料 9930 与两个突变体材料 9110Gt、CG7744 中的 $Csa6G088690$ 氨基酸比对

C. 野生型材料 9930、突变体材料 9110Gt 和 CG7744 相互之间的经典遗传分析验证

（引自马永硕，2017）

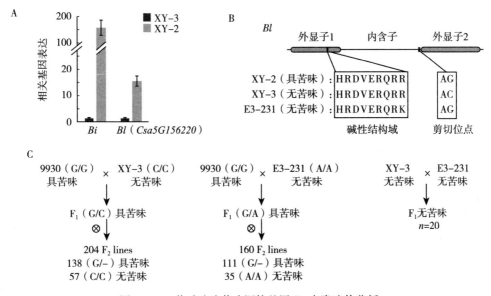

图 5 - 10 黄瓜叶片苦味调控基因 Bl 克隆遗传分析

A. Bi 基因与 Bl 基因（$Csa5Gl56220$）在突变体材料 XY - 3 和野生型材料 XY - 2 中的表达量

B. 野生型材料 XY - 2 与突变体材料 XY - 3、E3 - 231 中 Bl 氨基酸序列比对

C. 野生型材料 9930、突变体材料 XY - 3 和 E3 - 231 相互之间的遗传分析

（引自马永硕，2017）

4. 苦味基因 *Bt* 克隆　用相似思路克隆了野生黄瓜果实中特异表达的苦味基因 *Bt*，另外发现在驯化过程中栽培黄瓜 *Bt* 基因的启动子区域发生了 10 个 SNP 变异位点和 1 个结构变异位点（SV‑2195），其中 SNP‑1601 变异使 *Bt* 基因表达减弱，导致果实中苦味素的合成减少。进一步研究显示 *Bt* 能够结合在 *Bi* 的启动子上，通过直接激活 *Bi* 基因的表达来调控黄瓜果实中苦味素的合成。

5. 苦味素合成路径相关基因克隆　黄瓜苦味素合成需要经历一系列代谢过程，为了克隆合成路径相关基因，通过基因组结构和基因共表达分析，发现 6 个基因，包括 *Bi* 基因、4 个 P$_{450}$（*Csa6G088160*、*Csa6G088170*、*Csa6G088180*、*Csa6G088710*）和 1 个乙酰基转移酶基因（*Csa6G088700*），这 6 个基因在黄瓜 6 号染色体上 35 kb 的物理区间构成了一个基因簇。除了 *Csa6G088180* 外，其余基因表达模式一致。

通过生物信息学方法，并结合一系列的生物化学实验，在 3 号染色体上找到了另外 3 个 P$_{450}$ 基因（*Csa3G698490*、*Csa3G903540* 和 *Csa3G903550*）以及 1 号染色体上的 *Csa1G044890* 基因。这些基因与 *Bi* 基因共表达，并且都受 *Bl* 和 *Bt* 的直接调控。综合共表达分析、互作分析和 RNAi 功能分析，共发现 9 个参与葫芦素 C（苦味素的一种）合成的候选基因，包括 *Bi*、7 个 P$_{450}$ 和 ACT 基因（图 5‑11）。

6. 苦味素生物合成路径构建　后续研究利用酵母代谢重构和生物化学方法结合多种代谢检测手段，解析了 4 步苦味素生物合成路径，其中包括一个环化酶 Bi、两个 P$_{450}$ 和一个乙酰基转移酶 ACT。

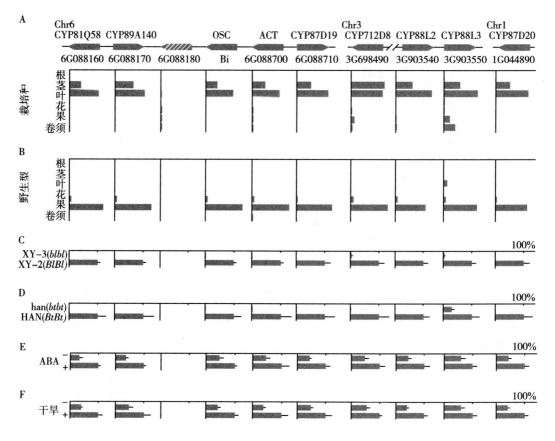

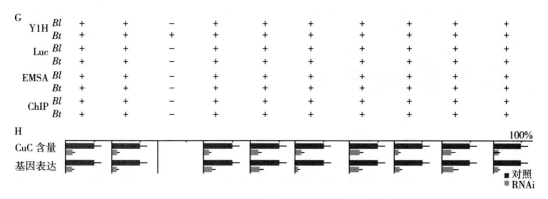

图 5-11　9 个黄瓜共表达及共调控苦味素合成基因

A、B. 候选基因在栽培黄瓜 9930 叶片中和野生黄瓜 P1183967 果实中共表达，其中 *Csa6G088180* 基因不表达

C～F. 候选基因共调控，其中与对照相比，9 个候选基因在材料 XY-3 和 han 中表达量明显下调，

并且这 9 个候选基因受到脱落酸（ABA）和干旱诱导

G. *Bl* 和 *Bt* 能够结合到葫芦素 C（CuC）合成基因的启动子上，直接调控 9 个候选基因的表达

H. 黄瓜子叶瞬时基因沉默 9 个基因后，导致黄瓜叶片中与葫芦素 C 含量降低

Y1H. 酵母单杂实验　EMSA. 阻滞实验　ChIP. 免疫沉淀实验　Luc. 荧光素酶瞬时激活实验

以上研究综合利用基因组、变异组、转录组、代谢组分析手段，并结合分子生物学、生物化学等方法，揭示了 9 个基因〔包括 1 个氧化角鲨烯环化酶（OSC）*Bi* 基因、7 个细胞色素 P_{450} 基因和 1 个乙酰基转移酶（ACT）基因〕调控黄瓜苦味物质葫芦素 C 生物合成的代谢路径，同时发现两个调控基因 *Bl* 和 *Bt* 能够直接调控这 9 个合成基因的表达，其中 *Bl* 控制着黄瓜叶片中苦味物质的合成，*Bt* 控制着黄瓜果实中苦味的物质合成（马永硕，2017）。该研究堪称综合利用各种组学信息，利用大数据和生物信息学手段解析复杂性状遗传机制的典范。

 复习思考题

1. 如何理解"一个基因一个产业"的含义？

2. 克隆目的基因的主要策略是什么？

3. 简述利用同源序列法克隆目的基因的基本步骤。

4. 简述利用差异表达克隆目的基因的基本原理。

5. 简述利用突变体库克隆目的基因的原理与流程。

6. 简述利用 T-DNA 标签克隆未知基因的原理。

7. 简述经典图位法克隆目的基因的基本原理与流程。

8. 如何综合利用各种组学信息克隆控制复杂性状的系列基因？

9. 你认为还可以利用哪些策略与方法克隆目的基因？

第六章
植物基因转化方法

　　1969年，Ledoux第一个报道了采用细菌DNA浸泡大麦幼苗而获得转化植株。1976年，Hes将DNA溶液与人工培养萌发的花粉混合后授粉，在后代植株中得到外源基因表达的性状。1983年，Zambryski首次用根癌农杆菌介导法获得第一例转基因烟草，标志着大规模植物转基因时代的到来。1985年，Horsh等创立了农杆菌介导的叶盘法转基因系统，简化了以往利用原生质体为受体的转基因体系。1987年，Sanford发明了基因枪，同年Klein首次将其用于植物转基因研究，克服了农杆菌介导法的受体种类和基因型的限制，开创了植物转基因方法的新领域。1994年，美国农业部（USDA）和美国食品药品监督管理局（FDA）批准了第1例转基因作物（番茄）进入市场。要想获得转基因植物，高效稳定的遗传转化方法至关重要，本章主要介绍植物基因转化受体系统、植物基因转化主要方法及其原理和特点等内容。

第一节　植物基因转化受体系统

一、植物基因转化受体系统的条件

　　1. 良好的再生能力　植物基因转化过程中能够整合外源DNA的植物细胞非常少，这就要求植物细胞拥有良好的再生能力。理论上讲所有植物体细胞都含有全套遗传物质，具有再生成完整植株的潜能，即全能性。但实际操作中，并不是所有植物细胞都能再生，这取决于细胞的分化程度和脱分化的能力。再生的过程是将一个已分化的细胞经过脱分化后再分化生成为植株，这要求作为受体的植物具有成熟的组织培养条件。有的植物的组织培养条件易于掌控，如常见的模式植物拟南芥和烟草，而多数植物的组织培养系统至今没有建立起来，这些植物的基因工程研究只能采用转化模式植物。

　　基因转化过程中的农杆菌侵染和抗生素筛选会进一步降低再生频率。因此，基因转化受体系统必须具有良好的再生能力，并具有良好的稳定性和重复性，以便在转化实验中具有充足的实验材料，同时也有利于其他研究者对研究工作的重复。

　　2. 外植体易于获得　植物基因转化需要大量的外植体材料，一般采用无菌实生苗的子叶、胚轴、幼叶等器官，或采用能组培快繁的试管苗。无菌实生苗无须复杂的培养基和操作过程，接种前的无菌处理简便易行，一些植物可由无菌幼苗形成愈伤组织并再生植株。利用种子培育无菌实生苗可以获得大量外植体。组培快繁的试管苗已适应组织培养条件，有利于外植体在转化过程中的生长；取用外植体时无须复杂的消毒过程。试管苗也能保证稳定、大量的外植体来源。

3. 良好的遗传稳定性 植物基因转化实质是有目的地将外源基因导入植物并使之整合和表达，从而达到改良遗传性状的目的。这就要求植物受体系统接受外源DNA后能稳定地将外源基因遗传给后代，保持遗传的稳定性，并尽量减少其他无关变异。组织培养的受体材料体细胞无性系变异非常普遍，这与组织培养的方法、再生途径及外植体的基因型等都有密切关系。因此，在建立基因转化受体系统时应充分考虑这些因素，确保转基因植物的遗传稳定。

4. 对选择抗生素敏感 选择阳性转化的细胞或植株通常利用转化植株对抗生素产生抗性来实现。用于转化的质粒已人为嵌入抗生素标记基因，使转化阳性细胞或植株具备某些抗生素抗性的标志性状。抗生素抗性选择同时也是淘汰非转化细胞或植株的过程，因为非转化细胞不能在添加了抗生素的培养基上生长。基因转化过程中使用的另一类抗生素是抑菌性抗生素。受体材料与农杆菌共培养一定时间后要抑制农杆菌生长，防止细菌过度生长而产生污染。为达此目的，常在培养基中添加对植物细胞无毒害或毒害作用较小的抑菌性抗生素。氨苄青霉素、羧苄青霉素和头孢霉素类抗生素具有广谱抗性并对植物细胞无明显毒害作用，常被用作抑菌性抗生素；新霉素和卡那霉素则对植物细胞有明显毒性而用来筛选阳性植株。

5. 对农杆菌敏感 如果采用农杆菌Ti或Ri质粒为载体介导的植物基因转化，则还要求植物受体材料对农杆菌敏感，也就是说该受体材料应是农杆菌的天然宿主。一般来说单子叶植物和裸子植物对农杆菌的侵染不敏感，双子叶植物对农杆菌较敏感，但不同双子叶植物敏感程度也不一样。因此，在选择农杆菌转化系统前必须测试受体系统对农杆菌侵染的敏感性，只有对农杆菌侵染敏感的植物材料才能作为其受体系统。

二、植物组织培养转化受体系统

（一）植物组织培养转化受体系统分类

1. 愈伤组织再生系统 外植体经脱分化培养诱导成愈伤组织，再通过分化培养获得再生植株的过程称为愈伤组织再生。愈伤组织易于接受外源基因、转化效率高、扩繁速度快，能够快速分化出大量的转化植株。诱导愈伤组织的外植体来源广泛，该系统适用于每一种能通过离体培养途径再生植株的植物。但是，愈伤组织再生系统获得的再生植株无性系变异频率较大，外源基因遗传稳定性差。外植体诱导的愈伤组织只有部分细胞获得外源基因而形成嵌合体，最终获得的转化植株嵌合体更多。

2. 直接分化再生系统 外植体细胞不经过脱分化产生愈伤组织，而是直接分化出不定芽获得再生植株的转化系统称为直接分化再生系统，一般采用叶片、幼茎、子叶、胚轴等作为直接分化的材料。该系统获得再生植株的周期短，操作简单，未经脱分化直接分化成芽的无性系变异小，能较好地保持受体植物的遗传稳定，一般适于无性繁殖的植物。但是，外植体直接分化成芽或植株比诱导愈伤组织困难得多，因此其转化频率低于愈伤组织再生系统。另外，不定芽的再生起源于多细胞，因此直接分化再生系统同样会出现较多的嵌合体。

3. 原生质体再生系统 原生质体是脱去细胞壁的植物细胞，能在适当的培养条件下诱导出再生植株。原生质体无细胞壁而更容易摄取外源DNA，由原生质体形成愈伤组织获得的转基因植株嵌合体少;原生质体再生系统易于在稳定的条件下进行准确转化。但是,原生质体培养周期长、难度大、再生频率低,因此局限性较大,目前只有少量植物建立了原生质体培养体系。

4. 胚状体再生系统 植物体细胞胚胎发生是体细胞类似有性胚经胚胎发生发育成一个新个体的过程,自然情况下常见于珠心组织或助细胞。在组织培养过程中,离体的体细胞也可以诱导胚胎发生。体细胞胚胎发生形成的在形态结构和功能上类似于有性胚的结构称之为胚状体,胚状体在一定条件下可以发育成完整的植株。胚状体具有很强的接受外源DNA的能力,且为单细胞起源,因此转化获得的转基因植株嵌合体少。体细胞胚状体间遗传背景一致、无性系变异小、成苗快,是近年来研究较多的再生系统。

(二) 植物组织培养转化受体系统常见问题

1. 植物组织培养的污染问题

(1) 污染物的特性和分布。植物组织培养过程中最容易发生的问题就是真菌和细菌污染,常见的组培苗污染物主要是青霉、镰刀菌和黑曲霉等。组培苗污染主要是因为外植体材料带菌、环境中灭菌不彻底和操作程序不严格。外植体脱毒需要彻底,并尽可能选择幼嫩的组织。培养瓶的外壁、瓶口、硅胶塞或棉塞处是操作过程中重要的污染源,因此,培养器皿的清洗要特别仔细,培养瓶灭菌后应尽快存放到接种室或超净工作台内。

(2) 组培室和培养器皿防污染方法。无菌组培室定期移出所有组培苗,彻底清扫后打开紫外灯消毒 30 min 或臭氧发生器消毒 1 h 以上,切记实验员在时关闭紫外灯或臭氧散去后再进入组培室。组培架或培养箱内部经常用次氯酸钠溶液擦拭。用过的玻璃仪器将培养物去除后,置于高压灭菌锅 121 ℃灭菌 30 min,再浸泡在洗洁剂内 30 min,然后用自来水冲洗至玻璃上能形成均匀水膜为止。组织培养用的金属、陶瓷和玻璃等耐高温的器物采用干热灭菌,将器物放置在干燥箱内 160 ℃维持 2 h,冷却后取出置于超净工作台上备用。

(3) 植物组培苗被污染后的挽救方法。当组培苗发生污染时,可以采用挖除污染培养基、转移未污染外植体和切除污染外植体等方法进行挽救,其中转移未污染外植体的效果最好。已发生污染的外植体应转移至含抑菌剂的培养基中。山梨酸抑菌范围广,抑菌时间长,对组培苗的生长影响小,是较理想的组培抑菌添加剂。另外,抗生素是组织培养生产中防治污染的良好药剂,应根据污染菌种类选择合适抗生素,并混合医用杀菌剂对组织培养污染起到很好的抑制作用。

2. 试管苗的玻璃化现象 试管苗玻璃化是植物组织培养转化受体系统的常见问题。玻璃化的试管苗植株矮小肿胀,半透明玻璃状,叶片增厚而狭长,叶片脆弱易破碎,叶表面缺少角质层或蜡质发育不全,茎短、粗、扁平,节间很短。取玻璃化植株材料制成切片,在光学显微镜下能观察到由于保卫细胞功能失调而不能关闭的气孔,叶片不具有栅栏组织,只有海绵组织,茎内导管和管胞木质化不完全。玻璃化植株组织畸形,呼吸作用与光合作用功能不全,一般不能再恢复成正常的试管苗,分化能力降低,难以继代扩繁。

玻璃化试管苗的形成主要与培养瓶内的水分、营养、激素失调有关,有时改善某一方面条件可有所缓解,但已形成玻璃化的试管苗难以恢复,因此,玻璃化现象以预防为主,可以从以下几方面考虑:

(1) 合理使用植物激素。植物激素使用不当使幼苗产生不完全的脱分化,因而使试管苗叶片形成不正常的气孔和保卫细胞，但不同的植物材料适宜的激素配比不同，这需要针对性地设计实验予以确定。

（2）适当减少培养基的含水量。较低的含水量可使新再生的芽和试管苗玻璃化现象减轻，增加琼脂含量可降低培养基含水量。

（3）纯化培养物。玻璃化的试管苗如果并非出现在整个植株，可以剪取出未发生玻璃化的部位，转入适当的培养基内重新诱导芽再生，可以挽救组培苗。

（4）避免高温。高温是造成玻璃化的原因之一，特别是在温度高、湿度大的条件下试管苗玻璃化发生率高，适当降低培养温度可以降低玻璃化苗的产生。

（5）调整营养素比例。适当增加培养基中 Ca、Zn、Fe、Mn、Cu 和 Mg 的含量，并适当降低 N 和 Cl 的含量能有效降低玻璃化苗的产生。采用硝态氮代替铵态氮也能有效控制玻璃化的发生。

3. 培养物的褐化　褐化是组织培养的植物代谢产生的酚类物质被氧化后形成棕褐色的醌类，并扩散到培养基中，大量醌类物质抑制酶的活性，影响植物正常生长。为了减少褐化的发生，应注意以下几点：

（1）外植体的取材。成年植株比实生幼苗氧化褐变的程度严重，夏季材料比冬季、早春和秋季的材料容易发生氧化褐变。取材时还应注意外植体的基因型，要选择褐化程度小的品种为外植体。

（2）外植体的预处理。所取的外植体经流水冲洗后，先放置在 4 ℃的冰箱中低温处理 12～24 h，消毒后先接种在只含有蔗糖的琼脂培养基中培养 5～7 d，使组织中的酚类物质先部分渗入到培养基中。取出外植体用 0.1% 漂白粉溶液浸泡 10 min，再接种到新的培养基中，当外植体的切口愈合后，酚类物质就会减少。

（3）培养基中加入抗氧化剂。如果每次继代培养都不能消除褐变，可在培养基中添加抗氧化剂。如每升培养基中分别添加 5 mL 20% 硫代硫酸钠、5 g 活性炭、0.4 mg 二硫苏糖醇、50 mg 间苯三酚或 5 mg 维生素 C。

（4）选择最佳培养基和培养条件。半固体培养基中琼脂（5 g/L）处于低氧状态，能有效降低褐变的发生。暗培养也有利于防止褐化，这是因为酚类的氧化需要光的存在。适当降低培养温度也可降低多酚氧化酶的活性而减轻褐化。

（5）多次连续转移培养。在外植体接种后 1～2 d 立即转移到新鲜培养基中或同一瓶培养基的不同部位。这样可以减轻醌类物质对培养物的毒害作用。连续转移培养 5～6 次后可基本解决外植体的褐化问题。此办法简单易行，是解决褐化的首选方法。

三、植物非组织培养转化受体系统

植物组织培养再生体系是基因转化很好的受体系统，迄今绝大多数转基因植物是通过该系统获得的，并且已经在生产实践中得到应用。但组织培养再生体系受到条件要求较高，所需仪器设备昂贵，转化率低，操作复杂及有些植物目前还无法进行组织培养等因素的制约。植物非组织培养转化受体系统是指利用具有基因转化条件的植物组织、器官或细胞在非组织培养的条件下进行转化的植物基因转化系统，该系统具有取材方便、操作简单、与常规育种紧密结合等特点。

1. 植物生殖细胞受体系统 利用植物生殖细胞，如花粉、卵细胞作为基因转化的受体细胞系统称为生殖细胞受体系统，包括直接利用花粉和卵细胞受精过程进行基因转化，如花粉管介导法、花粉浸泡法、子房微针注射法等。具有全能性的生殖细胞容易接受外源DNA，外源基因导入这些生殖细胞后利用正常的受精过程发育获得转化植株。生殖细胞受体系统受体细胞是单倍体细胞，转化的基因无显隐性的影响，有利于性状的选育，通过人工加倍后即可成为纯合的二倍体新品种，缩短了复杂的选育纯化过程。生殖细胞受体系统利用植物自身的授粉过程进行转化，操作方便、简单，将现代的分子育种与常规育种紧密结合，因此是一种有潜力的受体系统。但利用该受体系统进行转化受到季节的限制，只能在开花期内进行，无性繁殖的植物不能采用。

2. 植物种子受体系统 种子是新一代植物的原始体。胚是种子中唯一有生命的部分，也是最重要的组成部分；胚芽的细胞具有旺盛的分裂能力和强大的再生能力。以萌发的种子为载体，将外源基因导入种子的胚细胞后即可发育为一个完整的植株。种子受体系统最大的特点是取材方便，并不受季节影响，只要种子打破休眠能够萌发即可进行转化。

3. 植物茎尖分生细胞受体系统 茎尖是指茎的顶端分生组织及其周缘部分，分为形成茎和侧生叶的营养茎尖、形成花序或花的生殖茎尖。茎的尖端部分自上而下划分为3个区域：分生区、伸长区和成熟区。分生区位于茎尖的最前端，是典型的顶端分生组织，具有旺盛的分裂能力，通过分裂增加茎尖的细胞数目，并能分化发育成完整植株。由此可见，如果把外源基因导入茎尖生长点细胞，即可获得转基因植株。故植物茎尖分生细胞是理想的基因转化受体系统。

4. 植物质体受体系统 常见的植物基因转化是将外源基因整合到植物染色体中进行遗传和表达，即核基因转化。核基因转化技术受到植物细胞核基因组大、遗传背景复杂、导入的外源基因难以控制、外源基因表达效率低、后代不稳定等因素的影响。在高等植物的细胞中除细胞核外质体和线粒体也含有DNA。质体是植物细胞特有的一种细胞器，包括白色体、叶绿体和有色体等类型。与核基因转化相比，质体的转化不会出现基因沉默的现象，质体基因组多为类似于原核生物的多顺反子结构，外源蛋白质的表达量更高。由于质体具有母性遗传的特性，整合的目的基因不遵循孟德尔遗传规律，即在后代中不出现性状分离，故转基因可在子代中稳定遗传和表达，可有效地避免外源DNA在田间扩散。为此，质体为载体介导基因转化也是当今植物基因工程研究的热点之一。

第二节 农杆菌介导法

根癌农杆菌 Ti 质粒和发根农杆菌 Ri 质粒基因转化系统是目前研究最多、理论机制最清楚、技术最成熟的基因转化途径。

一、根癌农杆菌介导法

1. 根癌农杆菌的生物学特性 土壤杆菌属（*Agrobacterium*）有 4 个种，即根癌农杆菌、放射形农杆菌、发根农杆菌和悬钩子农杆菌。根癌农杆菌主要生活在多种植物生长过的土壤中，好氧但也能生长在低氧的植物组织中，最适温度 25～30 ℃，最适 pH 6.0～9.0。根癌农杆菌细胞呈杆状，革兰氏染色为阴性，大小为 0.8 μm×(1.5～3.0) μm，以 1～4 根周生鞭毛进行运动。根癌农杆菌侵染时，通过植物病斑或伤口进入宿主组织，但细菌本身不进入宿主细胞，只是把 Ti 质粒的 DNA 片段导入植物细胞的基因组中。根癌农杆菌根据其诱导植物细胞产生的冠瘿碱种类不同可分为 4 种类型，即章鱼碱型、胭脂碱型、农杆碱型和农杆菌素碱型（或琥珀碱型）。

2. 根癌农杆菌侵染的过程　根癌农杆菌和宿主细胞之间的化学信号传递和遗传转化包括如下过程：①损伤的植物细胞产生植物酚类物质，根癌农杆菌以此酚类物质为侵染信号；②这些化学诱导物透过根癌农杆菌的细胞膜，活化根癌农杆菌自身 virA 和 virG 基因；③根癌农杆菌附着植物细胞，T‐DNA 进入植物细胞；④Ti 载体上其他 vir 基因活化，表达产物促进 T‐DNA 加工及转移，最后整合到核 DNA 上；⑤T‐DNA 在植物细胞中表达产生冠瘿碱及生长素、细胞分裂素，刺激植物细胞分裂；⑥Ti 质粒上冠瘿碱分解酶基因表达，利用植物细胞产生的冠瘿碱作为根癌农杆菌自身繁殖唯一的碳源和氮源；⑦冠瘿碱的分泌促进其他根癌农杆菌的附着有利于 Ti 质粒的进一步接合转移，扩大侵染范围（图 6‐1）。

根癌农杆菌通过基因转化把质粒上 T‐DNA 之间的外源基因导入植物细胞并整合到核 DNA 上。这些外源基因在植物细胞中得到表达，致使植物细胞转化为肿瘤状态，并且大量合成冠瘿碱。而这些冠瘿碱又是根癌农杆菌唯一的碳源和氮源，有利于根癌农杆菌的繁殖和 Ti 质粒的转移，进一步扩大侵染范围。根癌农杆菌和宿主植物形成了一套缜密的内共生体系，而根癌农杆菌介导的转化法正是利用这种内共生体系建立起来的。

3. 根癌农杆菌转化方法

（1）整株浸染法。一般采用实生苗作为外植体，在植株上造成伤口，然后用根癌农杆菌侵染创伤部位，或用注射器将根癌农杆菌注入植物体内进行侵染转化，如将拟南芥的花序浸在根癌农杆菌培养液中侵染。这种方法不经过组织培养过程，适用于难以组织培养再生的植物，但这种方法往往会出现嵌合体。

（2）组织器官侵染法。使用叶片、叶柄、幼茎、子叶、胚轴、花等植物组织或器官作为根癌农杆菌侵染的对象进行转化的方法。组织器官侵染法中的叶盘法最为普遍：选用健康无菌苗，用打孔器或刀片切取获得带有创伤的叶片，然后将叶片放入根癌农杆菌培养液中，让其浸入叶片伤口，再转移到选择培养基上，使转化细胞再生植株。

（3）共培养法。将原生质体与根癌农杆菌培养液一起培养一段时间，离心去除菌液后在选择培养基上培养得到转化的细胞系，通过愈伤组织或胚状体途径获得转基因植株。原生质体作为受体获得的转基因植株通常是来自一个转化细胞，避免了嵌合体产生，而且容易对大量原生质体进行转化处理，可以一次获得大量转化细胞克隆，在研究中可用于生物学重复。

4. 根癌农杆菌转化的一般步骤　根癌农杆菌转化的步骤一般包括外植体选择、根癌农杆菌共培养、愈伤组织在选择培养基上培养以及筛选转化体等（图 6‐2）。下面以含 PBI121 载体的根癌农杆菌转化烟草为例详细阐述转化步骤：

（1）将含有重组质粒的根癌农杆菌 LBA4404 接种于含有 50 mg/L 卡那霉素（Kan）和 50 mg/L 利福平（Rif）的 LB 液体培养基中，于 28 ℃、240 r/min 摇床上培养至 OD_{600}

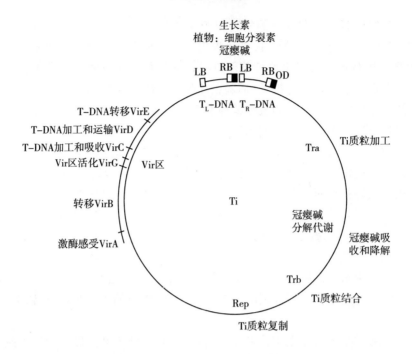

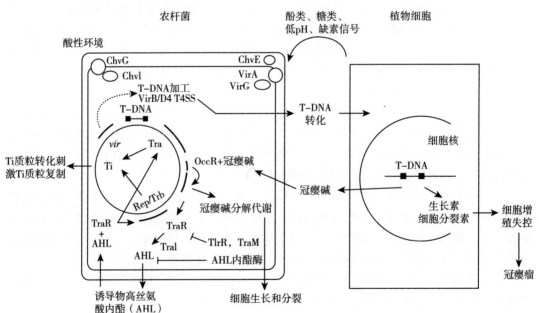

图 6-1 Ti 质粒和根癌农杆菌侵染原理

为 0.5 左右。

（2）于 5 000 r/min 离心 6 min，其细胞沉淀用 MS 液体培养基重新悬浮。将继代培养 4 周的烟草无菌苗叶片切成 0.5 cm×0.5 cm 的小块，在上述农杆菌培养液中浸泡 10 min，取出后用无菌滤纸吸干表面菌液，转入含 2.25 mg/L 苄氨基腺嘌呤（BA）、0.3 mg/L 萘乙酸（NAA）的 MS 固体分化培养基中，于 28 ℃暗培养 2 d。

（3）转移到含有 100 mg/L 卡那霉素和 400 mg/L 头孢霉素的 MS 培养基上，置于光照度为 2 000 lx、光周期为 16 h/d、温度为（23±1）℃的条件下培养。

（4）3～4 周后，叶片切口愈伤组织长出不定芽，至抗性芽长出达 1 cm 时，将其切下转入含有 50 mg/L 卡那霉素和 200 mg/L 头孢霉素的 MS 培养基上诱导生根，获得完整植株。

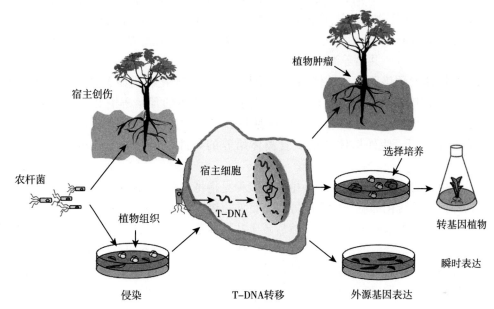

图 6-2　根癌农杆菌天然侵染和遗传转化实验过程

5. 影响根癌农杆菌转化的因素

（1）根癌农杆菌菌株。根癌农杆菌菌株直接影响转化效率，有数十种不同的菌株，它们的宿主范围各不相同，并有其特异侵染的最适宿主。不同类型的根癌农杆菌菌株的侵染力也不同，一般而言侵染力的排列顺序为：农杆碱型或琥珀碱型菌株（A281）＞胭脂碱型菌株（C58）＞章鱼碱型菌株（Ach5 和 LBA4404）。但侵染力过强容易造成外植体坏死，因此，选择适宜的转化菌株对于植物转基因工作来说是非常重要的。

（2）根癌农杆菌菌株的浓度。根癌农杆菌的活力状态与其侵染力有很大关系，处在对数生长期的根癌农杆菌的活力最强，对数生长期根癌农杆菌浓度一般为 $0.3\times10^9\sim1.8\times10^9$ 个/mL（OD_{600} 为 $0.3\sim1.8$），通常用 OD_{600} 为 0.5 左右的根癌农杆菌菌液接种植物材料。

（3）外植体的类型和生理状态。正确选择外植体是植物转基因操作成功的重要条件，受体细胞的转化能力决定着转化的成功率。转基因的外植体材料包括植物的各种组织和器官，但各种外植体材料的转化率有明显差异，对于具体的某种植物，最佳外植体要根据实验来确定。转化只发生在细胞分裂的一个较短时期内，只有细胞处于分裂期的合成期才具有被外源基因转化的能力，因此，细胞具有分裂能力是转化的基本条件。发育早期的组织，如分生组织、维管束形成层组织、薄壁组织及胚、雌雄配子等，这些组织的细胞具有很强的分裂能力，一般可作为转化的外植体。特别是当这些组织发生创伤或环境诱导时会加速细胞分裂，即处于转化的敏感期。

（4）基因活化的诱导。Ti 质粒 Vir 区基因的活化是 Ti 质粒转移的先决条件，酚类化合物、单糖、糖酸、氨基酸、磷酸和 pH 等都影响 Vir 区基因的活化。在基因转化操作过程中，为活化 Vir 区的基因常添加诱导物乙酰丁香酮（AS）或羟基乙酰丁香酮（HO - AS）。诱导物的使用有 3 种方法：一是在培养根癌农杆菌菌液时加入诱导物，时间一般是制备工程菌侵染液 4～6 h 前；二是加在共培养基中；三是在根癌农杆菌液体培养基和共培养基中都加。乙酰丁香酮的使用浓度一般为 5～200 μmol/L，D - 半乳糖酸为 100 μmol/L，葡萄糖酸为 10 mmol/L，葡萄糖为 10 mmol/L，磷酸根离子浓度为 0～0.1 mmol/L，培养基的 pH 为 5.1～5.7，共培养温度为 15～25 ℃。

（5）外植体的预培养。外植体的预培养与外植体的转化有明显关系，不同外植体拥有不同的最佳预培养时间，一般以 2～3 d 为宜。外植体的预培养有以下作用：①促进细胞分裂，使受体细胞处于更容易整合外源 DNA 的状态；②田间取材的外植体通过预培养起到驯化作用，使外植体适应试管离体培养的条件；③有利于外植体与培养基平整接触。

（6）外植体的接种及共培养。外植体的接种是指将含有外源基因的根癌农杆菌工程菌株接种到外植体的转化部位。常用的方法是将外植体浸泡在预先准备好的工程菌株培养液中，一定时间后用无菌吸水纸吸干，然后置于共培养基上进行共培养。外植体的接种时间和接种根癌农杆菌培养液的浓度因物种和外植体类型的不同而不同。接种时间过长及接种菌液浓度过高，容易引起后续培养中的污染，甚至直接导致外植体因根癌农杆菌侵染而坏死。而接种时间太短和接种菌液浓度过低，又会造成转化效率低。

根癌农杆菌与外植体共培养是转化过程中非常重要的环节，根癌农杆菌附着、T - DNA 转移和整合都在共培养时发生，掌握共培养条件是转化成功的关键。根癌农杆菌附着外植体表面后并不能立刻转化，只有在创伤部位生存 8～16 h 之后的菌株才能诱发肿瘤。但共培养时间并不是越长越好，根癌农杆菌的过度生长易使植物细胞受到毒害而死亡，一般共培养时间为 8～72 h。在共培养基中加入乙酰丁香酮和单糖类化学诱导物能够提高转化效率，此外培养基中还应加入生长素类（如 2，4 - D）激素，避免使用细胞分裂素类激素，因为生长素能促进 T - DNA 转移，细胞分裂素则抑制 T - DNA 转移。

（7）转化细胞的选择培养和植株再生。转化细胞和非转化细胞在非选择培养基上生长时存在着竞争，且非转化细胞往往具优势，而使转化难以成功。为了便于筛选转化细胞，一般在转化载体构建时加入一个选择标记基因，一般为抗生素或除草剂抗性基因。因此，在选择培养中加入选择试剂可以抑制非转化细胞的生长，从而起到选择效果。选择试剂的使用浓度应根据植物对选择试剂的敏感度来确定，这需要通过预实验进行确定。转化细胞的选择方法归纳起来有两种：一种是先再生后选择，即在植株再生过程中不加选择试剂，待植株再生后再进行选择。这种做法最大的弊端是嵌合体和假阳性转化体多，后期选择困难。第二种是先选择后再生，即在转化后愈伤组织诱导或不定芽分化培养时就加入选择试剂。这种方法的嵌合体和假阳性转化体少，但转化初期材料较脆弱，容易导致转化材料也遭淘汰。

（8）转化培养基。转化培养基的选择主要依据以下几个方面：①受体植物的背景。在确定候选培养基时，首先要对供试植物的分类、生理特性、繁殖和栽培条件等有充分了解，这些资料是确定候选培养基的重要依据。特别应了解供体植物对某种营养元素的特殊喜好。其次应详细查阅前人对该种供试植物的研究工作，分析总结前人工作的成功和不足之处，在此基础上确定候选培养基类型。②选择原则。同一物种的培养基有类同性，同一植物不同组织器官的培养基相同；组织培养所需营养成分与田间栽培有相似性；选择合适浓度的无机盐、蔗糖和有机添加剂对转化至关重要。③激素。激素的选择要依据培养的目的，以及受体材料对各种激素的敏感性。④再生方式。植株的再生方式依据物种及外植体类型而定。

综上所述，影响根癌农杆菌转化效率的因素是多个方面的，要建立一个高效转化体系，必须通过预先实验，优化各方面的因素，才能得到理想的转化频率。

二、发根农杆菌介导法

发根农杆菌和根癌农杆菌都可以侵染植物细胞，但引起不同的病症。根癌农杆菌感染植物细胞后诱导冠瘿瘤及合成冠瘿碱，所带的质粒称为瘤诱导质粒（tumor inducing plasmid，Ti 质粒），发根农杆菌侵染后植物细胞产生许多毛状根，引起毛状根生长的质粒为根诱导质粒（root inducing plasmid，Ri 质粒）。长期以来，人们很重视根癌农杆菌和 Ti 质粒的研究，并取得了较大进展，但发根农杆菌和 Ri 质粒与它们相比也具有独特的优点，如宿主更广泛、嵌合体少、可作为中间载体等。

1. 发根农杆菌的生物学特性　发根农杆菌的分类和命名与根癌农杆菌一样也是根据转化根中合成的冠瘿碱来分类，可分为农杆碱、甘露碱和黄瓜碱 3 种菌株类型。发根农杆菌诱导的毛状根是单个转化细胞的克隆体，即使它们含有多个独立的转化毛状根，每个毛状根的 T-DNA 结构仍非常稳定，并且单个根尖的分支也常常具有像亲本根系一样的 T-DNA 基因结构，因而毛状根的嵌合体较少。

2. 发根农杆菌转化的步骤

（1）接种。有直接接种法和外植体共感染接种法。

直接接种法：用新鲜菌液对发芽数日或 2 周内的无菌幼苗或试管苗的茎部进行 1～3 次注射接种，2 周后于注射处长出毛状根；或者切下植物茎段将表面消毒后插入菌株培养液中，用沾有发根农杆菌培养液的刀片刺穿或切伤茎段，培养后在刺伤和切伤部位长出毛状根。

外植体共感染接种法：常用的外植体有胚轴、子叶、子叶节、幼叶、肉质根、块茎及未成熟胚。首先对外植体进行常规消毒（无菌苗不用消毒），然后将外植体在菌液中浸泡数秒后，置于培养基上进行共培养。

（2）毛状根的除菌培养。切取毛状根尖端放在有抗生素的培养基上进行 3～4 次继代培养，然后转入无抗生素培养基上观察，确认无菌后进行分化培养。抗生素对毛状根生长有影响，使生长停止或愈伤组织分化，除去抗生素后毛状根生长可恢复。为了避免抗生素的抑制作用，可用不含抗生素的培养基多次截取毛状根进行继代培养，达到除菌目的。

（3）毛状根的增殖培养。除菌后的毛状根在无激素培养基上可迅速增殖，如在低盐浓度的培养基上（特别是在液体培养基中在恒温、黑暗、振荡培养下）一个月可增殖数千倍。在高盐浓度的 MS 培养基中培养，毛状根停止生长，在根端和后部产生许多瘤状突起与愈伤组织块。

（4）毛状根的选择培养。由于转化的 T‑DNA 不同，毛状根的生长速度、分支形态会有差异。有的毛状根生长缓慢，可能是毛状根缺少 T‑DNA，因此常选择多分支、多根毛、无向地性的毛状根进行培养。

（5）毛状根的分化再生培养。Ri 质粒转移外源基因容易从毛状根或愈伤组织上产生再生植株。烟草在无激素的 MS 培养基上培养，在毛状根上产生大量的不定芽，由不定芽产生再生植株。多数植物从毛状根诱导再生，植株需要在培养基中添加激素。胡萝卜等植物从毛状根分化再生植株是通过不定胚途径，而马铃薯、油菜等植物在萘乙酸和细胞分裂素的作用下由不定芽产生再生植株。

（6）转化植株的检测。由于再生植株通常受到 T‑DNA 基因群的作用，常表现叶皱缩、节间短、毛状根多等形态特征。检测 T‑DNA 是否导入和表达，可用纸电泳法分析是否有农杆碱与甘露碱（农杆碱型 Ri 质粒也产生甘露碱）的存在。确定目的基因是否正常表达则需用 RT‑PCR 或 qRT‑PCR 对转化株进行检测。

第三节　DNA 直接导入法

DNA 直接导入转化就是不依赖农杆菌载体和其他生物媒体，直接将特殊处理的 DNA 导入植物细胞，实现基因转化的技术。常用的 DNA 直接转化技术根据其原理可分为化学法和物理法两大类。具体的方法可分为基因枪法、电穿孔法（又称电击法）、显微注射法、超声波法、化学诱导剂介导法等。本节将阐述其中常见的几种 DNA 直接导入法的原理和操作方法。

一、基因枪法

1. 基因枪法的特点　基因枪法是将外源的 DNA 包被在微小的金粒或钨粒表面，组成微弹，然后在高压气体或者电磁场的作用下将微弹高速打入完整的植物细胞中而实现外源 DNA 导入的方法（图 6‑3）。微粒上的外源 DNA 进入细胞后，整合到植物染色体上，然后通过细胞和组织培养技术再生出植株，选出其中转基因阳性植株即为转基因植株。第一台火药型台式基因枪由美国康奈尔大学的 Sanford 等人于 1987 年发明，随后申请专利（专利号 EP0331855A2）。

基因枪发展至今已经产生多种类型，根据其动力系统可分为 3 种类型：第一类是以火药爆炸加速；第二类是以高压氮气作为动力；第三类是以高压放电作为驱动力。最新的基因枪多为第三类，其优点是结构小巧，可以无级调速，通过调节工作电压轻松实现微粒速度及射入浓度的控制，使载有 DNA 的微粒能达到具有再生能力的细胞层。

基因枪法转化的一个主要优点是不受受体植物类型的限制，可以弥补农杆菌对单子叶植物不敏感的缺点。基因枪法可用的植物材料相当广泛，可以适用于原生质体、悬浮培养的细胞、营养胚、愈伤组织、花粉、花轴、叶柄、子叶、幼叶等几乎所有具有分生能力的组织或细胞。而且其载体质粒的构建也相对简单，因此也是目前转基因研究中应用较为广泛的一种方法。不足之处是转化频率低，容易形成嵌合体，结果重复性差，转化基因以多拷贝居多，遗传不稳定，容易导致基因沉默，实验成本较高。

2. 影响基因枪法转化效率的因素 近几年，已研制出结构小、具有显微瞄准装置的基因枪，可以将微弹精准地送到植物生长点大小的区域，可高效率地转化具有形态建成能力的生长点，大大提高了转化效率。此外，经过一些技术环节的优化，如在植物组织被轰击前加挡网、采用小颗粒微弹及渗透压处理等，可以提高转化效率。

在基因枪法转化过程中微弹的速度是保证转化成功最重要的因素，理想的轰击是使装载了质粒 DNA 的微弹能穿透细胞壁和原生质层达到细胞核的位置。此外，调整外植体的生理状态对提高转化效率也很重要。研究发现，经过轰击的小麦种子诱导形成的愈伤组织若放置在 0.25 mol/L 甘露醇溶液中或玉米的胚性愈伤组织在轰击前后放入 0.2 mol/L 山梨糖醇或甘露醇中，转化率可提高数倍。在有硫代硫酸银和硝酸钙（而不是氯化钙）条件下轰击，消除 DNA 与微弹混合物中的亚精胺也可提高转化效率。微弹的材质（金或钨）和直径也会影响转化效率，被轰击的外植体形成愈伤组织和再生的培养条件对提高转化效率也很重要。

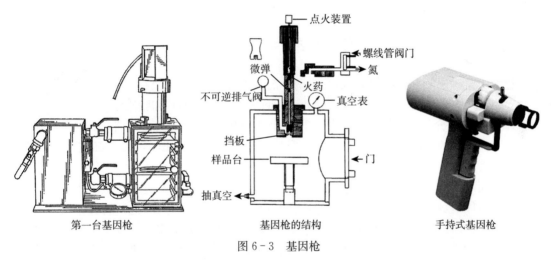

图 6-3 基因枪

二、电穿孔法

细胞膜的骨架是磷脂双分子层，每一个磷脂分子有极性的头部和疏水的尾部。因此细胞膜可以视为一种电容，其静息膜电位约为 100 mV。当细胞处于一个外加电场中时，膜电位增高，当外加电场强度和电压不断增大，细胞膜被压缩变薄，达到一定程度时就被击穿形成微孔。如果控制好电压，这种击穿是可逆的，这就为外源 DNA 的导入提供了可能。

电穿孔法在单子叶和双子叶植物中都可以使用，具有操作简便、转化效率高的特点，特别适合瞬时表达研究。电穿孔法一般用于原生质体、悬浮培养细胞、愈伤组织和茎尖组织的转化，电穿孔法还能转化植物侧芽或茎尖而无须离体培养即可产生转基因再生植株。影响电穿孔法转化效率的因素主要有电场强度、电穿孔缓冲液中钙离子的浓度和原生质体的质量。

三、显微注射法

显微注射法是将受体细胞固定后在显微镜下采用微型注射针将外源 DNA 直接注入受体植物细胞的方法。显微注射之前需要将细胞进行固定，目前有 3 种方法：①琼脂糖包埋法。把低熔点的琼脂糖熔化，冷却到一定温度后将制备的细胞悬浮液混合于琼脂糖中。在包埋时将大约一半细胞体埋在琼脂糖中起固定作用，暴露的一半细胞进行微针注射。②多聚赖氨酸粘连法。先将多聚赖氨酸涂抹在玻片表面，由于多聚赖氨酸对细胞有粘连作用，细胞或原生质体与玻片接触时被固定在玻片上。③吸管支持法。用一固定的毛细管将原生质体或细胞吸在管口，起到固定作用，然后再用微针进行 DNA 注射。

显微注射法原理简明、方法简单、转化率高，它是一种纯物理方法，适用于各种植物和材料，无局限性；整个操作过程对受体细胞无药物毒害，有利于转化细胞的生长发育，转化细胞的培养过程无须特殊的选择系统。但该方法需要精密的专用显微镜，并且实验员要有精细操作的技术和耐心。

四、化学诱导剂介导法

化学诱导剂介导法是借助特定的化学诱导剂直接将 DNA 导入植物细胞的方法。目前用于介导的化学诱导剂主要有聚乙二醇（polyethylene glycol，PEG）和脂质体（liposome）。

1. 聚乙二醇介导法　聚乙二醇是一种多聚化合物，属于细胞融合剂，具有改变细胞原生质膜通透性的作用，介导原生质体摄取外源 DNA 分子。PEG 可以使细胞膜与 DNA 形成分子桥，促使相互间的接触和粘连，进而使外源 DNA 进入受体细胞。PEG 还可通过引起膜表面电荷的紊乱，干扰细胞间的识别，而有利于外源 DNA 进入原生质体。

原生质体本身具有摄取外来物质的特性，PEG 介导法正是利用这一特征来实现外源基因的导入。PEG 介导法获得的转化再生植株来自一个原生质体，可以避免嵌合体的产生。PEG 对细胞的毒害作用小，受体植物不受种类的限制，只要能建立原生质体再生系统的植物都可以采用 PEG 介导法转化。但是对多数植物来说，建立原生质体再生系统十分困难，转化效率低，从原生质体再生的无性系植株变异较大。

2. 脂质体介导法　脂质体介导法是利用磷脂酰胆碱或磷脂酰丝氨酸分子在水相中将亲水头部插入水中，疏水尾部伸向空的中心而形成的球形结构。脂质体介导法是将外源 DNA 包裹在脂质体内，利用植物原生质体膜与脂质体的融合作用把外源 DNA 转入受体细胞的一种方法。

脂质体介导法可避免 DNA 在导入受体细胞之前被核酸酶降解，保证了 DNA 的稳定性。脂质体介导法适用的植物种类广泛，能够制备原生质体并具有再生能力的受体细胞都能采用该方法。但是在包装 DNA 时必须有短时间的超声处理，超声会导致 DNA 断裂，故脂质体介导法转化效率较低。

五、超声波介导法

频率高于 20 000 Hz 的声波称为超声波。超声波在固体中能传播，而且有纵波和横波两种。质点振动方向与波的传播方向一致的称为纵波，方向垂直的称为横波，它们同时对物体产生影响，并很容易互相转换。超声波仪的工作原理是当电压加至具有伸缩特征的材料上时，材料就会按照电压的正负和大小进行振动而产生超声波。

一般认为超声波的生物学效应主要是机械作用、热化作用及空化作用。植物组织在超声的机械能的作用下由于黏滞吸收，将一部分超声波转化为热能，使植物组织的温度上升，称为超声波的热化作用。这种热化作用使植物细胞膜变得不稳定，而利于外源 DNA 的导入。植物组织在超声的机械作用下结构发生形变，这种形变将随着超声波强度的增强而增大，当增加到一定强度时，细胞就被击穿。在超声波的作用下，还会产生空化作用，即在局部产生小空泡，空泡内部高温高压，甚至产生电离效应，空泡周围细胞壁和细胞膜受此影响破损或可逆的细胞膜透性发生改变，从而使细胞膜被破坏形成通道，外源 DNA 进入细胞。

超声波所特有的机械作用、热化作用和空化作用穿透力大，操作简单，设备便宜，不受宿主类型限制，转化效率高。但针对不同植物材料类型细胞结构的差异及超声波对再生的影响均不相同，针对特定材料需要对超声频率和时间等条件进行探索。

六、纳米材料介导基因转化

纳米基因载体（nano - scale genic carrier）是指纳米级别大小，能够交联目的基因，并能够跨膜进入细胞内的一类用于基因转化的物质。纳米基因载体因具有良好的生物兼容性、高效的靶向性、一般能够降解而逐渐被科技人员所采用，目前已经在拟南芥、烟草、玉米等多种植物中成功地进行了基因转化。纳米基因载体通过静电吸附或化学键交联包裹目的基因，一般利用细胞的内吞作用进入细胞，实现转化。

作为纳米基因载体的材料一般分为 3 类：天然高分子材料、人工高分子材料和无机材料。天然高分子材料主要有壳聚糖、纳米淀粉颗粒、葡聚糖、明胶等，这些材料生物兼容性高，容易获取。人工高分子材料包括聚乙烯亚胺、聚酰胺型树脂状聚合物、多聚赖氨酸等，这些材料可实现规模化生产，容易根据需要对材料进行修饰。无机材料主要有四氧化三铁磁性颗粒、多孔二氧化硅纳米颗粒、羟基磷灰石等，这些材料结合电击或者 PEG 能够获得较高的转化效率。

第四节 种质系统转化法

以生物自身的种质细胞或组织为媒体进行转化的方法称为种质系统转化法，主要是利用植物生殖系统的细胞或组织，如花粉、卵细胞、子房、幼胚等来实现。种质系统转化过程不依靠化学或物理过程，而是依靠生物自身的种质系统来实现；不需要植物组织、细胞、原生质体等离体培养过程；与常规育种紧密结合。种质系统转化法又可以细分为花粉管通道介导法、花粉介导法、生殖细胞介导法、萌发种子介导法。

一、花粉管通道法

花粉管通道法是授粉时将外源 DNA 沿着花粉管渗入珠心通道进入胚囊，从而转化卵细胞、合子或早期胚胎细胞的方法。这一技术是由我国科学家周光宇率先发展起来的植物转化技术。外源 DNA 滴注在柱头上随着花粉管进入胚囊，花粉内的精核染色体附着在卵细胞核膜上，并与卵核 DNA 融合，外源 DNA 此时在胚囊中也被卵细胞吸收融合。此外，在胚发育的初期，即原胚期的细胞壁很薄，且具有很强的分裂能力，并从胚囊中吸取营养物质，此时外源 DNA 也容易被吸入这些细胞参与核的融合。

花粉管通道法利用整体植株的卵细胞、受精卵或早期胚细胞进行遗传转化，无须细胞、原生质体等组织培养和诱导再生植株等过程，在大田、盆栽或温室中均可进行操作。该方法还保留了受体的优良性状，无须顾虑体细胞变异的问题，转化后可以直接获得种子，节省了育种时间，并能对后代的生产价值进行考察。

二、花粉介导法

花粉是由花粉囊里的小孢子母细胞经过减数分裂发育而成的。收集受体植物花粉，采用基因枪或超声波等物理方法将外源 DNA 导入单核花粉，再通过授粉将外源 DNA 整合到受体植物基因组。

花粉由各种媒介传到雌蕊的柱头上后，在亲和的情况下，花粉萌发长出花粉管并进入柱头后经珠孔进入胚珠，最后抵达胚囊。精细胞与卵细胞融合形成二倍体的合子，恢复亲本原有的染色体数目，保持了物种遗传的相对稳定性，同时通过父、母本具有差异的遗传物质重新组合，使合子具有双重遗传性，既加强了后代个体的生活力和适应性，又为后代中可能出现新的遗传性状、新变异提供了遗传基础。花粉是植物有性杂交过程中把父本基因转移到母本的载体，也是自然界基因转化重组、创造新基因型的重要途径。由此可见，花粉是理想的基因转化载体。把外源目的基因导入花粉，通过授粉过程把目的基因转化到受体植物，这是一个利用植物自身的转基因系统进行目的基因转化的最佳种质途径。

花粉介导法大大简化了植物转基因操作过程，可以不经植物组织培养程序直接获得转基因植株或种子；该方法转化率高，如果准确把握花粉形成时期导入外源 DNA，其转化率普遍高于其他转化方法；该方法可以应用于大多数开花植物，而且没有品种特异性。花粉介导法的缺点是受植物开花期和授粉期习性的限制，花粉需求量较大；同时授粉过程受气候条件影响，处理不当结实率就会降低；外源基因导入花粉的技术不够成熟，而且对花粉的处理要在尽可能短的时间内完成以减少损伤。

三、生殖细胞介导法

生殖细胞介导法是将胚囊、子房、花粉、幼穗细胞培养物、萌发的种子等直接浸泡在外源 DNA 溶液中，利用渗透作用把外源基因导入受体细胞并稳定地整合、表达与遗传。该法是由德国科学家 Hess 等（1976）提出，用来源于红花矮牵牛的总 DNA 溶液浸泡白色矮牵牛的种子，观察到少数后代植株开红花。其原理是利用植物细胞自身的物质转运系统能够自发吸收外源 DNA 的特点。

在拟南芥转化过程中开发出一种不经过组织培养的转基因方法，非常简便。在拟南芥的开花盛期，将花序浸于含有目的基因的农杆菌培养液中，真空条件下处理数秒，然后将处理过的植株移到正常生长条件下，让植株结实，其中有一部分种子即被转化。将收获的种子用适当的筛选剂进行筛选，即可获得阳性转化植株。此方法的转化频率为千分之几，尽管转化效率不高，但操作容易，重复性好，已经在很多实验室广为采用。在拟南芥上行之有效的简便转化方法，在其他矮小的植物上大多也是可行的。不用组织培养的转化途径将给植物转基因带来很多便利，是科学工作者将来在转基因方法上探索的很有应用价值的方向。

四、萌发种子介导法

胚是受精卵发育而成的新一代植物的原始体，也是种子最重要的组成部分。种子的胚已初步分化为胚芽、胚轴、胚根和子叶。种子萌发是种子的胚从相对静止状态变为活化状态，开始进行一系列有序的生理过程和形态发生过程，因此，萌发种子介导基因转化实际上是胚的转化，故属于种质系统。胚芽生长点细胞具有旺盛的分裂能力，是理想的基因转化感受态受体。农杆菌介导基因转化是原理最清楚、应用最广泛、获得转基因植株最多的方法，这两者结合在一起具有更多的优越性。

农杆菌侵染植物萌发种子转化方法除了具有与花粉介导法相同的优点外，它还具有不受季节和发育期限制的特点，只要在温室条件下常年可以开展转化研究，操作更为简便。其主要缺点是后期筛选的工作量较大，造成胚损伤的程度和位点难以掌握，获得的转化植株多为嵌合体。其转化的机制尚未明确。

第五节 植物病毒载体介导转化法

一个有效的植物基因转化载体必须具备两个条件：一是它能作为媒介将外源基因导入植物细胞中，并且整合到宿主细胞的基因组 DNA 上；二是它含有能被宿主细胞的复制和转录系统所识别的 DNA 序列，即启动子和复制子起始点，以保证转化的外源基因能在植物细胞中进行复制和表达。病毒是非细胞结构的生命体，病毒侵染宿主细胞后把其 DNA 导入宿主细胞，并利用宿主细胞结构复制和表达病毒 DNA。这一事实说明，病毒的 DNA 中必然具有被宿主细胞 DNA 复制和转录的酶系统所识别的核酸序列，病毒具有执行上述基因载体的两项功能。自然界中病毒侵染宿主细胞的过程与农杆菌 Ti 质粒相似，本身就是一种潜在的基因转化系统。

一、植物病毒的生物学特征

病毒种类繁多，根据其所含有的核酸分为两大类，即核糖核酸（RNA）病毒和脱氧核糖核酸（DNA）病毒。根据核酸链的类型进一步又可分为双链 DNA 病毒、单链 DNA 病毒、双链 RNA 病毒和单链 RNA 病毒。植物病毒形态结构是多样的，有的呈多面体结构，有的呈螺旋结构（如烟草花叶病毒等），有的呈棒状（如大麦病毒组），有的呈线状（如马铃薯 X 病毒组）等。病毒颗粒微小，只有植物细胞 1/1 000 大小，绝大多数位于 10～100 nm 之间。

二、植物病毒介导基因转化的原理

病毒只有侵入宿主细胞后才能繁殖。侵染过程通常是病毒先黏附于细胞膜上，病毒的遗传物质进入细胞质，然后脱去套膜和壳膜，释放出遗传物质（DNA 或 RNA）。病毒 DNA 或 RNA 在核内利用宿主酶系统进行复制；mRNA 将病毒信息转运到细胞质后利用宿主细胞的蛋白质合成系统翻译病毒蛋白质。病毒蛋白质合成后一部分留在细胞质内，结合到在细胞膜上发育为成熟的病毒颗粒，最终排到细胞外，再感染新的宿主细胞。外源核酸通过重组的方法整合到病毒基因组中后就能随病毒侵染实现转化。

三、植物病毒介导基因转化的程序

1. 植物病毒介导基因转化的条件　植物病毒的种类繁多，但不是所有病毒都能作为基因转化的载体，能作为载体的病毒至少具备以下几个条件：①病毒基因组中要能够通过 DNA 重组技术插入一个有用的基因，导入的外源基因能够作为病毒基因组一部分进入植物细胞。②作为载体的病毒既能够正常的在植物细胞中复制增殖，又不至于影响宿主细胞的正常生理功能。通常是将病毒基因进行修饰或改造以减弱或消除病毒的致病性，才能作为基因转化的载体。③病毒接种的方法必须简便可行，以适合大规模的实际应用。例如烟草花叶病毒只需要喷洒在植物的叶片上，感染少数叶肉细胞以后就可以很快地在细胞之间扩散，蔓延至整个植株。④病毒基因组能插入某些报告基因、目的基因等，能够借助这些基因实现对转化植株的筛选。

2. 马铃薯 X 病毒载体接种方法　马铃薯 X 病毒载体是直接用于裸露 DNA 转化的载体，载体由 CaMV 35S 启动子驱动。转化方法有：①直接在植株叶片上用石英砂摩擦造成伤口，然后将纯化的载体溶液涂在叶片上；②用注射器直接将纯化的载体溶液注入植株体内；③真空抽滤法，将植株叶片浸入载体溶液，通过真空抽气使其渗入植物体内；④牙签蘸取载体溶液，然后将牙签刺入植物幼叶中。

另外一种人工马铃薯 X 病毒载体是在 T‐DNA 中插入全长的马铃薯 X 病毒 cDNA，在 CaMV 35S 启动子控制下，通过农杆菌介导法使病毒侵染植物细胞，其方法与裸露 DNA 转化法相似，只是用含有载体的农杆菌培养液代替裸露载体 DNA，其转化效率更高。

四、植物病毒介导基因转化的优缺点

植物基因工程病毒载体与农杆菌 Ti 质粒载体相比，具有一些独特的优点：①Ti 质粒载体转化时将外源基因整合到植物核 DNA 上，而植物病毒载体感染植物以后，不影响宿主细胞核基因组的结构，即病毒载体 DNA 一般不整合到植物细胞核 DNA 上，从而防止无限代代扩散，故比较安全可靠；②由于病毒载体感染植物细胞以后利用宿主细胞的系统在细胞质中进行复制和表达，同时又由于病毒具有高效的自我复制能力，故在转化植物中可得到高拷贝的外源基因；③病毒能系统地侵染整株植物，避免了单细胞、原生质体或组织、器官的转化和再生培养，也无嵌合体，能够较快地获得转基因植物；④植物病毒的宿主范围较广，因而由某种病毒基因组构建的载体可用于多种不同植物的遗传操作。

尽管植物基因工程病毒载体具有明显的优点，但也存在一些缺点：①外源基因在转化植物中的遗传不稳定性，即通常病毒载体不能把携带的外源基因整合到宿主染色体上，也就不能按照孟德尔规律传递给后代；②改建的病毒载体可能仍具有致病能力，或者转化后的病毒基因发生变异恢复致病能力，这可能会诱发植物产生病害；③由于病毒载体本身的不稳定性，病毒载体中的外源基因很容易丢失。此外，在病毒复制过程中，病毒基因组发生突变的频率很高，尤其是 RNA 病毒，其复制过程中涉及的 RNA 复制酶或反转录酶都没有校正功能，错误较多而易丢失。

经过科研工作者长期努力已经探索出如前述的多种植物基因转化的方法，这些方法各有利弊（表 6-1），也都在不断完善和发展中。新的植物基因转化技术也在不断涌现，例如激光转化法、低能离子束法、硅化纤维法等都有成功的报道，但这些方法还处于探索和发展阶段。人们一直致力于寻找操作简便、转化率高的植物转基因体系和方法，希望可以加快植物基因工程育种的步伐，最终造福人类。

表 6-1　常用植物基因转化方法比较

项目	转化方法						
	农杆菌介导法	PEG 介导法	电穿孔法	显微注射法	基因枪法	花粉管通道法	病毒载体法
受体材料	完整细胞	原生质体	原生质体	原生质体	完整细胞	卵细胞	完整细胞
宿主范围	有	无	无	无	无	有性繁殖植物	无
组培条件	简单	复杂	复杂	复杂	简单	无	无
嵌合体	有	无	无	无	多	无	无
操作复杂性	简单	简单	复杂	复杂	复杂	简单	简单
设备成本	便宜	便宜	昂贵	昂贵	昂贵	便宜	便宜
工作效率	高	低	低	低	高	低	高
单子叶植物应用	少	可行	可行	可行	广泛	广泛	可行

 复习思考题

1. 简述植物基因转化受体系统应当具备的条件。
2. 设计烟草叶盘法进行根癌农杆菌基因转化的实验方案。
3. 分析植物病毒载体基因转化的优点和缺点。
4. 试述 DNA 直接导入法的类型、原理和特征。
5. 试述植物种质系统介导基因转化的类型、原理和特征。

第七章

转基因植物的检测与鉴定

通过遗传转化获得的植株，外源基因是否整合到植物染色体上，并表达目的性状，需对其转化植株进行检测和鉴定。需提供的证据主要包括以下几个方面：一是要有严格的对照（包括阳性及阴性对照）；二是转化当代要提供外源基因整合和表达的分子生物学证据（Southern 杂交、Northern 杂交、qRT-PCR 分析和 Western 杂交）与表型数据（酶活性分析或其他生化指标）；三是提供外源基因控制的表型性状证据（如抗虫、抗病等）；四是根据该植物的繁殖方式（有性繁殖或无性繁殖）提供遗传证据，有性繁殖作物需有目的基因控制的表型性状传递给后代的证据，无性繁殖作物需有繁殖一代稳定遗传的证据。本章主要介绍转基因植株的初步检测、目的基因整合检测、目的基因表达检测、目的基因表达蛋白的检测、转基因植株表型鉴定等内容。

第一节　转基因植株初步检测

一、PCR 检测

聚合酶链式反应（polymerase chain reaction，PCR）模拟 DNA 聚合酶在生物体内的催化作用，根据检测的目的片段及一定的原则设计引物，与模板 DNA 经过变性、退火、延伸三步骤的数个循环，对目的 DNA 序列进行扩增，可以在几小时内使目的 DNA 片段扩增数百万倍。

PCR 检测所需的 DNA 模板量仅为 10 ng 左右，而且粗提的 DNA 就可以得到良好的扩增效果，因而这一技术的出现为外源基因整合的检测提供了便利条件，尤其是在转化材料少又需及早检测时。但由于 PCR 扩增十分灵敏，有时会出现假阳性扩增，因此检测的只是初步结果。

1. 引物设计及合成　用于 PCR 扩增的引物，一般为 15～30 个核苷酸，主要通过人工合成获得。高效而专一性强的引物是特异性扩增的关键。引物设计的基本原则是：①引物中的 GC 含量应在 45%～55%。②4 种碱基应随机分布，避免单一碱基或嘌呤、嘧啶的连续排列。③防止引物内部形成二级结构。④两个引物之间不应发生互补，尤其是在引物的 3′端要避免引物二聚体的形成。引物二聚体是 PCR 产物中常见的一种扩增体，它是一个双链片段，长度与两个引物相接近。当两个引物 3′端互补时，酶很容易在一个引物上延伸另一个引物。当 DNA 样品中目的序列的拷贝数很小时，循环中易出现此类二聚体。⑤3′端末位碱基不要选用 A。设计检测外源基因整合的引物时，首先要知道外源基因两端的顺序。只有按外源基因两端序列设计出的引物才能将该基因从转基因植株中准确地扩增出来。

PCR 引物设计常用的软件有 DNA Club、Primer、FastPCR、DNAMAN 等。

2. 模板 DNA 的制备 在大多数 PCR 反应中，对 DNA 模板的纯度要求并不十分严格，一般的 SDS 法、CTAB 法制备的 DNA 均可满足实验要求，但在 DNA 制备过程中防止样品间的交叉污染十分重要。提取植物基因组 DNA，制备方法可用小量提取法或大量提取法，检测时要有阳性和阴性对照，阳性对照可用质粒 DNA，阴性对照可从未转基因的植株中提取。

3. 反应体系 PCR 反应体系中的主要成分有 DNA 模板、引物（primer）、脱氧核苷三磷酸（dATP、dTTP、dCTP、dGTP）、耐热性聚合酶、缓冲液（buffer）等。在 PCR 反应中 *Taq* DNA 聚合酶由于价格便宜、热稳定性好而广泛用于转基因植株的鉴定。

4. 反应条件 PCR 反应的开始，首先是双链模板 DNA 通过热变性解离为单链 DNA，这样有利于与引物相结合，这一过程可在 90～95 ℃条件下完成。即使是复杂的植物基因组 DNA 也可在这一温度下解离成单链 DNA。在具体实验过程中，可根据模板 DNA 的复杂程度，适当调整变性温度和时间，一般情况下 94 ℃变性 30～45 s 可使复杂的 DNA 完全变性，温度过高或持续时间过长，会对 DNA 聚合酶活性和 dNTP 分子造成一定的损害。在适宜的退火温度下，30 s 的退火时间足以使引物与模板结合，在 T_m 允许的范围内，选择较高的退火温度可减少引物与模板的非特异性结合，提高 PCR 反应的特异性，首轮 PCR 反应的高严格性（高退火温度）对增加 PCR 反应的特异性具有重要的意义。

PCR 反应的延伸一般在 70～75 ℃之间进行。在 72 ℃时，DNA 聚合酶的反应速率为 35～100 nt/s，一个长度为 1～2 kb 的 PCR 产物 1 min 的延伸时间已足够，如扩增的目的片段较长可适当增加延伸时间其至到 5～10 min。当引物长度在 16 个碱基以下时，过高的延伸温度不利于引物和模板的结合，可采用反应温度缓慢上至 70～75 ℃的方法，这样可使与模板结合的最适反应温度的时间得以延长，从而使引物与 DNA 模板的结合不会受到后续较高温度的影响。为得到更高产量的 PCR 产物，最后一轮循环后在 70～75 ℃下保温 10 min 具有重要作用。

一般在 25～30 个循环后，目的片段的扩增量可达到 10^6 倍，足以满足实验的需要。故常采用的 PCR 条件是：94 ℃初变性 5 min；94 ℃变性 30～60 s，37～60 ℃退火 30～60 s，72 ℃延伸 1 min，25～30 个循环；72 ℃保温 10 min 后停止反应。PCR 扩增产物保存在 4 ℃下。

5. 扩增产物的检测 用 0.8%～1.0% 琼脂糖凝胶电泳检测 PCR 扩增产物，以质粒 DNA 作为模板的扩增产物为阳性对照，以未转基因植株的总 DNA 作为模板的扩增产物为阴性对照（图 7-1）。

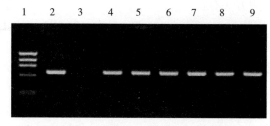

图 7-1 PCR 扩增产物的检测

1. DNA 分子质量标准 2. 质粒 DNA 阳性对照 3. 未转基因植株阴性对照 4～9. 转基因植株

6. 反向 PCR　反向 PCR（inverse PCR，IPCR）与普通 PCR 相同之处是都有一个已知序列的 DNA 片段，引物都分别与已知片段的两末端互补。不同的是对该已知片段来说，普通 PCR 两引物的 3′末端是相对的，反向 PCR 两引物的 3′末端是相互反向的。由于 DNA 聚合酶是以引物的 3′- OH 为起点催化聚合反应，因而普通 PCR 扩增的是已知片段序列，而反向 PCR 扩增的是已知片段旁侧的序列，此旁侧序列可以是未知的。

反向 PCR 可以用于外源基因在植物基因组中整合拷贝数的分析，因为它可以扩增已知 DNA 旁侧的未知序列。不同整合位点的外源基因旁侧的植物基因组序列不同，所以在相同的反向 PCR 扩增条件下，植物基因组扩增产物的电泳图谱不同，多拷贝多位点整合的，扩增产物在凝胶电泳上呈现出多条条带。单拷贝时只得到一条带。

对于线性 DNA 或长度超过普通 PCR 扩增范围的环状 DNA 要实现反向 PCR，需选择一种在已知片段两侧分别具有酶切位点，而已知片段内部没有这个位点的限制性核酸内切酶进行酶切，然后用 T4 DNA 连接酶进行连接，形成一个大小适宜的环状 DNA，通过与普通 PCR 相同的程序可使已知 DNA 旁侧的序列得到扩增。也可采用在旁侧序列连接环化后于已知片段内进行第二次限制性核酸内切酶酶切，然后再进行 PCR 扩增，效果大致相同。

二、报告基因的表达检测

报告基因（reporter gene）是指其编码产物能够被快速地测定，常用来判断外源基因是否已经成功地导入宿主细胞（器官或组织）并检测其表达活性的一类特殊用途的基因。

报告基因必须具有两大特点：①报告基因的表达产物及产物的类似功能在未转化的植物细胞内并不存在；②便于检测。

1. β-葡萄糖苷酸酶基因　β-葡萄糖苷酸酶（β- glucuronidase，GUS）基因（gus）存在于某些细菌体内，编码 β-葡萄糖苷酸酶。该酶是一种水解酶，能催化许多 β-葡萄糖苷酯类物质的水解。绝大多数的植物细胞内不存在内源的 GUS 活性，许多细菌及真菌也缺乏内源 GUS 活性，因而 gus 基因广泛用作转基因植物、细菌和真菌的报告基因，尤其是在研究外源基因瞬时表达的转化实验中。此外，gus 基因 3′端与其他结构形成的融合基因也能够正常表达，所产生的融合蛋白仍具有 GUS 活性，这对于研究外源基因表达的具体细胞部位及组织部位提供了方便条件。GUS 在转化植物细胞内及提取液中都很稳定，在叶肉原生质体中 GUS 的半衰期为 50 h，GUS 对较高温度及去污剂都有一定的耐受性。该酶表现活性时不需要辅酶，催化作用的最适 pH 为 5.2～8.0。

GUS 报告基因的检测方法有：

（1）组织化学法。底物是 X - Gluc（5 -溴- 4 -氯- 3 -吲哚- β- D -葡萄糖苷酸），在酶活性部位呈现蓝色，即可观察定位。

GUS 染色液的组成：5 mg X - Gluc，1 mg Chloramphenicol，5 mL 0.1 mol/L NaH_2PO_4，0.1 mL Triton X - 100，2 mL Methanol，H_2O 补至 50 mL。

把准备好的试材浸泡在染色液中，于 37 ℃保温孵育 1 h 至过夜，叶片等绿色材料转入 70%乙醇中脱色 2～3 次，至材料呈白色，肉眼或显微镜下观察，白色背景上的蓝色小点即为 gus 表达位点。

（2）荧光法。底物是 4 - 甲基伞形酮酰 - β - D - 葡萄糖醛酸苷（4 - methylumbelliferyl - β - D - glucuronide，4 - MUG），GUS 催化其水解为 4 - 甲基伞形酮（4 - methylumbelliferone，4 - MU）和 β - D - 葡萄糖醛酸。4 - MU 分子中的羟基解离后被 365 nm 的光激发，在 455 nm 产生的荧光可用荧光分光光度计定量。

具体测定时有两种做法：①仅在一个时间点上测定溶液的总荧光量，这种测定方法需要有对照，以消除内源荧光强度。②测定酶反应不同时间点上的溶液荧光量（荧光法十分灵敏，微小的增加量也可以测定出来）。在酶反应初始阶段，酶作用生成的荧光物质在反应体系中处于积累阶段，荧光产量与时间有线性关系，而内源性荧光物质的荧光量与时间无此种关系，因而可通过测定酶反应初始阶段几个时间的荧光量，得到的线性关系即可作为酶活性的依据。

（3）分光光度法。底物是对硝基苯基 - β - D - 葡萄糖醛酸苷（p - nitrophenyl - β - D - glucuronide，PNPG），GUS 将其水解生成对硝基苯酚（p - nitrophenol），在 pH 7.15 时离子化的发色团吸收 400～420 nm 处的光，溶液呈黄色。分别在反应开始后不同时间取样，终止反应后于 415 nm 处测定吸收值。

采用分光光度法测定 GUS 活性操作简单，不需要复杂的仪器，但是灵敏度不高。但 GUS 具有较好的稳定性，可以通过延长反应时间来增强显色。对于长时间的实验（几小时或更长）可加入 0.02% 的 NaN_3 来抑制微生物的生长，加入 100～200 μg/mL 的牛血清白蛋白（BSA）稳定酶。另外大多数植物所含有的色素与对硝基苯酚有相同的最大吸收波长，可通过脱色处理或设置对照消除，设置对照做法简单，但较粗略，有条件时最好用柱层析纯化。

2. 绿色荧光蛋白基因　绿色荧光蛋白（green fluorescent protein，GFP）是一些腔肠动物所特有的生物荧光素蛋白，能在激发光作用下发射出荧光。绿色荧光蛋白基因 *gfp* 是目前唯一在细胞内稳定表达，不需要任何反应底物及其他辅因子，无种属、组织和位置特异性，其产物 GFP 对细胞无毒性，且检测简单，结果真实可靠的新型报告基因。

1962 年，Shimomura 等首次从多管水母属动物 *Aequorea victoria* 中分离纯化出了 GFP，随后人们对 GFP 进行了广泛研究，目前研究得较为深入的是来自多管水母属（*Aequorea*）和海紫罗兰属（*Renilla*）的荧光蛋白，即 A - GFP 和 R - GFP。A - GFP 是分子质量为 27～30 ku 的蛋白单体，R - GFP 是分子质量为 54 ku 的同型二聚体，二者都是酸性球状蛋白质，氨基酸组成相似，发射光谱基本相同，但激发光谱不同。A - GFP 在 395 nm 和 470 nm 具有吸收高峰，R - GFP 在 498 nm 具有强烈的光吸收。

gfp 基因具有以下优点：①适用于各种生物的基因转化；②检测方法简便，无须底物、酶、辅因子等物质，只需有紫外光或蓝光照射，其表达产物即可发出绿色荧光；③便于活体检测，十分有利于活体内基因表达调控的研究；④产物荧光特性稳定；⑤灵敏度高；⑥对细胞、组织无毒，不扰乱细胞的正常生长和功能；⑦检测时可获得直观信息，有利于转基因植物安全性问题的研究及防范；⑧产物荧光可以耐受福尔马林，经固定后可以制成长期保存的标本。

转化细胞的检测方法是用蓝光照射，在显微镜下挑选发出强烈绿色荧光的细胞。目前已有一种荧光激活的细胞分拣器，称为流式细胞仪（FACS），根据分离对象的光学性质的不同，通过设置不同的参数而分离所需的细胞。*gfp* 基因转化细胞与非转化细胞间荧光差异明显，因此可以在分拣器中被快速分离。对于转化植株和非转化植株，可在激发光照射下通过绿色荧光产生与否进行分辨，利用解剖照相系统或图像电视系统进行 GFP 定位观察。

3. 氯霉素乙酰转移酶基因　氯霉素乙酰转移酶（chloramphenicol acetyltransferase，CAT）催化酰基由乙酰 CoA 转向氯霉素，乙酰化了的氯霉素失去了干扰蛋白质生物合成的作用。真核细胞不含氯霉素乙酰转移酶基因 cat，因而 cat 基因可作为真核细胞转化的标记及报告基因。cat 基因转化的植物细胞能够对氯霉素产生抗性，并可通过检测转化细胞中的 CAT 活性来了解外源基因的表达。

CAT 的活性可通过反应底物乙酰 CoA 的减少或反应产物乙酰化氯霉素及还原型 CoASH 的生成来测定。目前常用的方法有薄层层析法和 DTNB 法。

（1）薄层层析法。薄层层析法是测定乙酰化产物的生成。氯霉素及它的 3 种乙酰化产物（1-乙酰氯霉素、3-乙酰氯霉素和 1,3-二乙酰氯霉素）可以用硅胶薄层层析法分离。氯霉素易溶于甲醇、丙醇及乙酸乙酯，微溶于氯仿。氯霉素及它的 3 种乙酰化产物在氯仿中的溶解度不同，因而在用氯仿作扩展剂进行薄层层析时，4 种物质的比移值不同，扩展剂中加入 5% 的甲醇可以增强这种效果。将待测材料的提取液与乙酰 CoA 及用 ^{14}C 标记的氯霉素混合，在适宜的温度下保温，保温后，用乙酸乙酯萃取，蒸发掉乙酸乙酯后再用少量乙酸乙酯溶解，制成样品液，然后以氯仿-甲醇（19∶1）的混合液为扩展剂，进行硅胶薄层层析，通过放射自显影检测乙酰化产物的生成。氯霉素、1-乙酰氯霉素、3-乙酰氯霉素、1,3-二乙酰氯霉素的比移值依次增加。如果被检材料未发生 cat 基因转化，则样品液中无乙酰化产物，只有氯霉素，放射自显影后，X 线片上只有一个曝光点。如果被检材料为转化体，X 线片上则出现 4 个曝光点，各点的强度随保温时间不同而不同，保温时间增长，1,3-二乙酰氯霉素含量增多。如果需要定量测定时，可以用光密度计对放射自显影图谱进行扫描，或者将标记的 3-乙酰氯霉素曝光点从硅胶板上收集下来，用闪烁计数器测定放射性强度。

（2）DTNB 法。DTNB（二硫基双硝基苯甲酸，5,5′-dithiobis-2-nitrobenzoic acid）法用于定量测定 CAT 活性，其原理是反应产物 CoA 具游离的巯基，能与 DTNB 发生反应，反应产物在 412 nm 处有特定的光吸收，摩尔消光系数为 13 600。CAT 的活力单位定义为 37 ℃、1 min 催化产生 1 μmol 乙酰化氯霉素。反应生成的乙酰化氯霉素与消耗的 CoASH 的物质的量相等，CoASH 的物质的量可由其与 DTNB 的反应产物对 412 nm 的光吸收值求出。使用该方法需注意：一是反应体系中应无其他的含巯基化合物；二是防止硫酯酶对乙酰 CoA 的水解作用，因为该酶作用的产物也是 CoASH，会使测定值增高。一般植物粗提液中硫酯酶含量较高，要想得到可靠的结果，需从粗提液中纯化出 CAT。

4. 冠瘿碱合成酶基因　冠瘿碱合成酶基因存在于农杆菌 Ti 或 Ri 质粒上，该基因的启动子是真核性的，该基因在农杆菌中并不表达，整合到植物染色体上后即行表达，编码与冠瘿碱合成有关的酶，催化冠瘿碱合成。由于绝大多数正常的植物细胞内无冠瘿碱存在，被测样品中冠瘿碱的检出表示细胞内有冠瘿碱合成酶生成，即 T-DNA 转化成功。冠瘿碱有胭脂碱、章鱼碱、农杆碱、琥珀碱、甘露碱等几种形式。

冠瘿碱的检测方法为：用纸电泳分离被检组织抽提物，然后用菲醌染色。菲醌是胍基类化合物的特异染色剂，与精氨酸、胭脂碱、章鱼碱作用后在紫外光下显示黄色荧光，放置 2 d 后变为蓝色。

精氨酸、胭脂碱、章鱼碱 3 种物质的电泳迁移率不同，精氨酸的最大，章鱼碱的迁移率略大于胭脂碱，电泳 1 h 以上可将二者分开。农杆碱也可以用纸电泳法检测，将电泳后的滤纸浸在丙酮配制的 0.2% 硝酸银溶液中 1 min，转入甲醇配制的 1% NaOH 溶液中 2～3 min，用 5% 的硫代硫酸钠溶液固定，染色后出现黑色斑点为阳性结果，其迁移率大于章鱼碱。检测时应有阳性对照及阴性对照，并要有精氨酸和冠瘿碱的标准样品同时电泳。

5. 新霉素磷酸转移酶Ⅱ基因　新霉素磷酸转移酶Ⅱ（neomycin phosphotransferase Ⅱ，NptⅡ）基因 npt Ⅱ 来源于细菌转座子 Tn5 上的 ahpA$_2$，该基因编码氨基糖苷- 3′-磷酸转移酶，又称新霉素磷酸转移酶Ⅱ。该酶能使氨基糖苷类抗生素（如卡那霉素、新霉素、庆大霉素、巴龙霉素等）磷酸化而失活。此类抗生素抑制原核生物蛋白质 70S 起始复合体的生成，并使 fMet - tRNA 从 70S 起始复合体上解离，因而阻碍了原核生物的蛋白质生物合成。该类抗生素对植物细胞表现毒性的机制是与植物细胞叶绿体和线粒体内的核糖体 30S 亚基结合，影响 70S 起始复合体生成，干扰叶绿体及线粒体的蛋白质生物合成，最终导致植物细胞死亡。NptⅡ使 ATP 分子上的 γ-磷酸基团转移到抗生素分子上，影响抗生素与核糖体亚基的结合，从而使抗生素失活。使用 npt Ⅱ 基因转化植物，可以使植物细胞产生对上述抗生素的抗性，因而该基因是一个有效的选择标记基因。此外，该基因表达产物是酶，可以通过酶反应检测其表达，因而又是一个常用的报告基因。

检测原理：使用放射性标记的 $[γ-^{32}P]$ - ATP，通过 γ-磷酸基团的转移，生成带放射性的磷酸卡那霉素。具体检测方法有 3 种。

（1）点渍法。该方法利用 Whatman P81 磷酸纤维素纸（一种离子交换纸）对卡那霉素的吸附作用（在某一特定的 pH 条件下，Whatman P81 磷酸纤维素纸只与卡那霉素结合）从反应混合物中分离出放射性的产物。做法是先制备被检材料的 NptⅡ提取液，将适量提取液与底物保温后，将反应混合物吸附在 Whatman P81 磷酸纤维素纸上，然后用热的特定 pH 的磷酸缓冲液洗脱，这时 $[γ-^{32}P]$ - ATP 很容易从纸上洗脱下来，只有 ^{32}P -磷酸化的卡那霉素结合在纸上，将纸干燥后放射自显影，根据 X 线片上的曝光情况可知样品中 NptⅡ活性的有无及强弱。

（2）层析法。被检材料提取物与底物保温进行体外磷酸化反应后，用纸层析分离反应产物，放射自显影检出。该方法简单、快速、适用性广，且 $[γ-^{32}P]$ - ATP 的用量少。

（3）凝胶原位杂交法。真核细胞使用点渍法比较困难，这是因为真核细胞内含有高水平的 ATP 酶活性。细胞提取物中的 ATP 酶会使底物 ATP 水解而不参与 NptⅡ催化的磷酸基团转移反应。目前解决该问题的最有效的方法是用非变性聚丙烯酰胺凝胶电泳分离 NptⅡ与 ATP 酶。首先从实验材料中制备细胞提取物，操作要在低温条件下进行，并且提取液中要加入蛋白酶抑制剂，抑制蛋白酶活性，以防止 NptⅡ被降解。然后电泳分离细胞提取物中的蛋白质。电泳分离后，在聚丙烯酰胺凝胶上覆盖一层含有 NptⅡ底物及反应所需物质的琼脂糖凝胶，室温下放置 30 min，这时聚丙烯酰胺凝胶中的 NptⅡ与琼脂糖凝胶中的底物接触发生催化反应，对应于 NptⅡ的部位则有 ^{32}P -卡那霉素生成。再用一张 Whatman P81 磷酸纤维素纸覆盖在琼脂糖凝胶上，并按印迹转移的做法将胶面上的物质转移到 Whatman P81 磷酸纤维素纸上，由于细胞提取物中还往往含有各种激酶，常产生与本实验无关的放射性磷酸化蛋白产物，它们也能与 Whatman P81 磷酸纤维素纸结合，并在放射自显影中显现出同样的曝光斑点。为了清除干扰，反应后用蛋白酶处理，使蛋白质降解，再用磷酸缓冲液（pH7.6）洗脱，放射性蛋白降解物及 $[\gamma-^{32}P]$-ATP 被洗脱下来，只有 Npt II 作用的产物放射性磷酸卡那霉素结合在纸上，最后通过放射自显影，从 X 线片上的曝光点可得知 Npt II 活性的有无及大小。若需要定量测定时，可以将 Whatman P81 磷酸纤维素纸上的 Npt II 条带割下，用闪烁计数器计量。

6. 荧光素酶基因　荧光素酶（luciferase）是生物体内催化荧光素或脂肪醛氧化发光的一类酶的总称。自然界有许多发光生物。1956 年，McElroy 等首次从萤火虫中提取到荧光素酶，此后各国研究人员相继报道了对各种发光生物中荧光素酶的研究。由于荧光素酶检测简便、灵敏、快速，目前荧光素酶基因在基因工程方面已成为广泛使用的报告基因。

用作报告基因的荧光素酶基因主要来自萤火虫或细菌。荧光素酶在催化的化学反应中将化学能转变为光能，可在活体或离体条件下进行检测。荧光素酶可以分为萤火虫荧光素酶（firefly luciferase）和细菌荧光素酶（bacterial luciferase）两大类。萤火虫荧光素酶是分子质量为 $60\sim64$ ku 的多肽链，在 Mg^{2+}、ATP、O_2 存在时，催化 D-荧光素（D-luciferin）氧化脱羧，发出 $550\sim580$ nm 的光。细菌荧光素酶是含 α、β 两个多肽亚基的加单氧酶，它催化长链脂肪醛、$FMNH_2$ 和 O_2 的氧化反应，发出 490 nm 蓝绿光。萤火虫荧光素酶和细菌荧光素酶可分别从萤火虫和发光细菌中直接提取，也可用基因工程的方法进行生产。

荧光素酶的检测方法有两种：①活体内荧光素酶活性检测。取被检的植物材料置小容器内，加入适量的组织培养液体培养基、ATP、荧光素，置暗室中放置，用肉眼观察荧光，或覆盖 X 线片，室温下放置一至数日，观察曝光情况。产生曝光点的样品可认为实现了荧光素酶基因的转化及表达。②体外荧光素酶活性的检测。将被检的材料细胞破碎，加入酶提取液提取，离心，取上清液加到含有适量 Mg^{2+}、ATP、荧光素的缓冲液中，用荧光计测定荧光强度。

在反应体系中，生物发光随反应时间的延长其发光不断减弱，开始的 1 min 内，发光脉冲计数值下降最快，以后随时间下降速度不断减缓，因此，反应体系混合后应尽快测定，才能取得较准确的发光脉冲计数值。

7. 草铵膦乙酰转移酶基因　草铵膦（phosphinothricin，PPT）乙酰转移酶（PAT）由 *pat* 或 *bar* 基因编码，*pat* 或 *bar* 基因为抗除草剂基因。PPT 是一种谷氨酸结构类似物，能竞争地抑制植物体内谷氨酰胺合成酶（glutamine synthetase，GS）的活性。当 PPT 存在时，GS 活性被抑制，细胞内 NH_4^+ 积累，细胞中毒而死亡。*pat* 或 *bar* 基因编码的 PAT 可以催化乙酰 CoA 分子上的乙酰基转移到 PPT 分子的游离氨基上，使 PPT 乙酰化，乙酰化的 PPT 失去对 GS 的抑制作用，因而转化了 *pat* 或 *bar* 基因的植物表现出对除草剂 PPT 的抗性。

目前 PPT 来源有两种：一种是化学合成的，称为 Basta；另一种是 *Streptomyces hygrocopicus* 发酵产生的含有 PPT 的三肽，称为 Bialaphos。编码基因也有两种，一种是来自 *Streptomyces hygrocopicus* 的 *bar* 基因（因其抗 Basta 而得名），另一种是来自 S. *viridochrgthes* 的 *pat* 基因。*bar* 基因与 *pat* 基因都编码 PPT。

pat 或 *bar* 基因可以作为转化体的筛选标记，又因检测方法灵敏，因而也用做报告基

因。pat 或 bar 基因表达产物 PAT 活性测定方法有硅胶 G 薄层层析法及 DTNB 比色分析法。

（1）硅胶 G 薄层层析法。检测原理与 CAT 相同，是通过 PPT 乙酰化产物的生成来检测 PAT 的活性。以 1-正丁醇：NH_4OH（25%）＝3：2 为扩展剂，通过硅胶 G 薄层层析，可以将 PPT 及其乙酰化的产物分开。以 ^{14}C 标记的乙酰 CoA 及 PPT 为底物，与适量的被检样品提取液混合，37 ℃保温，具有 PAT 活性的样品可生成放射性乙酰 PPT，层析后的硅胶板于室温下干燥，压 X 线片，−70 ℃曝光，通过放射自显影可了解 pat 或 bar 基因的表达情况。

（2）比色分析法。该方法可以定量地检测 pat 基因的活性。原理是在 PAT 催化的反应中，转移到 PPT 上的乙酰基数目与反应生成的游离 CoASH 的数目相同。游离 CoASH 具有巯基，能与 DTNB 反应。

第二节　目的基因整合检测

一、Southern 杂交鉴定

核酸分子杂交技术，是 1968 年由华盛顿卡耐基学院（Carnegie Institute of Washington）的 Roy Britten 及其同事发明的。所依据的原理是，带有互补的特定核苷酸序列的单链 DNA 或 RNA，当它们混合在一起时，其相应的同源区段将会退火形成双链的结构。

根据毛细管作用的原理，在电泳凝胶中分离的 DNA 片段转移并结合在适当的滤膜上，然后通过同标记的单链 DNA 或 RNA 探针的杂交作用检测这些被转移的 DNA 片段，这种实验方法称为 DNA 印迹杂交技术。由于它是由 Southern 于 1975 年首先设计出来的，故又称 Southern DNA 印迹转移技术，简称 Southern 杂交。

证明外源基因在植物染色体上整合的最可靠的方法是分子杂交，只有经分子杂交鉴定过的植物才可以称为转基因植物。鉴定转基因植物的 Southern 杂交是以 DNA 或 RNA 为探针，检测 DNA 链，用于外源基因在植物染色体上整合的情况鉴定及分析，如拷贝数、插入方式以及外源基因在转化植株 F_1 代中的稳定性等。

（一）Southern 杂交的实验步骤

1. 植物基因组 DNA 的提取

（1）CTAB法。十六烷基三甲基溴化铵（cetyltriethylammonium bromide，CTAB）是一种阳离子去污剂，可使细胞膜破裂，与核酸、植物多糖等形成复合物。复合物可溶解于高盐溶液中，再加入乙醇便可使核酸沉淀。CTAB 法的最大优点是通过高盐缓冲液能很好地去除糖类杂质，对于含糖较高的材料可优先采用此法。该法的另一个特点是在提取的前期能同时得到高含量的 DNA 及 RNA，如果后继实验对二者都需要，则可分别进行纯化，如只需要 DNA 则可用 RNase 水解掉 RNA。

（2）SDS法。十二烷基硫酸钠（sodium dodecyl sulfate，SDS）是一种去污剂，高浓度的 SDS 可裂解细胞，使染色体离析，蛋白质变性，释放出核酸。然后采用提高盐浓度及降低温度的方法使蛋白质及多糖杂质沉淀（最常用的是加入 5 mol/L KAc 于冰上保温，在低温条件下 KAc 与蛋白质及多糖结合成不溶物），离心除去沉淀后，上清液中的 DNA 用酚-氯仿抽提，反复抽提后用乙醇沉淀水相中的 DNA。SDS 法操作简单、温和，可提取到分子质量较高的 DNA，但所得产物含糖类杂质较多。该方法所得的 DNA 样品可直接用于 Southern 杂交，但在限制性核酸内切酶消化时需加大酶用量，并适当延长反应时间。最后需说明的是，用该法提取的 DNA 如果因后继实验在纯度上的要求，必须用氯化铯密度梯度离心纯化的话，那么提取时应用 Sarkosyl（十二烷基肌氨酸钠）代替 SDS，因为 Sarkosyl 能溶解在低浓度的氯化铯溶液中。

2. 探针的制备 探针是指经特殊化合物标记的特定的核苷酸序列。用于核酸分子杂交的探针有基因组 DNA 探针、cDNA 探针和 RNA 探针。根据标记物是否有放射性，探针可分为放射性探针和非放射性探针。放射性探针灵敏度高，重复性好，但对人体有害；非放射性探针灵敏度较差，但无毒害性。根据标记物掺入的情况又可将探针分为均匀标记探针及末端标记探针。

鉴定转基因植株时应使用同源探针，即探针的核苷酸序列与被检的外源基因的序列完全互补或在某区段上互补。所以，以转化的外源基因为探针是最合理的。检测目的基因的整合及拷贝数时要以目的基因为探针。欲分析外源基因的整合情况，如是单点插入还是多点插入等，除目的基因探针外还需要 T－DNA 边界序列探针，有时还需要利用 T－DNA 制备重叠探针。

制备目的基因探针时，一般是使用载体构建时所用的限制性核酸内切酶切割目的基因。探针片段过小（小于 300 bp）会使杂交率下降，可选用适当增大探针长度的限制性核酸内切酶，使之切割的片段中含有目的基因的完整序列。制备边界探针及重叠探针时，要以 T－DNA 的限制性核酸内切酶谱为选择依据。

目前用于分子杂交的探针标记物已有 20 多种，可分为放射性及非放射性两大类，这些标记物都有各自的局限性，寻找理想的探针标记物仍是人们研究的重要课题。放射性同位素（^{32}P）标记探针的方法有随机引物合成法、PCR 法、切口平移法和末端标记法。目前已有各种放射性探针标记试剂盒出售，在弄清原理的基础上按使用说明操作，一般均可获得满意结果。非放射性标记探针有地高辛、生物素、荧光素和酶类（碱性磷酸酶、辣根过氧化物酶等）等。

3. 植物 DNA 的限制性酶切

（1）限制性核酸内切酶的选择。可选用价格便宜、识别 6 碱基序列的限制性核酸内切酶，要求限制性核酸内切酶在目的基因内部有酶切位点，从而保证杂交带中能分析出外源基因的拷贝数，可进行单酶切或双酶切。

（2）酶切效果检测。将酶切样品用 0.8% 的琼脂糖凝胶进行电泳分离，酶切效果好的样品应为一条连续的条带，呈涂抹片状。

4. 酶切 DNA 的电泳分离

凝胶：一般为 0.8% 的琼脂糖。

样品及样品量：分子质量标准、阳性对照、阴性对照、转基因植物的 DNA 要点在同一块胶的不同加样孔中。分子质量标准一般上样 0.5 μg，阳性对照质粒 DNA 上样 0.5～1 μg，阴性对照和转基因植物的 DNA 上样 15～30 μg。

电泳条件：低电压、长时间，一般 1 V/cm 电泳 16 h。

5. DNA 变性　Southern 杂交是单链探针与单链同源 DNA 片段结合，因而凝胶上的双链 DNA 片段必须经变性处理，使之成为单链。通常采用碱变性，将凝胶浸泡在 0.5 mol/L NaOH 和 1.5 mol/L NaCl 混合溶液中，室温下于脱色摇床上轻摇 1 h，其间可更换一次溶液以使 DNA 充分变性，注意胶不要浮在液面上。用硝酸纤维素膜印迹时碱变性后需要中和，用蒸馏水洗涤凝胶后将其置于适量的 1.5 mol/L NaCl 和 1 mol/L Tris-HCl（pH7.4～8.0）的中和液中中和 1 h 左右，其间更换 1～2 次中和液。若中和不完全，转移时会使硝酸纤维素膜变脆而易碎。使用尼龙膜时，因尼龙膜对碱稳定，碱变性后不用中和，还可以不经碱变性处理直接用碱溶液进行转移。

6. 印迹（转膜）　Southern 杂交是杂交液中的探针与固定在固相支持物上的同源序列进行的固-液杂交。固相支持物也称固相膜。将凝胶上的变性 DNA 片段原位转移到固相支持物上的过程称为印迹。为满足印迹及杂交操作的要求，固相膜必须具有如下特点：①能很好地与 DNA 分子结合，要求每平方厘米能结合 10 μg 以上的 DNA，同时又不影响 DNA 片段与探针杂交；②对探针及其他物质的非特异性吸附小；③具良好的机械性能。

目前使用的固相膜的种类主要有硝酸纤维素膜和尼龙膜。

印迹方法主要有 3 种：毛细管转移法、电转移法和真空转移法。

（1）毛细管转移法。该方法是利用干燥吸水纸的毛细管作用进行转移。在稳定放置过程中，由于干燥吸水纸产生的毛细管作用，使缓冲液沿滤纸上升，形成经过凝胶、膜至吸水纸的细微液流，凝胶中的 DNA 片段被液流带出沉积在膜的表面（图 7-2）。

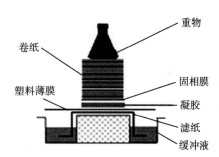

图 7-2　毛细管转移装置

该方法的优点是操作简便，不需要复杂的仪器设备，成本低。存在的问题是小片段的 DNA（<1 kb）转移的效率较高，1 h 内可以全部从 0.8% 的凝胶中转移出来；大片段的 DNA 则转移慢，效率低。在转移过程中，凝胶间隙中的水分会渐渐流失，而使凝胶发生脱水。脱水后的凝胶则阻止 DNA 分子转移。对于大片段 DNA，转移前常采用弱酸处理，DNA 分子中嘌呤糖苷键对酸敏感，发生脱嘌呤作用，碱变性时脱嘌呤位点的磷酸二酯键较易断裂，使 DNA 片段分子质量下降，从而提高转移速度及效率。但这种做法必须保持一定的限度，因片段过小会产生两个问题：一是不能与膜有效地结合，二是扩散作用增强。因而一般只在 DNA 片段大于 15 kb 时使用。

（2）电转移法。电转移法是利用电泳的原理，凝胶上的 DNA 片段在电场作用下脱离凝胶，从原位转至固相支持物上。电转移法应使用经正电荷修饰的尼龙膜或化学活化膜（ABM 或 ATP 纤维素膜），不能使用在高盐溶液中与 DNA 结合的硝酸纤维素膜。因不使用高盐溶液，DNA 不能很好地与膜结合；若使用高盐溶液，电泳时会产生强大电流而使转移体系升温，导致 DNA 被破坏。电转移前凝胶经碱处理使 DNA 变性，然后浸泡在电泳缓冲液中进行中和，电泳缓冲液早先使用 pH5.5～7.0 的磷酸缓冲液，近来使用 TAE、TBE 效果也很好。尼龙膜及滤纸也要在缓冲液中充分浸泡。中和后使凝胶与尼龙膜贴紧，凝胶和膜外侧各贴 1～2 张滤纸，在其外是吸饱缓冲液的海绵。将此体系夹在多孔的支持夹中，固定在电泳槽内，浸泡在电泳缓冲液中。DNA 转移的方向是由负极向正极，所以尼龙膜应放在正极侧，凝胶放在负极侧。300～600 mA 恒流电泳 4～8 h，循环水冷却。电泳完毕，尼龙膜用缓冲液漂洗后，用滤纸吸干，短波紫外线照射数分钟，以使 DNA 固定于膜上，即可用于杂交。

（3）真空转移法。真空转移法的原理是利用真空作用造成流经凝胶的液流，使凝胶中的 DNA 片段洗脱出来而沉积在凝胶下面的固相支持物上。固相支持物可用尼龙膜或硝酸纤维素膜。该方法的优点是快速，30 min 能使 DNA 片段从 0.4～0.5 cm 厚的凝胶中转移出来。DNA 的碱变性可预先进行，也可在转移的同时进行变性及中和。

3 种印迹方法中毛细管转移法不需要特殊设备，虽然转移时间较长，但很有效，可为一般实验室采用，电转移法及真空转移法需特殊设备。

7. 杂交 杂交步骤主要包括预杂交、杂交和洗膜。

（1）预杂交。预杂交是在加入探针前用封闭剂封闭膜上的非特异性位点。由于固相膜对单链 DNA 有很强的结合力，所以膜不仅能与印迹过去的样品 DNA 结合，而且也能与探针结合。在印迹后的膜上，除样品占据的位置外还有空余，如不将这些空余部位封闭，探针就会被结合，掩盖了特异性杂交。常用的封闭剂有两类：一类是变性的非特异性 DNA，如鲑鱼精子 DNA、小牛胸腺 DNA 等；另一类是高分子化合物，如聚蔗糖 400（Ficoll）、聚乙烯吡咯烷酮（PVP）、牛血清白蛋白（BSA），这 3 种试剂按一定比例配制，就构成 Denhardt's 封闭剂。此外，脱脂奶粉也可使用，还有使用肝素的报道。预杂交操作是将印迹后的固相膜放在含有封闭剂的预杂交液中，于 37～42 ℃温育 3～12 h。

（2）杂交。

探针浓度：0.5 ng/mL。

杂交液：5～6×SSC。

杂交反应温度：杂交液中不含甲酰胺时采用 68 ℃，有变性剂甲酰胺时采用 42 ℃。

杂交时间：根据探针的长度和浓度而定，一般为 12～16 h。

（3）洗膜。洗膜是杂交后将固相膜依次置于不同浓度的溶液中漂洗，以除去游离的及非特异性位点上结合的探针。洗膜液的温度、离子强度及洗膜时间是影响洗膜效果的主要因素。洗膜温度应确定在能使非特异性杂交链解离而保留特异性杂交链。通常采用低于特异性杂交链 T_m 值 12～20 ℃的温度洗膜。要控制洗膜液的离子强度，使非特异性杂交链易于解离而特异性杂交链又较为稳定，一般采用 0.1～2×SSC 溶液洗膜，洗膜液中还经常加入 0.5% SDS 以促进非特异性杂交链的解离。降低洗膜液的离子强度可提高洗膜效果。洗膜时间要根据洗膜效果来定，对于放射性标记的探针，洗膜过程中要用盖革计数器检测膜上的放射性强度，当放射性强度明显下降，膜上无 DNA 区无明显的放射性信号检出时应停止洗膜。洗涤过的杂交膜压片后如果背景过高，可以将膜取出重新洗膜后再压片。

8. 杂交信号的检出 放射性标记的探针通过放射自显影检测，非放射性标记的探针可通过酶反应的方法进行检测。

（1）放射自显影检测。放射自显影的原理与普通照相原理大体相同，都是使感光材料曝光，先形成潜影，然后经过显影、定影、水洗等处理，获得影像。用于放射自显影的感光材料有核乳胶、X 线片，有时也可以用幻灯正片。这些材料的感光乳胶均由银盐及明胶组成。

Southern 杂交信号的检出主要使用 X 线片。它是以醋酸纤维素酯为片基，片基的两面都涂有乳胶层，厚 $15 \sim 30 \, \mu m$，银粒颗粒较粗大，直径平均约 $2.5 \, \mu m$。乳胶的表面还涂一层明胶层，起保护作用，防止乳胶层擦伤。幻灯正片在片基的一面涂有乳胶层，厚约 $15 \, \mu m$，银粒直径较小，为 $1 \, \mu m$ 左右。X 线片敏感性强，但分辨力差；幻灯正片敏感性差，但分辨力稍好。

（2）非放射性标记探针的检测。目前大多数非放射性标记探针的检测是采用分子杂交与酶反应相结合的策略。杂交后杂交信号的检出依赖于酶反应，但除酶直接标记的探针可直接通过酶反应检测外，其他的非放射性标记物，如生物素、地高辛等标记探针的杂交信号均不能直接检出，要先使杂交体与酶标记的检出系统特异结合后再通过酶反应间接检出。

间接检出过程包括偶联反应及酶的显色反应两阶段。第一阶段是使杂交体与检出系统专一偶联。偶联主要通过免疫机制或亲和机制来完成，有时也将这两种作用结合起来。当探针的标记物为半抗原时，通过抗体与抗原特异结合的免疫反应实现偶联。如地高辛标记的探针，将碱性磷酸酶连接在抗地高辛配基的抗体上构成检出系统。该系统中的抗地高辛配基的抗体与地高辛配基抗原专一结合，从而使碱性磷酸酶与杂交体偶联。当标记物有某种特异亲和物时，可通过亲和机制实现偶联，如对于生物素标记的探针，可将酶连接在抗生物素蛋白上构成检出系统。抗生物素蛋白与生物素亲和结合使酶与杂交体偶联，此为直接亲和法，有的采用间接亲和法或间接免疫-亲和法，检出系统更加复杂。

检出的第二阶段是显色，通过酶反应生成不溶的有色产物将杂交信号检出。目前最常用的酶有碱性磷酸酶及辣根过氧化物酶，也有使用 β-半乳糖苷酶及酸性磷酸酶的报道。碱性磷酸酶（AKP）是一种水解磷酸基因的酶。当它作用于 5-溴-4-氯-3-吲哚-磷酸（BCIP）底物时，底物分子上的磷酸基团脱落，吲哚环脱氧并聚合。脱下的氢使硝基四氮唑蓝（NBT）还原而形成蓝紫色化合物。辣根过氧化物酶（HRP）催化 $AH_2 + H_2O_2 \rightarrow A + 2H_2O$ 一类反应。A 是可供氢的具还原性的物质，反应后生成氧化产物，若该产物为不溶于水的有色物质，就可将杂交信号显示出来。常用的底物有二氨基联苯胺（DAB）及四甲基联苯胺（TMB）。前者产物为红棕色沉淀，后者产物为蓝色。

二、整合目的基因的原位杂交检测

原位杂交技术（*in situ* hybridization）是 1969 年由 Gual 和 Pardue 提出的。其基本原理是根据核酸分子碱基互补配对的原则（A-T，A-U，G-C），将有放射性或非放射性标记的外源核酸片段（即探针）与染色体上经过变性后的单链 DNA 片段，在适宜条件下互补配对，结合形成专一的核酸杂交分子，再经过相应的检测手段，将待测核酸在染色体上的位置显示出来，从而确定待测核酸是否与探针序列具有同源性，达到鉴定靶核酸序列性质的目的。

原位杂交技术是从 Southern 杂交和 Northern 杂交技术衍生而来的，其中染色体原位杂交（chromosome *in situ* hybridization，CISH）在原位杂交技术中应用最为广泛。染色体原位杂交技术是根据核酸分子碱基互补配对原则，利用标记的 DNA 或寡核苷酸等探针同染色体上的 DNA 进行杂交，从而对染色体的待测核酸进行定位、定性或相对定量分析。如果原位杂交检测结果有特异的杂交信号，则表明该外源基因已经整合到转基因植物的核 DNA 中，并且通过核型分析，还能确定其整合到哪一条染色体上及其在染色体上的具体位置。

三、分子标记技术检测

1. 随机扩增多态 DNA　随机扩增多态 DNA（random amplified polymorphism DNA，RAPD）与限制性片段长度多态性（restriction fragment length polymorphism，RFLP）的相同之处是都从琼脂糖凝胶上 DNA 条带的多态性来反应基因组结构上的多态性，不同的是 RFLP 是用限制性核酸内切酶消化 DNA，通过分析酶切片段的多态性来显示 DNA 结构的多态性，而 RAPD 是利用 PCR 技术从扩增的 DNA 片段上分析多态性。由于片段被引物选择性地扩增（并不是所有序列都扩增），扩增了的片段能在凝胶上清晰地显现出来，这样就可以通过同种引物扩增条带的多态性，反映出模板的多态性。

外源基因转化后转基因植株基因组 DNA 与非转化植株基因组 DNA 在外源基因插入的部位有着明显不同，当引物适宜时，扩增的条带长短就会不同，所以利用 RAPD 分析可以快速对导入的外源基因进行鉴定。如果植株有外源基因插入，则可能会引起植物基因组重排，这样在一定条件下，用 RAPD 技术可以检测出对照植株和转化植株 PCR 产物带型的区别，还可以检测后代植株间基因组的稳定性及外源基因在后代间的分离。

由于 RAPD 可以在对被检对象无任何分子生物学资料的情况下对其基因组进行分析，所以对 DNA 直接导入的基因转化及种质系统介导的基因转化的分析鉴定具有重要意义。

2. 限制性片段长度多态性　限制性片段长度多态性（RFLP）可以用来研究基因突变及基因转化。例如某限制性核酸内切酶在某 DNA 片段上有 A、B、C 3 个切点，完全消化后用琼脂糖凝胶电泳分离，在凝胶上将出现 4 条条带；若在该片段中有外源基因插入，插入部位没有影响酶切位点，并且插入的片段中也无该限制性核酸内切酶的酶切位点，那么谱带数将相同，但有的条带的迁移率将出现差异；若插入位置正好在酶切位点上，则条带数将减为 3 条，并出现迁移率的变化；若插入的外源基因内有一个该限制性核酸内切酶的位点而且没有影响原有的酶切位点，则条带数目将增至 5 条。这 3 种情况都发生了多态性。若未发生转化，则条带数目及迁移率将不变，无多态性出现。由此可见，外源基因的插入是引起多态性的原因，这样我们就可以反过来，通过分析样品 DNA 经限制性核酸内切酶酶切片段多态性的有无来判定外源基因的整合情况。

在实际操作中会因植物染色体 DNA 大且复杂，限制性核酸内切酶的酶切片段电泳分离后在凝胶上呈现出的是一条涂抹片状的连续荧光区，很难分辨出片段的多态性，因而也就很难得到 DNA 结构多态性的信息。连续荧光区的出现是因为酶切片段太多了，在有限的凝胶上，及有限的电泳条件下很难使这些条带清晰地分离开，酶切片段的密集掩盖了多态性。为解决这一问题，人们采用了 Southern 杂交。将琼脂糖中的 DNA 转移到固相膜上，然后用标记的外源基因做探针，经放射自显影后可在 X 线片上看到 RFLP。所以，RFLP 是一项利用放射性同位素或非放射性物质标记探针，与转移在固相膜上的基因组 DNA 酶切片段进行杂交，通过显示限制性核酸内切酶酶切片段的差异来检测不同遗传位点等位变异的一项技术。通过对转化后得到的不同克隆系的 RFLP 分析，可获得不同克隆系在外源基因整合数及整合位点上的信息。

第三节　目的基因表达检测

一、反转录 PCR 检测

反转录 PCR（reverse transcription PCR，RT－PCR）可检测外源 DNA 在植物体内的转录表达，分析外源基因在不同组织或相同组织不同发育阶段的表达情况，从而研究外源基因的功能。其原理是以植物总 RNA 或 mRNA 为模板进行反转录，然后再经 PCR 扩增，如果从细胞总 RNA 提取物中得到特异的 cDNA 扩增条带，则表明外源基因实现了转录。此法简单、快速，但对外源基因转录情况的最后确定，还需与 Northern 杂交的实验结果结合分析。

扩增外源 cDNA 有两种做法：一种是非特异性的反转录，以 oligo（dT）为引物，由总 RNA 或 mRNA 合成出各种 cDNA 第一链，然后以外源基因的 mRNA 5′端特异序列为引物，从各种 cDNA 中扩增出外源基因的特异 cDNA；另一种是以外源基因的 mRNA 3′端特异序列为反转录引物，合成出特异 cDNA 第一链，即特异 mRNA 反转录，然后以外源基因 mRNA 的 5′端及 3′端特异序列为引物进行特异 DNA 扩增。

二、qRT－PCR 检测

实时荧光定量 PCR（quantitative real time－PCR，qRT－PCR）是在 PCR 反应体系中加入荧光化学物质，利用荧光信号积累实时监测整个 PCR 进程，最后通过标准曲线对未知模板进行定量分析的方法。

qRT－PCR 由普通 PCR 技术发展而来，它是在传统 PCR 反应体系中加入荧光化学物质（如荧光染料或者荧光探针等），根据各自不同的发光机制实时检测 PCR 退火、延伸过程中荧光信号的变化来计算 PCR 每个循环中产物的变化量。目前最常见的方法为荧光染料法和探针法。

荧光染料法：一些荧光染料如 SYBR Green Ⅰ、PicoGreen、BEBO 等，它们本身不发光，但与 dsDNA 的小沟结合后会发出荧光。当 PCR 反应刚开始时仪器并不能检测到荧光信号，当反应进行到退火-延伸（二步法）或者延伸阶段（三步法），此时双链打开，在 DNA 聚合酶的作用下新链合成，荧光分子就结合于 dsDNA 的小沟中并发出荧光，随着 PCR 循环数的增加，越来越多的染料与 dsDNA 的小沟结合，荧光信号也不断增强。

探针法：Taqman 探针是最为常用的一种水解探针，在探针的 5′端存在一个荧光基团，通常为 FAM，探针本身为一段与目的基因互补的序列，在探针的 3′端有一个荧光猝灭基团，根据荧光共振能量转移原理，当报告荧光基团（供体荧光分子）和猝灭荧光基团（受体荧光分子）激发光谱重叠且距离很近时（7～10 nm），供体荧光分子的激发可以诱发受体荧光分子发出荧光，而自身荧光减弱。PCR 反应开始，探针游离于体系中完整存在时，报告荧光基团并不会发出荧光；当退火时，引物和探针结合于模板；在延伸阶段，聚合酶不断合成新链，由于 DNA 聚合酶具有 5′→3′核酸外切酶活性，到达探针时，DNA 聚合酶就会将探针从模板上水解下来，报告荧光基团和猝灭荧光基团分开，释放荧光信号。

三、Northern 杂交鉴定

Northern 杂交是指将细胞组织中的总 RNA 或 mRNA 样品，经变性电泳分离后，转移到固相支持物（如尼龙膜）上，然后与特异探针（DNA 或 RNA 探针）杂交，从而鉴定特定 mRNA 分子存在与否或量的多少。

Northern 杂交是研究转基因植株中外源基因表达及调控的重要手段。通过 Southern 杂交可以得知外源基因是否整合到植物染色体上。但是，整合到染色体上的外源基因并不一定都能表达。植物细胞的基因表达是一个十分复杂的问题，大部分的植物基因只在特定的细胞内、特定的发育时期、特定的环境因素作用下才表达。通过转化整合到植物染色体上的外源基因表达除要受生理状态调控外，还与其调控序列及整合部位等因素有关。

Northern 杂交的程序主要包括以下几个步骤：

1. 植物 RNA 的提取　植物细胞内含有细胞质 RNA、细胞核 RNA 和细胞器 RNA。细胞质 RNA 包括 mRNA、rRNA、tRNA。细胞核 RNA 主要有细胞质不均一核 RNA（hnRNA）、核内小 RNA（snRNA）、染色体 RNA（chRNA）等。细胞器 RNA 主要指线粒体 RNA 及叶绿体 RNA。这些 RNA 统称细胞总 RNA，其中大量的是 rRNA，占 80% 左右。基因转录产物 mRNA 在总 RNA 中只占 1%～5%。不同的 mRNA 在分子大小、核苷酸序列，以及在细胞内转录水平等方面各不相同，但真核细胞 mRNA 3' 末端都具有 20～200 个不等的多聚腺苷酸的尾巴，称为 poly（A）结构。利用 poly（A）结构可以把 mRNA 从总 RNA 中分离出来。对于 Northern 杂交可以使用植物细胞总 RNA，也可以使用由总 RNA 中分离出的 mRNA。

用于 Northern 杂交的植物总 RNA 提取的方法主要有异硫氰酸胍法、苯酚法和氯化锂沉淀法。

（1）异硫氰酸胍法。异硫氰酸根离子及胍离子都是很强的蛋白质变性剂，异硫氰酸胍与十二烷基肌氨酸钠合用可使核蛋白体迅速解体，与还原剂 β-巯基乙醇合用可大幅降低 RNase 活性。将异硫氰酸胍、β-巯基乙醇、十二烷基肌氨酸钠三者合用，可强有力地抑制 RNA 降解，增加核蛋白体的解离，大量的 RNA 释放到溶液中，然后用酸性酚（pH4）进行抽提，既可保证 RNA 稳定，又可抑制 DNA 解离，使 DNA 与蛋白质一起沉淀，RNA 被抽提进入水相，用异丙醇沉淀 RNA 后，经酚-氯仿再次抽提进行纯化，然后电泳检测（图 7-3）。该方法提取的 RNA 用于 Northern 杂交可以得到满意结果。

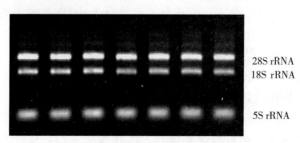

图 7-3　RNA 电泳图

（2）苯酚法。该法利用苯酚协助破碎细胞，酚-氯仿变性蛋白质并反复抽提核酸，3 mol/L 乙酸钠选择沉淀 RNA，提取液中使用 4-氨基水杨酸及三异丙基萘硫酸盐抑制

RNase 活性。该方法操作简单、经济，可用于从植物叶、茎、根及萌发幼苗中提取总 RNA 或细胞核 RNA。

（3）氯化锂沉淀法。该方法的主要原理是在一定的 pH 条件下，Li$^+$ 使 RNA 发生特异性沉淀，通过多级沉淀可提高 RNA 的纯度。利用氯化锂选择性沉淀时，有的使用硼酸缓冲液，加入还原剂二硫苏糖醇抑制 RNase 活性，用 SDS 变性核蛋白；有的使用 Tris - HCl 缓冲体系，用苯酚及蛋白酶 K 处理蛋白；还有的使用高浓度尿素使蛋白质变性的同时也抑制 RNase 活性。氯化锂沉淀法虽有效，但沉淀过程较为烦琐，并存在着 Li$^+$ 的污染问题，目前并不常用。

2. 制备探针　可制备成目的基因或报告基因的 DNA 探针或 RNA 探针。检测外源基因转录的 mRNA 应使用同源 DNA 探针或反义 RNA 探针，杂交后形成 DNA 探针- mRNA 或反义 RNA - mRNA 杂交体。检测目的基因表达可使用 cDNA 探针，研究基因表达调控时常以报告基因表达为对象，这时可将报告基因标记成探针。

Northern 杂交的探针制备方法与 Southern 杂交的基本相同。

3. RNA 电泳　为防止单链 RNA 形成高级结构，RNA 电泳要采用变性凝胶电泳。其方法主要有甲醛变性凝胶电泳和乙二醛变性凝胶电泳。

4. 转膜、杂交和检测

（1）凝胶处理。将甲醛- MOPS（3 -吗啉丙磺酸）琼脂糖凝胶置于 DEPC 处理过的 20×SSC 中，以达到去除甲醛和平衡的目的。

（2）转膜。毛细管转移法转膜，其方法同 Southern 杂交。

（3）杂交、洗膜和检测。其方法同 Southern 杂交（图 7 - 4）。

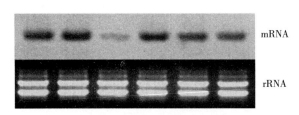

图 7 - 4　Northern 杂交结果

四、组织细胞 mRNA 原位杂交检测

组织细胞 mRNA 原位杂交是将核酸杂交技术与组织细胞学实验技术相结合，对特异的 mRNA 序列进行组织细胞分布的空间定位。应用该技术可以获得外源基因是否表达的信息，还能获得在转基因植物组织细胞内表达部位的信息，同时可直观地观察到外源 mRNA 的表达量及在不同发育时期的表达水平。

组织细胞 mRNA 原位杂交的原理是通过化学固定使植物组织细胞保持天然的形态结构，在固定过程中 mRNA 及其他大分子化合物被原位固定在组织细胞内，将组织制成薄切片封固在载玻片上，经蛋白酶消化去除蛋白质。反义 RNA 或 cDNA 探针渗入组织细胞，与靶 mRNA 杂交。根据探针标记物的物理化学及免疫性质检出杂交体。从杂交体的解剖位置可得知特异 mRNA 在组织细胞中的分布，从而确定基因的表达部位。

第四节　目的基因表达蛋白的检测

外源基因编码蛋白在转基因植物中能够正常表达并表现出应有的功能是植物基因转化的最终目的。表达蛋白应具有一定的稳定性，不被细胞内的蛋白酶迅速降解，同时应对植物细胞无毒性。外源基因表达蛋白的检测方法主要有两种：酶联免疫吸附法（enzyme - linked immuno sorbent assay，ELISA）和 Western 杂交法。另外，研究目的基因在细胞内的表达效率时，常需要测定细胞可溶性蛋白总量及目的蛋白在总蛋白中所占的比例。

一、酶联免疫吸附法检测

酶联免疫吸附法（ELISA）是一种利用免疫学原理检测抗原、抗体的技术。ELISA 与经典的以同位素标记为基础的液-液抗原抗体反应体系的不同之处在于 ELISA 建立了固-液抗原抗体反应体系，并采用酶标记，抗体与抗原的结合通过酶反应来检测。由于酶的放大作用，使测定的灵敏度极高，可检测出 1 pg 的目的物，同时酶反应还具有很强的特异性。缺点是易出现本底过高问题，重复性较差。

ELISA 检测程序主要包括抗体制备、抗体或抗原的包被、免疫反应及酶反应检出 3 个阶段。

ELISA 检测中最常用的酶-底物系统见表 7-1。

表 7-1　ELISA 检测中常用的酶-底物系统

酶	底物	产物颜色	测定波长/nm
辣根过氧化物酶（HRP）	3,3′-二氨基联苯胺	深褐色	沉淀
	5-氨基水杨酸	棕色	449
	邻苯二氨	橘红色	492，460
	邻联甲苯胺	蓝色	425
碱性磷酸酶（AKP）	4-硝基酚磷酸	黄色	400
	萘酚-As-Mx 磷酸盐＋重氮盐	红色	500

二、Western 杂交法检测

Western 杂交是将经十二烷基硫酸钠-聚丙烯酰胺凝胶电泳（SDS - PAGE）分离出的抗原（antigen）固定在固体支持物上（如硝酸纤维素膜），不同分子质量大小的蛋白质在凝胶中迁移率不同，据此可确定特定的抗原存在与否以及相对丰度，或者蛋白质是否遭到降解等。蛋白质电泳后转到硝酸纤维素膜上，放在蛋白质（如牛血清白蛋白，BSA）或奶粉溶液中温育，以封闭非特异性位点，然后用含有放射性标记或酶标记的特定抗体杂交，抗原与抗体结合，再通过放射性自显影或显色观察。

Western 杂交是将蛋白质电泳、印迹、免疫测定融为一体的蛋白质检测方法。它具有很高的灵敏性，可以从植物细胞总蛋白中检出 50 ng 的特异蛋白质，若是提纯的蛋白质，可检至 1～5 ng。

Western 杂交包括以下几个步骤：

1. 植物蛋白质的提取　植物细胞的功能蛋白绝大多数都能溶于水、稀盐、稀酸和稀碱溶液中，提取时以水浴为主，其中稀盐溶液和缓冲液对蛋白质的稳定性好、溶解度大，是提取时最常用的溶剂。在提取过程中要防止蛋白质变性和降解，一般用等渗缓冲提取液（pH3～6），在低温（4 ℃）下进行操作。

2. SDS-PAGE 分离　PAGE 浓度为 8%～20%，根据被测蛋白质的分子质量确定凝胶浓度，20 ku 左右的蛋白质一般使用 15% 分离胶、5.4% 浓缩胶。检测的各样品量在 1～100 μg。上样前加入含 4% SDS 的上样缓冲液，95 ℃加热 3 min。电泳方向为负极向正极，样品在浓缩胶中使用较低的电压，进入分离胶后电压升至 100～120 V，电泳时间为 4～8 h，电泳至蛋白质充分分离。

3. 蛋白质印迹　蛋白质印迹是将 SDS-PAGE 分离的蛋白质区带利用某种动力（如毛细管作用、扩散作用或电动力）由凝胶转移到固相膜上。印迹使用的固相膜有硝酸纤维素膜（NC 膜）、重氮化纤维素膜和阳离子化尼龙膜等。

印迹的方法主要有电印迹法和被动扩散法。目前多采用电印迹法，该法的优点在于经电泳转移，蛋白质可被浓缩地印迹在固相膜上，不产生扩散，并且原凝胶中的 SDS、巯基乙醇等干扰测定的物质在电转移时可被除去，蛋白质能恢复其天然构象及生物活性，从而可以使用酶标抗体以及放射性标记的抗体灵敏地检测出极微量的抗原。

电泳后的凝胶需用印迹缓冲液洗涤、平衡，以除去胶中的 SDS，并使胶的 pH 及离子强度与印迹缓冲液一致，防止胶变形。固相膜、滤纸、海绵均需用印迹缓冲液平衡，转移时固相膜贴放在凝胶的正极面。滤纸、凝胶、固相膜、滤纸各层之间要贴紧。固相膜一旦与凝胶接触后，就不要再拿起，仔细赶走各层之间的气泡（气泡在电转移时会成为高阻抗区，产生印迹秃斑）。凝胶一侧接负极，固相膜一侧接正极。印迹缓冲液通常采用 pH8.3 的 Tris-甘氨酸缓冲液（含 20% 的甲醇）。该缓冲液稳定、易洗脱，并且离子强度低，增加电场强度时产热小。使用重氮纤维素膜时不能用 Tris-甘氨酸缓冲液，因甘氨酸能与蛋白质争夺重氮基团而影响转移，可使用硼酸缓冲液。在进行快速转移及转移大分子蛋白质时应注意进行有效冷却，电泳时采用恒定电流（20～100 mA），电泳 4～16 h。转移后可用考马斯亮蓝染液染凝胶，检查转移是否完全。为确定检出的蛋白质的分子质量，可将 NC 膜置于丽春红 S 溶液中染色，然后照相，记录下分子质量条带的位置后，再用水洗，使滤膜脱色后进行杂交。

4. 制备探针（抗体）　探针是针对目的蛋白的抗体，又称一抗，按抗体制备方法制备。一抗可使用由目的蛋白制成的抗血清或单克隆抗体。标记物有放射性和非放射性两种。放射性标记物主要使用 ^{32}P、^{125}I 等，非放射性标记物主要是酶（过氧化物酶和碱性磷酸酶）。一般情况下，根据使用的一抗来选择二抗，如一抗为兔抗体，则二抗可以使用碱性磷酸酶标记的羊抗兔抗体。目前酶标抗体、酶标二抗均有成套试剂出售。

5. 杂交与检出

（1）封闭。封闭也称猝灭。由于探针多是蛋白质，很容易与固相膜结合。加入探针后，探针不仅与结合在膜上的特异蛋白质（抗原）结合，而且也会与膜上未结合的蛋白质结合，造成很高的背景，使检出的灵敏度下降。因而在未加入探针之前必须将膜上的空白部位封闭。方法是将印迹后的膜浸泡于一种非特异性蛋白质溶液中，使这种蛋白质与膜上空白部位结合，然后再加入探针，探针就只与特异蛋白质结合，消除了背景。牛血清白蛋白（BSA）、血红蛋白、酪蛋白、卵白蛋白、白明胶、脱脂奶粉及非离子去污剂如Tween-20 等都可作为封闭剂使用，应根据实验材料及实验方法加以选择。

（2）一抗反应。封闭后的固相膜经缓冲液洗涤后，加入一抗，于 37 ℃轻轻摇动，保温 1 h，或室温条件下保温 2～3 h，还可在 4 ℃下过夜，可根据具体情况而定。

（3）二抗反应。结合了一抗的固相膜经洗涤后加入适宜浓度的二抗，于室温或 37 ℃轻摇保温 1 h。此步的关键是反应时间及洗膜程度。封闭及与一抗、二抗反应均在密封的塑料袋中进行。

（4）显色。显色是加入酶反应的底物，摇动至有色条带出现。此步的关键是掌握好特异条带颜色及背景的关系。一般显色至背景刚刚出现时止。显色后的膜用蒸馏水漂洗后晾干，照相。干燥后的膜可以封入塑料袋中保存。

三、表达蛋白的含量测定

细胞内蛋白质含量测定是植物基因工程研究中必不可少的分析内容，研究目的基因在细胞内的表达效率时，常需要测定细胞可溶性蛋白总量及目的蛋白在总蛋白中所占的比例。

蛋白质含量可以根据它们的物理性质，如折射率、相对密度、紫外吸收等进行测定。也可以用化学的方法，如定氮、双缩脲反应、Folin-酚试剂反应等测定，还可以通过与染料结合生成有色物质进行测定。这里主要介绍几种最常用的测定方法。

1. Bradford 法　Bradford 法的原理是考马斯亮蓝（Coomassie brilliant blue）G-250 与蛋白质结合产生蓝色物质，在 595 nm 处有最大吸收。测定时通常以牛血清白蛋白（BSA）为标准蛋白，绘制标准曲线。测定未知样品在 595 nm 的吸收值，代入标准曲线，再乘以稀释倍数，得出未知样品中蛋白质含量。该方法可定量 1～10 μg 范围的蛋白质，十分灵敏，并且简单、快速、可靠。

2. 紫外吸收法　用紫外吸收法测定蛋白质含量准确度较差。这里有两个原因，一是不同蛋白质的氨基酸组成不尽相同，当被测蛋白质与标准蛋白质分子中酪氨酸和色氨酸的含量差异较大时，就会产生一定误差；二是从植物材料中提取的总蛋白样品中或多或少会含有核酸杂质，核酸分子在 280 nm 及 260 nm 处都有吸收，但与蛋白质相反，在 260 nm 处的吸收大于在 280 nm 处的吸收。测定时要注意蛋白质溶液的紫外吸收高峰与溶液的 pH 有关，测定溶液的 pH 应与标准曲线制定时的 pH 一致。

3. 双缩脲法　蛋白质分子中含有两个及以上的双键，在碱性溶液中与 Cu^{2+} 形成蓝紫色的络合物，颜色深浅与蛋白质含量成正比，而与蛋白质分子的氨基酸组成及分子质量无关，可通过测定蛋白质溶液在 540 nm 处的吸收值求出其含量。用该方法测定范围在 1～10 mg 蛋白质时，测定结果不太精确。

4. Folin-酚试剂法　Folin-酚试剂为复合磷钼酸试剂，由磷钼酸及磷钨酸组成。蛋白质分子中的酪氨酸及色氨酸残基与该试剂反应生成蓝色物质（钼蓝与钨蓝的混合物），于 540 nm 处进行比色测定，可求出蛋白质含量。

测定中通常以 BSA 为标准蛋白，并假设未知蛋白与标准蛋白中酪氨酸及色氨酸的含量相等。该方法可定量 $10\sim20\ \mu g$ 的蛋白质。存在的问题是对于酪氨酸含量低的蛋白质，测定的准确度低。此外，一些物质如去污剂、变性剂、硫代物、有机溶剂等会干扰反应。

5. Lowry 法 Lowry 法是在双缩脲法及 Folin-酚试剂法基础上发展起来的。试剂由两部分组成，一是碱性的硫酸铜溶液，二是复合的磷钼酸试剂。反应包括两步，第一步是在碱性溶液中蛋白质与 Cu^{2+} 反应形成铜-蛋白质复合物（类似双缩脲反应），然后这个复合物还原复合磷钼酸试剂，产生深蓝色的钼蓝及钨蓝混合物，可通过比色法测定蛋白质含量。该方法的灵敏度为 $5\ \mu g$。操作中要注意的是，加入复合磷钼酸试剂后必须立即混匀，这是因为第二步反应是在第一步反应基础上进行的。

第五节 转基因植株表型鉴定

鉴定转基因植物需提供表型数据，判断外源基因的导入是否真正的发挥了其功能。另外，在相同的条件下，用同样的转化方法转化同一种外源基因，所获得的转基因植株间不仅外源基因表达水平差异很大，而且由于转基因的间接作用还可能使转基因植物出现表型变异。

一、转基因植株目标性状的生理生化测定

根据外源基因功能的不同，转基因植物的生理生化指标可能会发生相应的变化。因此，通过测定相关生理生化指标可以间接鉴定外源基因的作用。例如，在提高植物抗逆性的转基因研究中，可以测定脯氨酸含量、细胞膜的相对电导率、超氧化物歧化酶（SOD）活性、过氧化氢酶（CAT）活性、丙二醛含量等指标来进行分析。

二、转基因植株表型观察与鉴定

转基因的目的是通过外源基因在转化植物体内表达，来改良植物某些方面的生物学性状。特别是关于那些转入基因的目的是增加植株抗性的研究中，为了测定基因是否转入或者转入后是否表达，可以给转基因植株一定的选择压力，如果产生抗性，表明为转基因植株。例如，在转 Bt CIP 编码基因的植株中，采用抗虫筛选进行表型鉴定。在转抗病基因的植物中，可采用人工接种病菌的方法进行表型鉴定。

 复习思考题

1. 简述转基因植物的检测与鉴定方法。
2. 常用的报告基因有哪些？
3. 简述 Southern 杂交的一般步骤。
4. 简述目的基因表达蛋白的检测方法。
5. 简述转基因植株表型鉴定方法。

第八章

转基因植物的遗传稳定性及表达调控

自 1983 年第一例含抗生素类抗体转基因烟草获得成功，1994 年第一例转基因延熟保鲜番茄在美国上市，转基因已经在植物抗虫、抗病、抗除草剂、提高产量、改善品质等方面得到广泛应用。但转基因植物能否成功推广，取决于一个外源 DNA 能否正常整合进植物基因组，整合后的基因结构和拷贝数是否变化，外源基因能否稳定遗传，以及在植物基因组中外源基因能否高效表达等。本章主要介绍外源基因在植物基因组上的整合特点、整合进植物基因组的机制、整合后的遗传效应以及提高外源基因表达的方法等内容。

第一节 外源基因整合的特点及分子机制

一、外源基因在植物基因组上的整合特点

为了揭示外源基因整合进植物基因组所发生的变化，以转基因植物为研究对象，科学家们通过原位杂交、Southern 杂交确定了插入的位置，通过 TAIL - PCR、反向 PCR、基因测序等方法分析了载体、转基因插入位点序列，发现外源基因插入植物基因组是随机的，且插入序列和靶位点均出现序列、结构变化。

（一）外源基因随 T - DNA 整合进植物基因组的随机性

1. 染色体选择随机 一般来说，植物由多条染色体组成，Ambrous 等（1986）通过原位杂交方法研究发根农杆菌 Ri 质粒载体转化的还阳参（*Crepis capillaris*），Thomas 等（1994）用反向 PCR 方法分析携带 T - DNA 的转座子在番茄染色体上的分布，Forsbach 等（2003）在研究转基因拟南芥整合位点时，均发现 T - DNA 随机插入到转基因植物基因组的任何一条染色体上，不因染色体大小不同而有差异，大约每 10 cM 有一个 T - DNA 插入。

2. 染色体上插入位点随机 外源 DNA 可以插入一条染色体上的任何位点，无优先整合到某个特殊位点的现象（Ambrous et al.，1986；Forsbach et al.，2003）。但也有外源 DNA 优先插入转录活跃区域的，如 Coates 等（1987）发现，冠瘿病瘤中 T - DNA 更多受 DNase I 消化而不是染色质结构的影响，优先整合到转录区。Koncz 等（1989）和 Herman 等（1990）分别用无启动子的报告基因融合选择基因转化拟南芥和烟草时获得相同的 30% 的转录活性，由于拟南芥和烟草基因组复杂性间存在实质性的差异而具有相似的融合频率，故他们认为外源 T - DNA 很可能靶向转录活性染色体区域。然而，这些整合实验中，整合事件的检测主要依赖于目标基因（瘤的形成）或选择标记（植株再生）的

表达，很可能造成插入位点偏向。Gelvin 和 Kim 等（2007）在综合前人研究的基础上认为，T-DNA 应该是随机地整合到染色体上（图 8-1）。

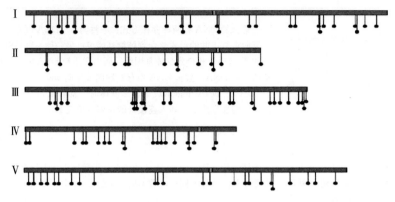

图 8-1　T-DNA 插入拟南芥染色体上的位置

（引自 Gelvin et al.，2007）

3. 插入典型基因结构的位置随机　植物典型基因结构包括 5′上游区、外显子（exon）、内含子（intron）和 3′下游区。Forsbach 等（2003）研究发现，T-DNA 在转基因拟南芥典型基因结构内的分布是随机的，只是在 5′上游区插入的频率比随机分布预期的高，而在翻译区插入的频率比预期的低。Feldmann（1996）通过 T-DNA 插入突变研究转基因拟南芥表明，插入事件随机发生在典型基因结构的翻译区或非翻译区（图 8-2）。

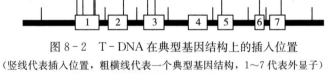

图 8-2　T-DNA 在典型基因结构上的插入位置

（竖线代表插入位置，粗横线代表一个典型基因结构，1~7 代表外显子）

（引自 Feldmann，1996）

（二）外源基因随 T-DNA 整合进植物基因组的整合方式

外源基因通过同源重组（homologous recombination）或非常规重组（illegitimate recombination）方式随机整合到植物基因组中。研究表明，外源基因的整合存在单拷贝单位点、多拷贝单位点、单拷贝或多拷贝多位点等方式，且外源 T-DNA 及插入位点区均出现明显的序列或结构变化（表 8-1）。

表 8-1　外源基因随 T-DNA 整合进植物基因组的整合方式及特点

整合方式	要点	整合特点
单拷贝单位点整合	外源 T-DNA 以一个拷贝的方式插入植物基因组的一个位点，是最简单最常见的整合方式	①插入的 T-DNA 不都是完整单拷贝，多数情况下 T-DNA 及其边界序列都发生修饰，包括 T-DNA 序列部分删除或复制等，但不影响表达。 ②插入目的位点序列出现删除或重复。 ③目标染色体出现易位或倒位等

（续）

整合方式	要点	整合特点
多拷贝单位点整合	多个拷贝的外源基因串联整合进同一植物基因组的一个位点，农杆菌介导法和基因枪法转化均可能出现	①整合的 DNA 有两种存在方式：一种为 T-DNA 以完整的多拷贝顺向或反向重复串联的形式整合到植物基因组；另一种一般只有一个或几个完整的 T-DNA 整合到受体基因组，而串联质粒 DNA 的一端或两端不是完整的质粒 DNA。截短 DNA 也存在顺向或反向串联。 ②在 T-DNA 重排形成串联多联体时，常有未知序列插入连接处使连接处结构发生改变，插入连接处的序列（填充 DNA）长短不相同
单拷贝或多拷贝多位点整合	T-DNA 以串联方式整合进基因组 2 个及以上位点，农杆菌介导法和基因枪法转化普遍存在	①插入位点数一般为 2～3 个位点，少数植株插入位点数在 4 个以上。 ②转基因植株不同拷贝数不同，少的 3～4 个，多的 30～50 个

（三）外源基因结构变化

在农杆菌介导转化细胞中 T-DNA 结构完整，转化机制清晰，整合位点比较稳定，多数情况下在 25 bp 处与植物 DNA 连接，整合后的外源基因结构变异较少。但是农杆菌转化的外源 DNA 也会出现结构的变化，主要表现在 T-DNA 的串联、截短和载体骨架序列转入等现象（表 8-2）。

表 8-2　外源基因在转基因中出现的结构变化

结构变化方式	主要特点
T-DNA 串联	①农杆菌介导转化中普遍存在； ②通常 5～20 个拷贝首尾相连，发生在整合进植物基因组之前； ③T-DNA 的串联多数无选择压力； ④串联的 T-DNA 常在一个位点整合
T-DNA 截短	①经常发生，可能是因为 T-DNA 右边界序列与 *Nos* 基因启动子紧密相连序列高度同源有关（85% 以上的同源性）； ②常发生在 T-DNA 转移或整合过程中
载体骨架序列的转入	①载体骨架与植物基因组整合频率可高达 20%～50%，有时可达 75% 以上； ②很可能是 VirD2 没有充分识别 LB 载体蛋白 T-DNA 边界序列，使 T-DNA T-链在 LB 通读，也可能是 T-DNA 链的形成从 LB 开始，覆盖整个载体骨架； ③载体骨架中 *trfA*、*tet^r* 和 *npt* Ⅱ 基因等不仅可能影响植物其他基因表达和功能展示，还可能产生生物安全性风险

此外，插入植物染色体的外源 DNA 的大小是有限制的，如插入油菜（*Brassica napus*）染色体组的外源 DNA 单拷贝长度为 5～6 kb，插入外源基因长度变长会导致 DNA 插入的频率变低。

（四）整合位点 DNA 结构变化

外源基因的转入不仅导致自身结构发生变化，而且作为"侵入者"的整合，常会导致靶植物基因组出现不同程度的基因重排，包括缺失、易位、倒位及重复等一系列的现象，这与细胞本身的重复和修复功能有关。测定转基因株系 T - DNA - 植物 DNA 连接处序列，并比较它们整合前的位点表明：①T - DNA 的插入不会引起植物 DNA 大的重排，但在 T - DNA 的两侧各出现了一个 158 bp 的正向重复序列；②多数插入会导致靶位点处小的缺失，缺失片段长度一般为 13～73 bp，最多 79 bp；③连接处常有与植物 DNA 序列相似的长度小于 33 bp 的填充 DNA（filler DNA）；④T - DNA 整合是非特异性的，在植物靶位点处不要求有特异的序列，但若在 T - DNA 两端和植物靶位点之间有一段短序列（5～10 bp）同源，则可能对 T - DNA 整合进植物基因组起主要作用；⑤T - DNA 左末端（left - hand end），即单链 T - DNA 3′末端并不保守，多数情况下会截短 3～100 个核苷酸，但与插入位点至少有 5 个连续核苷酸序列的同源区；⑥T - DNA 右末端（right - hand end），即单链 T - DNA 5′末端多数情况下是保守的，与附着到 VirD2 蛋白的核苷酸序列一样，这种情况下，右末端序列与插入位点至少有一个碱基同源，Tinland 等（1995）称之为微同源（microhomology）（图 8 - 3）。T - DNA 左右边界的不对称重组暗示 T - DNA 整合涉及不同的过程。

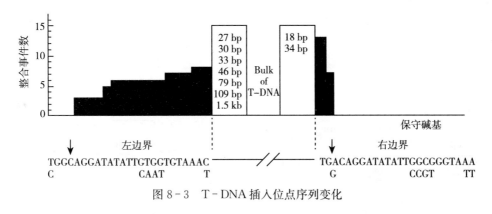

图 8 - 3　T - DNA 插入位点序列变化

二、外源 T - DNA 整合进植物基因组的分子机制

为了详细阐释 T - DNA 整合进植物基因组的分子机制，并说明发生在整合过程中的植物靶 DNA 的缺失、T - DNA 完整插入和缺失插入等现象，Mayerhafer 等（1991）提出了 T - DNA 整合的双链断裂修复模型（double - strand - break repair model，DSBR 模型）和单链缺口修复模型（single - strand - gad repair model，SSGR 模型）。

DSBR 模型如图 8 - 4A 所示，首先是植物靶 DNA 产生双链断裂，解旋的靶 DNA 与双链 T - DNA 退火；单链部分被 3′→5′外切酶或修复系统中单链特异的核酸内切酶去除；然后进行修复连接，并由此导致了 DNA 的整合和缺失。靶 DNA 与 T - DNA 缺失程度由靶 DNA 与 T - DNA 退火时形成的短的 DNA 互补顺序的位置所决定。因此，DSBR 模型可用来解释 T - DNA 末端缺失的情形。而 SSGR 模型除了用来解释 T - DNA 末端缺失插入的情形外，还可用来解释 T‒DNA 完整插入的情形。其基本过程如图 8‒4B 所示：
①在靶 DNA 上形成一个缺刻，然后由于部分解旋或 $5'{\rightarrow}3'$ 外切酶消化形成缺口；②单链
T‒DNA 靠近缺口，由于两链存在短的 DNA 互补顺序，于是退火形成异质双链；③T‒
链未配对的 $5'$ 和 $3'$ 单链部分被除去，T‒DNA 末端与靶 DNA 连接；④在靶 DNA 链的互
补链中产生缺刻，以游离的 $3'$ DNA 末端为引物修复合成第二条 T‒DNA 链。由此可见，
DSBR 模型要求 T‒DNA 整合进双链断裂口（DSB）前转化成双链形式，而 SSGR 模型是
T‒DNA 作为单链整合。此外，早期研究也表明单链 T‒DNA 比双链 T‒DNA 具有更高
的转化频率（Rodenburg et al.，1989），单链 T‒DNA 是 T‒DNA 整合的首选底物
（Gheysen et al.，1991；Mayerhofer et al.，1991）。

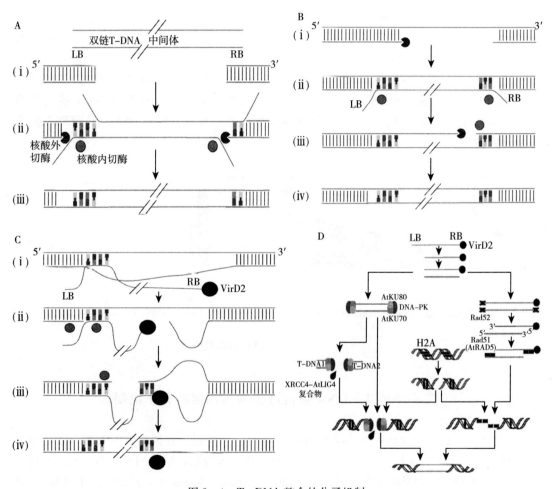

图 8‒4　T‒DNA 整合的分子机制
A. 双链断裂修复模型　B. 单链缺口修复模型　C. 微同源依赖模型　D. DSB‒介导 T‒DNA 整合模型

　　由于 T‒DNA 边界序列与预插入位点（pre‒insertion site）存在微同源，Gheysen 等
提出了农杆菌介导的 T‒DNA 整合的微同源依赖模型（microhomology‒dependent
model）（图 8‒4C）。该模型认为，未知机制使得植物 DNA 部分解旋；与靶向 DNA 序列
微同源的 T‒链（T‒strand）等末端或其毗邻序列退火发起 T‒DNA 的整合；T‒链 $3'$ 端

悬挂得到修饰，靶 DNA 底链产生切口；此后，T-链 5′末端因为另外的微同源与靶 DNA 退火和瞬时稳定结合，靶 DNA 互补链则被切口或部分去除；T-链产生互补链，完成 T-DNA 的整合。根据该模型，T-DNA 整合依赖于植物细胞内 T-DNA 与靶 DNA 微同源以及 VirD2 蛋白的连接功能。

SSGR 模型和微同源依赖模型很容易解释单拷贝 T-DNA 整合事件，甚至不需要推测 VirD2 蛋白作为连接酶的功能，但是却不能解释两个或两个以上 T-DNA 拷贝同向或反向插入的机制，也不能提供它们之间"填充"DNA 出现的证据。De Neve 等（1998）提出了多个 T-DNA 插到相同染色体位点的双链中产物整合模型。该模型假设 T-DNA 简单的连接机制，包括两个 T-DNA 头对头（右边界到右边界）方向连接、非常规重组中头对尾（右边界到左边界）和尾对尾（左边界到左边界）方向连接以及其他方向的连接，支持了 VirD2 蛋白具有 T-DNA 连接的功能，但仍然没有解释"填充"DNA 的起源。

Tzfira 等（2004）分析当前的研究进展，包括 DNA 双链断裂、双链 T-DNA 中间产物和非同源末端连接蛋白（non-homologous end-joining protein，NHEJ 蛋白）的功能，提出了适合于植物和酵母菌的 T-DNA 整合模型（图 8-4D）。该模型认为，侵入 T-链在进入植物细胞核过程中，没有保护的 3′末端可能有少量降解，5′末端因为连接有 VirD2 蛋白而受到保护；一旦进入细胞核，T-DNA 转化成双链 DNA 分子，因为互补过程的引物随机特性可能导致 T-DNA 3′末端少数几个碱基的进一步丢失；双链 T-DNA 中产物经过非同源重组（non-homologous recombination，NHR）或同源重组（homologous recombination，HR）整合进宿主 DNA。

外源基因整合是一个相当复杂的问题。虽然有许多研究报道了不同的模型和机制，但这些模型只是根据某一物种或某一转化方法的研究提出的，还不能适合所有的整合情况，还有待于进一步系统地研究。

第二节　外源基因整合的遗传学效应和转基因沉默

外源基因插入植物基因组不仅可能导致宿主基因组结构的变化，外源基因自身结构也可能发生变化，这无疑会对外源基因和宿主基因的表达产生影响，而外源基因正常表达对转基因的作用意义重大。

一、外源基因拷贝数对表达的影响

外源基因拷贝数对外源基因的表达影响在不同的转基因植物中表现不一样，有的表现为拷贝数与基因表达负相关，高拷贝插入常导致基因沉默，单拷贝整合外源基因表达正常。如 Linn 等（1990）在转基因矮牵牛中，Rathore 等（1993）在转基因水稻中，Yang 等（1998）在转基因花生中，Cervera 等（2000）在转基因柑橘中，均发现高拷贝导致的转基因沉默；而有的表现为拷贝数与基因表达无关，如 Dominguze 等（2000）在转基因柑橘中，毕志华等（2001）在转基因水稻中均有此发现。

二、位置效应

位置效应（position effect）指因外源基因插入位点的性质及旁侧序列不同，导致的外源基因表达水平出现差异的现象（Fladung，1999）。Iglesias 等（1997）在转基因烟草上的实验表明，整合在烟草染色体端粒附近的外源基因能稳定表达，而整合到异染色质区和中间区域或高度重复序列的外源基因不能稳定表达。外源 DNA 位置效应的产生原因有3个：插入位点附近染色体的微环境影响外源基因启动子的表达活性；插入到含有较多的 GC 碱基对产生甲基化的位点导致基因失活；整合到一个有高度转座活性的区域导致外源基因丢失。

三、重组效应

重组效应指外源 DNA 被植物基因组存在的重组和修复系统识别，并发生不同程度重排的现象，是受体植物基因组应对"外来侵入者"所做出的排斥反应和自我保护效应，是转基因的同源和非同源重组必然引起的 DNA 的易位、缺失、重复等一系列的结构变化，对基因的表达调控有重要的作用。

但外源基因结构变化甚至不同位点碱基序列的变化对其表达的影响不同，表现 DNA 重组的多样性：正效应、负效应及无影响等状态。Fladung（1999）在转基因山杨中发现，有一个完整的单拷贝植株且旁侧序列为宿主 DNA 时可以稳定表达，但如果其外源基因连接有一段截短的反向 T－DNA 序列时则该转化体的外源基因不能稳定表达或在培养过程中外源基因丢失。Rathore 等（1993）将 *bar* 基因起始密码子上游的碱基序列 GGATC-CATGAGC 修饰成 GATCTACCATGAGC，转化水稻原生质体，结果显示 *bar* 基因的表达活性明显提高。而获得的 *bar* 基因水稻转化株 B17 和 B25 中，CaMV 35S－*bar*－nos poly（A）（1.64 kb）基因中的 *Hind* Ⅲ和 *Eco*R Ⅰ限制性核酸内切酶酶切位点发生改变，并不影响 *bar* 基因表达产物的形成。甚至在转化株 TR3－18 中，整合的 *bar* 基因有部分片段丢失，仍具有表达功能。有人认为外源基因 DNA 片段的大小也是影响其表达的一个因素，大片段外源基因对 DNA 截断（truncation）、位置效应和（或）共抑制（co－suppression）敏感。

四、转基因沉默

（一）转基因沉默及其分子机制

转基因沉默（transgene silencing）是指整合到受体基因组中的外源基因在当代或后代中表达活性受到抑制的现象，是导致转基因植物外源基因表达活性低下的重要原因，严重影响转基因植物从实验室走向农业产业化应用。转基因沉默的主要原因是转基因之间或是转基因与内源的同源基因之间存在着序列同源性的缘故，故而又称为同源性依赖的基因沉默（homology－dependent gene silencing）。转基因的拷贝数、构型、整合位点、转录水平，环境条件和发育因子，以及 DNA 的甲基化作用都与转基因沉默有关，而所有这些影响因素都涉及 DNA - DNA、DNA - RNA 和 RNA - RNA 3 种不同形式的核酸分子之间的相互作用（图 8 - 5）。

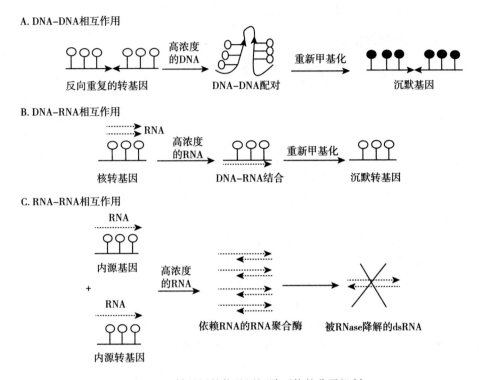

图 8 - 5 转基因植物基因沉默可能的分子机制

A 和 B 被想象为核内加工，导致 DNA 的从头甲基化和转录水平的失活。C 中转录后水平的 RNA 代谢机制发生在细胞质中，不一定导致 DNA 修饰。但是，B 和 C 也可能是有联系的，如 RNA 水平的升高导致细胞质内 RNA 代谢（C）和核内基因的甲基化（B）。目前还不了解核内甲基化最后是否导致完全的转录失活；一定水平明显的 RNA 诱导的甲基化不一定导致完全的转录水平失活

（空心环和实心环分别代表未甲基化和已甲基化的胞嘧啶）

（引自王关琳等，2002）

（二）转基因沉默的模式

目前已经鉴定出 3 种与 DNA 分子同源性有关的转基因沉默的一般性模式（general models）。第一种模式称为顺式失活（*cis* - inactivation），指多拷贝、串联的转基因导入常常导致倒位或直接重复引起的失活。第二种模式称为反式失活（*trans* - inactivation），可看作顺式失活的一种延续效应，因顺式失活的转基因可以作为一种"沉默子"，以反式作用的方式使位于不同 DNA 分子上的同源靶基因（homologous target gene）发生大体相似水平的甲基化而失活。这样的靶基因与沉默转基因可以是等位基因，也可以是非等位基因（即异位基因）。由于沉默的等位基因是独自获得了甲基化的失活状态，因此反式失活是一种非互作基因（nonreciprocal gene）间的相互作用。也就是说，在此种反式失活中，一种显性沉默的等位基因或上位沉默的座位基因，单向性地降低了靶等位基因或座位基因的活性，而其自身却不会因此发生变化，这种基因沉默称为单向性沉默（undirectional silencing）。第三种转基因沉默模式称为共抑制（co‑suppression）或有义抑制（sense‑suppression），涉及一个转基因与一个同源的内源基因或两个同源的转基因之间的协同沉默，这种互作是相互的，因为两个遗传位点以相同方式被互作所影响。

（三）转基因沉默发生水平

转基因沉默可以发生在染色体 DNA、转录和转录后 3 种不同的层次上。现普遍将发生在染色体 DNA 水平上的转基因沉默称为位置效应，发生在 RNA 转录水平上的转基因沉默称为转录失活，而发生在转录后水平上的转基因沉默的主要形式是转录后共抑制。

1. 位置效应　位置效应一般有两种情况：①外源基因整合进植物基因组中高度甲基化的区域，或者异染色质区和高度重复序列区发生甲基化，使外源基因的表达下降或沉默；②由于外源基因的碱基组成与整合区域的不同而被细胞的防御系统所识别，不进行转录（Fineggan et al.，1994）。

2. 转录水平的基因沉默　转录水平的基因沉默（transcriptional gene silencing，TGS）主要是由于启动子 DNA 序列发生甲基化或导入的基因发生异染色质化所造成的，二者都和转基因重复序列有密切关系。研究发现，DNA 甲基化主要发生在基因的 5′端的启动子区域，阻碍转录因子与启动子的接触，从而引起转录抑制（Nan et al.，1998）。甲基化并可延伸到基因的 3′端，李旭刚等（2001）发现导入外源 *uidA* 基因的植物发生基因失活现象，Northern 杂交实验证明，基因失活的植物体内检测不到外源 *uidA* 基因的转录产物，同时伴随着基因上游启动子区域的 DNA 甲基化。但 DNA 甲基化引起的外源基因失活可以逆转，去甲基化试剂可以恢复外源基因的表达。

此外，外源基因如果以多拷贝的形式整合到染色体 DNA 的同一位点上，就会形成首尾相连的正向重复或头对头、尾对尾的反向重复。如此，则不能进行转录，故而称为转录失活，且拷贝数越多，基因沉默现象也越严重。这可能是由于重复序列之间发生自发配对，形成可被甲基化酶特异性识别的结构而发生甲基化作用，从而抑制其表达。此外，重复序列间的相互配对也可以导致自身异染色质化，其机制可能是由于与异染色质化相关的蛋白质能够识别此种由重复序列间配对形成的拓扑结构，并与之结合，从而将重复序列牵引到异染色质区，或直接使重复序列发生局部异染色质化。

3. 转录后水平的基因沉默　转录后水平的基因沉默（post‑transcriptional gene silencing，PTGS）指转基因在细胞核中能稳定转录，但在细胞质中却无相应的稳定 mRNA 存在的现象。PTGS 是 RNA 水平基因调控的结果，比转录水平的基因沉默更普遍，共抑制现象是其研究的热点。共抑制是外源基因的导入引起同源的内源基因沉默，或两者同时沉默的现象，是转录本过量引起的。用继续运行（run on）实验和 RT‑PCR 分析表明：出现共抑制表型的植株，在核中积累了高水平的 mRNA，在细胞质中却检测不到特异的 mRNA 的积累，说明共抑制失活并非转录水平的抑制，而是属于转录后水平的调控历程。共抑制的发生是随机的，并受植物发育的调控，可以由基因的重组分离而逆转消失，在不同的转化植株中表现也不同，共抑制有时也会伴随甲基化现象。人们提出了许多模型来解释共抑制现象，如 RNA 阈值模型、异常 RNA 模型、反义 RNA 模型、RNA 介导的病毒抗性模型等，但这些模型并不能解释所有实验中的共抑制现象。

转录后水平的基因沉默的特点是外源基因能够转录成 mRNA，但正常的 mRNA 不能积累，也就是说 mRNA 一经合成就被降解或被相应的反义 RNA 或蛋白质封闭，从而失去功能。其中 RNA - RNA 作用又称为 RNA 干涉（RNA interference，RNAi），涉及RNA 的降解机制。

过量的 RNA 也可能和同源的 DNA 相互作用导致重新甲基化，使基因失活。从转基因沉默的分子机制看，要消除转基因沉默，可将目的基因加以适当修饰，减弱对宿主基因组的刺激，降低同源配对的可能性，进而削弱宿主 DNA 对外源基因的影响，使表达水平得到提高。

第三节　外源基因的遗传规律及遗传稳定性

一、外源基因在转基因植物中的遗传规律

1. 孟德尔式遗传　大量转基因遗传研究结果表明，转基因植株能将外源 DNA 稳定地传递给后代，且后代中显性位点的遗传是真实的孟德尔式遗传。但考虑到外源基因插入植物基因组有单位点插入、同一染色体的多位点插入、不同染色体的多位点插入等几种情况，而且插入的拷贝数不同，插入的基因数目也可能不同，因而外源基因在转化植株中的遗传传递规律表现十分复杂。

（1）单位点插入外源基因的传递规律。研究发现，单位点插入不论是单拷贝还是多拷贝串联，在不超过一定长度时，大多数转基因植株中外源基因能稳定遗传并显示孟德尔单基因分离规律，即 R_1 代外源基因对应表型的分离系数为 3：1。Otten 等（1981）研究 T - DNA 转化植株遗传规律表明：①T - DNA 上基因能够被作为一个单一因子以孟德尔方式传递，并能通过减数分裂配子体形成 1：1 分离；②rGV - 1（冠瘿瘤再生植株）植株的正交、反交中 F_1 代植株均表现为 1：1 分离；③rGV - 1 转基因植株自交中 F_1 代植株呈 3：1 分离。

（2）多位点插入外源基因的传递规律。转化的外源基因的 R_1 代呈 3：1 单基因显性孟德尔分离是外源基因传递中的常见现象，但是并非所有的转基因植株表现都如此。Akama 等（1992）在拟南芥上发现 R_1 代 10 个株系的抗性分离比例为 3R：1S，有 3 个株系是 15R：1S，说明多数情况下为单位点插入，但也有两三个位点的插入。进一步对 124株独立转化株进行基因组杂交，发现拷贝数为 1、2、3 个 T - DNA 者分别占 44％、28％、10％，90％以上插入拷贝数在 5 个以下，但也发现有 10 个拷贝的。

Buder 等（1986）在烟草 44 株转基因植株后代中发现 40 个 *Km* 抗性基因的分离符合孟德尔规律。分析下列 3 组杂交组合获得的种子在 Km 培养基上的萌发情况：① 转化植株自交；② 转化植株与非转化植株杂交；③ 转化植株间杂交。对抗 *Km* 基因分离比分析发现，40 个无性系中 35 个包含一个单位点插入 *Km* 抗性基因，其余 5 个是两个单位点插入，并且在两个单位点插入的无性系自交后代的分离比中观察到 T - DNA 插入可能导致隐性致死突变。因此，他们提出了两个假说来解释得到的数据：①抗性标记基因按单一孟德尔因子分离。在自交时有两种情况，一种是带 *Km* 基因的 T - DNA 整合因同源诱导产生致死突变，预期分离比为 2*Km*：1*Km*；另一种是对 T - DNA 的纯合子正常生存，则预

期分离比为 $3Km:1Km$。②抗性标记基因按两个独立的孟德尔位点分离，这两个插入位点彼此相距较远，自交后分离比为 $15Km:1Km$。Chen 等（1998）在转化水稻株系 S88 的（带有 11 个基因）R_1 代分离中，呈现两个单位点插入的分离现象。Molinier 等（2000）使用 gfp（绿色荧光蛋白基因）为标记基因，发现株系 145 - 4 中 T - DNA 插入到两个单位点的后代中发射荧光，未发荧光植株的比例为 15：1，符合两个独立显性位点的分离假说。

可见多个转基因在转化植物后代的分离规律与其整合特性密切相关。如果多个基因以连锁形式整合到一个位点上，那么就符合单基因的孟德尔分离规律；如果多个基因分别整合到不同的位点上，那么每个基因的分离符合孟德尔规律，各个基因间不影响。

2. 非孟德尔遗传现象　在转基因植株的后代分离中，也普遍存在一些显性个体明显不符合孟德尔规律的现象。如 Deroles 等（1988）在带有多拷贝的 T - DNA 的转基因矮牵牛中发现，后代的显性个体比例明显低于 3：1，表现明显的非孟德尔遗传现象，少数转化体发生复杂的转基因分离。目前的研究表明，导致非孟德尔遗传现象的原因有如下几种：

（1）转基因丢失。转基因丢失即在转基因植物中外源基因突然丢失的现象，一般在转基因植株的前几代能检测到外源基因，但后面几代检测不到。如 Srivastava 等（1996）观察到在一个小麦转化株系 2B - 2 中，转基因在自交一代中能表达，在自交二代中仅能检测到，在自交三代中，用 Southern 杂交没有检测到外源基因的存在，说明发生了丢失。

引起转基因丢失的主要原因有：①由于转化受体通常是二倍体，外源基因同时整合到同源染色体相同座位的可能性极小，因而获得的第一代转基因植株常常是杂合体，在后代分离过程中，因同源染色体配对和对等交换而使外源基因丢失；②由于转化受体通常是多细胞结构，获得的第一代转基因植株可能是嵌合体，因此，在检测幼小的转基因植株时能检测到外源基因，由于外源基因在生长点的分生组织细胞中不存在，因而在植株生长和后代分离过程中，外源基因就会丢失；③植物基因组中存在一些对转基因可遗传稳定整合不利的特定位点。克服外源基因在转基因植株中丢失的对策是：①建立植物小孢子转化体系，因为小孢子具备了单细胞、单倍体两个特性，以它作为转化受体易获得纯合的转基因植株；②建立一套将外源基因定点、定量地整合到受体基因组中遗传转化技术（林良斌等，2001）。

（2）转基因沉默。转化体仍然保留着完好的转基因但不表达或表达活性降低，或者是转化体虽然保留着转基因但转基因已发生了重排而不表达或表达活性降低，从而引起了转基因后代分离规律的异常，即非孟德尔遗传现象。

（3）转基因逃逸。转基因逃逸（transgene escape）又称基因漂移（gene flow），指目标基因在生物个体、种群甚至物种之间的自发移动。一般通过两种方式实现：种子传播和花粉传播。种子传播，即转基因作物的种子通过传播在另一个品种或其野生近缘种的种群内建立能自我繁育的个体。通过种子传播导致基因逃逸的距离较近。花粉传播，即转基因作物通过花粉传播与其他非转基因作物品种或其野生近缘种进行杂交和回交，而在非转基因品种、野生近缘种的种群中建立可育的杂和回交后代。花粉传播而导致的基因漂移可以是远距离的。无论是哪种转基因逃逸方式，都将导致非转基因目的而产生转基因植株，从而出现非孟德尔遗传现象。因此，在开展转基因植物筛选时，要采用标记选择、表达分析和分子检测方法相结合的手段来检测转化体，避免转基因逃逸现象的发生。

（4）花粉致死（雄配子致死）。利用转化体植株自交或者与非转基因植株回交时，后代皆呈 1∶1 的显性分离。但是许多研究中观察到外源基因很难通过花粉进行传递，当以转化体为父本与非转化体回交时，只产生非转化体，分析很可能是花粉致死。也有一些研究结果表明，转基因通过花粉传递的能力要小于通过卵细胞传递的能力。杂交实验表明不论筛选基因还是非筛选基因，以转基因植株作为母本比作为父本对转基因表达的遗传传递能力要强。转基因通过花粉的传递能力很弱，甚至于不传递，原因可能是转基因植株花粉的活力、花粉管伸长能力与受精能力比非转基因植株的花粉要差，也可能是转基因插入到影响花粉活力的基因位点上而造成花粉死亡。

（5）诱发隐性致死突变或转基因纯合致死。控制致死的基因是隐性的，Peng 等（1995）在转基因水稻品系 IR54 - 1 的 R_3 代中发现，所有含有转基因的 R_2 代都产生了分离的后代植株，也就是说 R_2 代中没有转基因的纯合体，据研究者分析是纯合致死现象导致阳性纯合后代缺失。

二、外源基因的遗传稳定性

转基因植株的遗传常不稳定，并导致基因转化最终失败。实质上，转化外源基因在受体细胞中经历一个复杂的过程，它包括转化细胞的分裂繁殖、愈伤组织的生长发育与分化、植株再生、转基因植株的开花、减数分裂传递、授粉、合子形成及胚的发育等，这些复杂的发育过程向外源基因的稳定性提出了严峻的挑战。关于转化外源基因在受体细胞培养、分裂繁殖及分化过程中的稳定性包括两个方面：一是转化外源基因在转化细胞培养过程中的稳定性；二是转化外源基因在植株繁育过程中遗传传递的稳定性。

1. 转化外源基因在转化细胞培养过程中的稳定性　转化细胞必须经过一系列的培养过程，如愈伤组织诱导、芽分化、根分化等才能成为完整的转基因植株。在这一复杂的过程中，转化的外源基因能否稳定地保持和传递关系到能否获得高效表达的转基因植株。研究表明，外源 DNA 一旦整合到植物细胞的基因组后，其稳定性与核基因是同等的，在细胞培养和再生过程中是基本稳定的，能够通过细胞分裂稳定地传递给下一代，能够从转化的细胞获得转基因植株。

但外源基因在转化细胞培养过程中的不稳定性也是存在的，特别是在愈伤组织培养阶段，因为组织培养过程中存在较高的无性系变异。研究表明，细胞培养中可发生染色体数目变异、结构变异（包括染色体的断裂、易位、倒位、缺失、重组等）、核基因的扩增和丢失、核基因的突变重组等，因而需要加强转化中间环节的检测，包括直接检测是否有转基因序列的存在以及间接检测选择标记基因、报告基因的活性，以确保转化基因的稳定性。

2. 转化外源基因在植株繁育过程中遗传传递的稳定性　研究发现，多数情况下虽然供体 DNA 和靶 DNA 序列在整合过程中可能经受各种变化，但整合一旦发生，插入的外源基因在减数分裂中能保持下来，并稳定地通过有性过程传递到后代，保持高度的减数分裂稳定性。Czernilosfky 等（1996）将 Kan 基因通过农杆菌导入烟草，有性杂交分析结果表明，获得的 5 个 F_1 代抗性植株进行 DNA Southern 杂交得到的杂交图谱与亲本相同，几乎难以区别。马明等（2004）根据外源 *udiA* 基因、*bar* 基因和 *gus* 基因设计引物，对转基因小麦 B73-6-1 三代种子 DNA 进行多重 PCR 分析均得到了外源基因的扩增片段，而且，三代种子均来自同一株转基因小麦。上述结果表明，在多数外源基因的转化过程中，整合的 DNA 在减数分裂和植株后期发育中是稳定的，整合的供体 DNA 在有性传递过程中是稳定的。当然也有外源基因丢失的报道，T-DNA 既可在减数分裂时丢失，也可在无性系变异中丢失，通过对转化体自交和选择能降低外源基因的不稳定性。

到目前为止，对特定的转基因植物及其后代进行深入的遗传学研究仍不多，但一个较为普遍的现象是多拷贝、复合整合方式的转化 DNA 稳定性低，单拷贝或低拷贝的插入具有较高的稳定性。

三、影响外源基因遗传稳定性的因素

1. 转化方法对外源基因遗传稳定性的影响 不同的基因转化方法对整合的外源基因的结构、稳定性及其传递规律均有明显影响，一般而言，农杆菌转化的外源基因整合位点较稳定，常在 T-DNA 25 bp 处与植物细胞整合，大多数是单位点整合；整合的外源基因基本保持其结构的完整性，结构的变化很少；整合外源基因的拷贝数常以单拷贝或低拷贝 T-DNA 为主，也有少量多拷贝 T-DNA 以首尾串联形式在单位点整合；整合的外源基因在转基因植株中的显性表达率较高，即多数外源基因能有效表达，共抑制现象相对较少；外源基因在转基因植株中的分离符合孟德尔遗传规律，大多数 F_1 代转基因植株以 3：1 分离。农杆菌转化外源基因的上述特性可能与其转化机制有关，T-DNA 转化是自然界天然的遗传工程，整合机制也比较清楚，把目的基因插入 T-DNA 中借助 T-DNA 为载体进行转化是人类对天然遗传工程的利用。

DNA 直接转化是利用物理或化学方法将裸露的 DNA 随机地导入植物受体细胞，其有序性和剂量性都较差，整合机制也尚不清楚。因此它与农杆菌介导转化相比，外源 DNA 的整合位点较多，可以在一条染色体上或不同染色体上进行多位点整合；整合的外源 DNA 易发生结构变化和修饰，如 DNA 片段分离、丢失、环化、甲基化等；整合外源 DNA 的拷贝数也较多，多拷贝的比例相对较高；整合外源 DNA 的遗传效应比较复杂，基因间的位置效应、共抑制现象等表现明显；整合外源 DNA 的遗传特性多，转基因植株的表型丰富，F_1 代植株分离比例比较复杂，但也基本符合孟德尔遗传规律，单位点的 3：1 分离比较少，其遗传稳定性表现较差。无宿主范围是 DNA 直接转化的长处。

2. 外界环境对外源基因遗传稳定性的影响 外源基因的稳定性与环境条件有着密切的关系。Broer（1996）发现，携带单拷贝玉米 *al* 转基因的矮牵牛植株在温室中转基因的表达无明显差异，但在田间表达却受亲本的年龄、环境的影响，如当田间达 37 ℃时 *al* 基因失活，在降温后又恢复表达。

环境条件可以通过影响启动子而影响外源基因的表达效率和稳定性，也可以通过影响转基因编码序列而影响转基因的表达效率和稳定性，主要原因是启动子常含有对环境敏感的顺式调控元件，或环境导致的外源 DNA 甲基化的改变。

移栽也是影响转基因表达的因素。Hart 等（1992）观察到带有嵌合几丁质酶基因的烟草植株在组培条件下萌发，长成幼苗，然后转移到土中，这时的几丁质酶基因是沉默的，但是，那些直接播种到温室土壤中的植株却没表现出基因沉默，故认为早期培养条件影响几丁质酶基因的沉默。Dorlhac 等（1994）报道在温室内通过条件限制延迟共抑制的发生，转移到大田后，60％的纯合烟草植株发生了共抑制，认为在幼苗时期移栽影响了共抑制的发生。

第四节　外源基因的表达特点

一、转化外源基因的瞬时表达与稳定表达

1. 转化外源基因的瞬时表达　在合适的条件下，转化的外源基因通常在数小时之后就能检测到其表达的产物，即检测到新合成的蛋白质或酶的活性，并在 $1\sim2$ d 内达到最高值，随后又逐渐降低，至十多天完全消失。这种短时间的外源基因表达称为瞬时表达（transient expression）或瞬间表达。转化外源基因的瞬时表达已在水稻、花椰菜、毛白杨、玉米、谷子等许多植物中观察到，这是基因转化的普遍现象，并且已应用于转化基因表达的水平检测。

影响瞬时表达的因素主要有：①质粒 DNA 的基因结构。瞬时表达导入的质粒 DNA 常常是重组后的质粒 DNA，它携带易于检测的报告基因、真核生物 $5'$ 端的调控顺序及 $3'$ 端的 poly（A）顺序。这种嵌合基因的结构确保它导入细胞后能正常表达。如果质粒 DNA 上调控序列缺失，则影响外源基因的瞬时表达。②细胞内源核酸酶的影响。Arias - Garzon 和 Sayre（1993）研究木薯和大豆叶片及根中的基因瞬时表达，结果发现木薯和大豆中存在大量的 DNase，比叶片中高得多。*gus* 基因在木薯、大豆叶片中得到大量的瞬时表达，而在根中几乎检测不到，可能是根中的外源 DNA 被 DNase 降解之故。③受体细胞生理状态及其内源 GUS 酶抑制剂的影响。不同的外植体对 *gus* 基因的瞬时表达强度不同，这可能与受体细胞的生理状态有关，也可能是细胞内转录能力及翻译系统的能力差异所致。④转化因素对外源基因瞬时表达的影响。基因转化过程中的培养条件也与外源基因瞬时表达有关。王火旭等（2001）研究转基因大白菜 *gus A* 基因瞬时表达表明，预培养 4 d 与 2 d 比较，*gus A* 基因的瞬时表达频率明显下降；共培养 $2\sim3$ d，*gus A* 基因的瞬时表达频率可达到 100％；共培养时间超过 4 d，由于农杆菌的过度增殖，大白菜外植体的伤口处细胞受到农杆菌的伤害而褐化死亡的现象逐渐加重。

外源基因瞬时表达的应用主要有：①在基因转化研究中的应用。如用于农杆菌转化能力的检测。把 *gus* 基因插入农杆菌 T - DNA 后，通过农杆菌转化检测 GUS 酶活性，可以判断农杆菌的侵染能力。如果有 GUS 酶活性，则表明农杆菌已将 T - DNA 导入植物细胞。其 GUS 酶表达强度在一定程度上反映转化 T - DNA 的数量和农杆菌侵染能力。也可用于优化基因转化条件研究，包括选择导入 DNA 的方法、确定农杆菌共培养的时间等。②在植物基因表达调控的研究。主要用于启动子、增强子对基因表达调控的研究；内含子的功能研究；探测 $3'$ 端 DNA 的功能，并可以作精细结构分析；外界因素对基因表达调控的影响研究；植物激素的调控机制研究等。

2. 转化外源基因的稳定表达　转化的 T - DNA 基因能否在植物细胞中进行表达已基本清楚。T - DNA 上的基因能够在植物细胞中进行稳定地表达。农杆菌 T - DNA 结构特

点与真核基因结构基本相同，在基因起始密码子上游的 30 bp 处有 TATA box，在 75 bp 有 CAAT box。每个 T-DNA 基因的 3′端还有一个或多个多聚腺苷酸化的信号序列 AATAAA。T-DNA 基因与真核生物的不同之处是没有内含子。T-DNA 进入植物细胞后能借助植物细胞系统进行复制、整合和表达，是与核 DNA 完全相同的稳定表达。稳定表达需具备如下基本条件：①表达时间长，不会像瞬时表达那样 10 d 后无表达；②稳定表达无迅速衰退现象；③分子杂交证明 DNA 已整合到植物基因组中；④能够遗传给后代，并符合分离规律。

二、转化外源基因的组成型表达、特异性表达和诱导型表达

（一）组成型表达

在组成型启动子（constitutive promoter）的调控下，外源基因的表达在不同组织器官和发育阶段没有明显差异，因而称为组成型表达（constitutive expression）。组成型表达具持续性，RNA 和蛋白质表达量相对恒定，不表现时空特异性，也不受外界因素的诱导。

花椰菜花叶病毒（CaMV）35S 启动子是双子叶植物中最常用的组成型启动子，是病毒 RNA 35S 上游一段−941～＋208 序列，其中−343～−208 序列和−208～−90 序列是转录激活区，−90～−46 序列是进一步增强转录活性的区域，−46～＋9 序列是转录起始区（图 8-6）。木薯叶脉花叶病毒（CsVMV）启动子−222～−173 序列负责驱动基因在植物绿色组织和根尖中表达，−178～−63 序列包含的元件负责调控基因在维管组织中表达，研究表明该启动子的增强表达能力可能比 CaMV 35S 启动子更强。

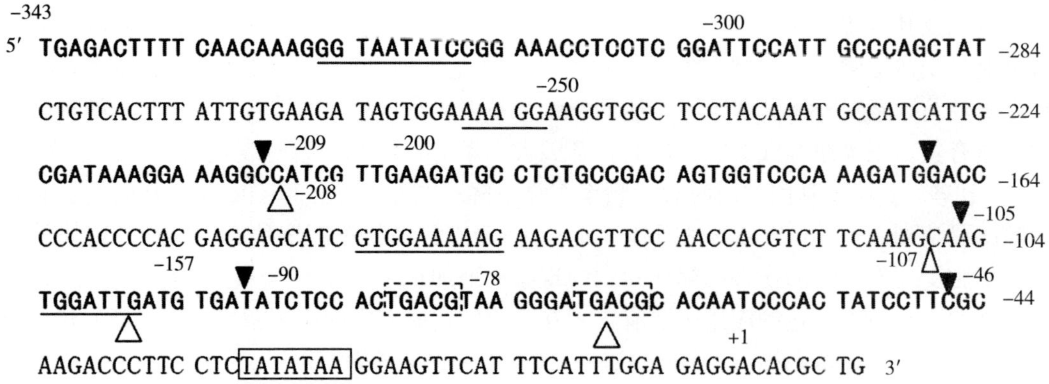

```
−343                                                        −300
5′ TGAGACTTTT CAACAAAGGG TAATATCCGG AAACCTCCTC GGATTCCATT GCCCAGCTAT −284
                                   −250
  CTGTCACTTT ATTGTGAAGA TAGTGGAAAA GGAAGGTGGC TCCTACAAAT GCCATCATTG −224
            ▼ −209    −200                                    ▼
  CGATAAAGGA AAGGCCATCG TTGAAGATGC CTCTGCCGAC AGTGGTCCCA AAGATGGACC −164
            △ −208                                          ▼ −105
  CCCACCCCAC GAGGAGCATC GTGGAAAAAG AAGACGTTCC AACCACGTCT TCAAAGCAAG −104
  −157      ▼ −90        −78                              −107 △ −46
  TGGATTGATG TGATATCTCC ACTGACGTAA GGGATGACGC ACAATCCCAC TATCCTTCGC −44
        △                                    △            +1
  AAGACCCTTC CTCTATATAA GGAAGTTCAT TCATTTGGA GAGGACACGC TG  3′
```

图 8-6　CaMV 35S 启动子和上游区核苷酸序列（−343～＋9）

下划线代表 SV40 增强子核心序列，实线框代表 TATATA 盒，

虚线框代表 TGACG 重复序列，空心、实心三角形箭头表示序列位置

为得到转录活性更强的启动子，人们在天然启动子的基础上成功构建了串联启动子。Mitsuhara 等（1996）将 2 个 CaMV 35S 启动子−419～−90（E12）序列与烟草花叶病毒的 5′非转录区（omega 序列）相连，发现转基因烟草 GUS 活性比单用 CaMV 35S 启动子高 20 倍以上。把 7 个 CaMV 35S 启动子的−290～−90（E7）序列与 omega 序列串联，

转化水稻的外源基因的表达量最高增加了 70 倍。

（二）组织或器官特异性表达

组织或器官特异性表达指外源基因在组织特异性启动子（tissue specific promoter）或器官特异性启动子（organ specific promoter）的调控下在特定的器官或组织中表达。依据组织器官部位，组织特异性启动子可分为根特异性启动子、茎特异性启动子、叶特异性启动子、花器官特异性启动子、果实特异性启动子、种子特异性启动子、胚乳特异性启动子等，其避免了组成型启动子驱动的外源基因在受体植物中非特异性、持续、高效表达所造成的浪费，解决了在需要大量表达的特定组织部位基因表达量低而达不到预期效果的问题，因而对阐明植物形态、发育等研究具有重要价值（焦勇等，2019）。

1. 根特异性启动子 如拟南芥根中编码黑芥子酶（myrosinase）的 *Pyk10* 基因启动子、草莓根中编码液泡膜内在蛋白（TIP）的 *FaRB7* 基因启动子等，均存在若干器官特异性表达和植物激素应答的特异元件，如 ACGT-核心序列、CANNTG-motifs、GATA-motifs、诱导物（elicitor）应答元件 W-box [（T）TGAC（C）]、植物激素应答元件（如 as-1 元件、生长素和脱落酸应答元件、MYB 元件）和细胞特异表达元件等，其中 ACGT、CANNTG 和 GATA 等顺式作用元件是决定组织或器官特异性表达转录因子的结合位点，MYB 元件在控制植物次生代谢、调节细胞形态建成、信号传导等过程中起重要作用。

2. 茎特异性启动子 如马铃薯中 TDF511 Stgan 启动子，序列分析发现其有与蔗糖应答反应有关的共有序列及几个保守的转录因子（如 Dof1、Dof2、Dof3 和 PBF）的结合位点。目前，维管束特异性启动子研究还有待加强。

3. 叶特异性启动子 如咖啡 RBSCS1、豌豆 RBCS3A 启动子等，含有 AT-1 盒（AGAATTTTATT）、Box II 核心序列（GTGGTTAAT）、类 L-box（AAAATTA-ACCAA）、G-box（GCCACGTGGC）等元件，启动子两侧分别有一个类 I-box（核心序列为 GATAAG），形成 I-G-I 结构，推测 G-box 10 个碱基的回文结构可能结合某个转录因子。

4. 花器官特异性启动子 花器官特异性启动子包括花粉花药特异性启动子（如玉米丝氨酸/苏氨酸激酶基因 *ZmSTK2 USP* 启动子）、花瓣特异性启动子（如 *RhOOMT2* 基因启动子）、胚珠特异性启动子（如大豆 *AGL1* 基因启动子）等。王焕等（2020）研究表明，*RhOOMT2* 基因启动子中，存在响应乙烯的 ERE 元件 1 个，响应茉莉酸甲酯的 CGTCA 元件和 TGACG 元件各 2 个，包括 Box 4、Box I 和 G-box 在内的光响应元件 5 个，响应干旱的 MBS 元件 2 个，响应真菌感染的 Box-W1 元件 1 个，厌氧诱导的 ARE 元件 2 个，胚乳表达相关的 CN4_motif 和 Skn-1_motif 各 2 个。运用在线软件 Plant Care 分析发现，*SmDAD1* 基因启动子上含有多个 TATA-box 和 CAAT-box 关键顺式作用元件，同时含有一系列光响应元件 A-box、G-box、Box III、GATA-motif，激素调节相关的元件 ABRE、GARE-motif，分生组织表达元件 CAT-box、MYB 结合位点等，说明 *SmDAD1* 的表达可能受到多种因子的影响（图 8-7）。

5. 果实、种子特异性启动子 果实、种子特异性启动子包括番茄果实 2A12 启动子，花生 *GSP*、油菜 *Napin*、玉米 *PZmBD1*、小米 *pF128* 等基因启动子，其中研究较多的是

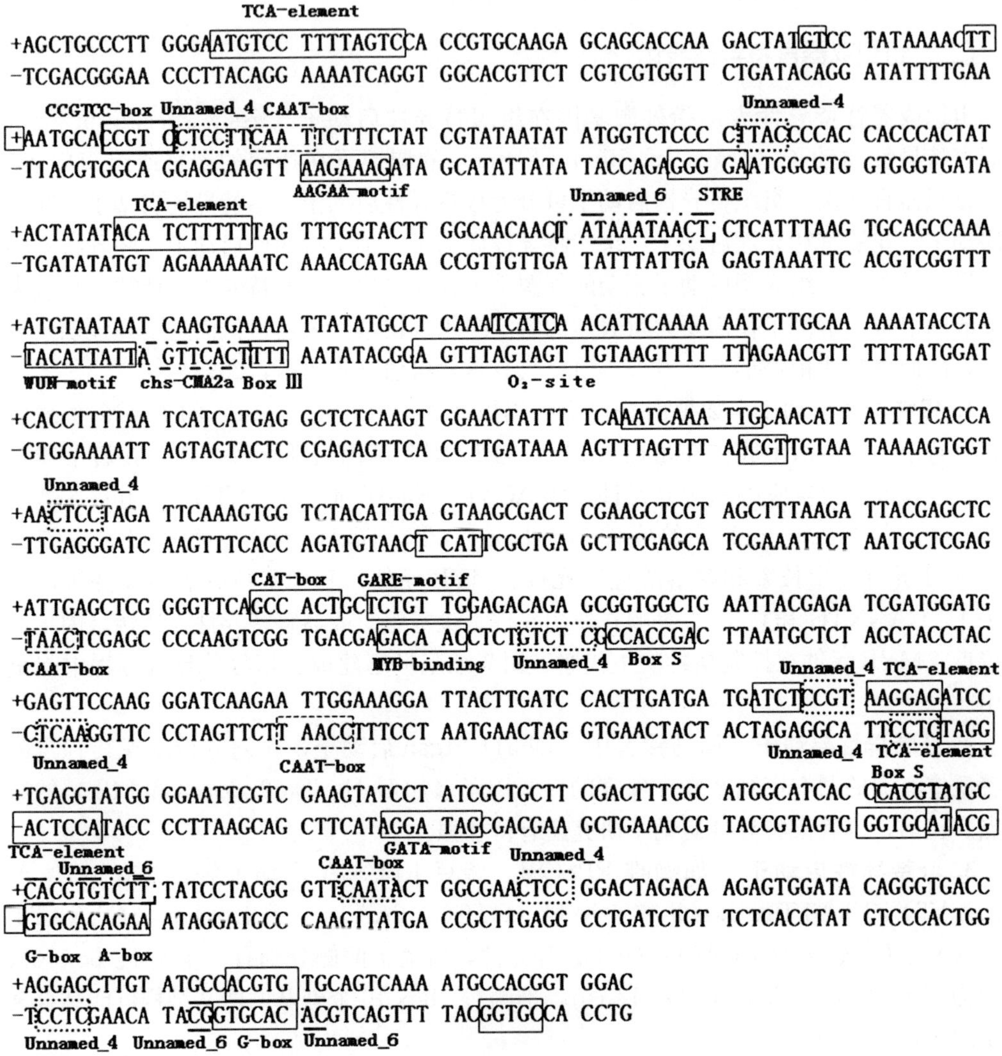

TCA-element
+AGCTGCCCTT GGGAATGTCC TTTTAGTCCA CCGTGCAAGA GCAGCACCAA GACTATGTCC TATAAAACTT
-TCGACGGGAA CCCTTACAGG AAAATCAGGT GGCACGTTCT CGTCGTGGTT CTGATACAGG ATATTTTGAA
CCGTCC-box Unnamed_4 CAAT-box   Unnamed-4
+AATGCACCGT CTCCTTCAA TTCTTTCTAT CGTATAATAT ATGGTCTCCC CTTACCCAC CACCCACTAT
-TTACGTGGCA GGAGGAAGTT AAGAAAGATA GCATATTATA TACCAGAGGG GAATGGGGTG GTGGGTGATA
AAGAA-motif   Unnamed_6   STRE
+ACTATATACA TCTTTTTTAG TTTGGTACTT GGCAACAACT ATAAATAACT CTCATTTAAG TGCAGCCAAA
-TGATATATGT AGAAAAATC AAACCATGAA CCGTTGTTGA TATTTATTGA GAGTAAATTC ACGTCGGTTT

+ATGTAATAAT CAAGTGAAAA TTATATGCCT CAAATCATCA ACATTCAAAA AATCTTGCAA AAAATACCTA
-TACATTATTA GTTCACTTTT AATATACGGA GTTTAGTAGT TGTAAGTTTT TTAGAACGTT TTTTATGGAT
WUN-motif chs-CMA2a Box III   O₂-site
+CACCTTTTAA TCATCATGAG GCTCTCAAGT GGAACTATTT TCAAATCAAA TTGCAACATT ATTTTCACCA
-GTGGAAAATT AGTAGTACTC CGAGAGTTCA CCTTGATAAA AGTTTAGTTT AACGTTGTAA TAAAAGTGGT
Unnamed_4
+AACTCCTAGA TTCAAAGTGG TCTACATTGA GTAAGCGACT CGAAGCTCGT AGCTTTAAGA TTACGAGCTC
-TTGAGGGATC AAGTTTCACC AGATGTAACT CATTCGCTGA GCTTCGAGCA TCGAAATTCT AATGCTCGAG
CAT-box   GARE-motif
+ATTGAGCTCG GGGTTCAGCC ACTGCTCTGT TGGAGACAGA GCGGTGGCTG AATTACGAGA TCGATGGATG
-TAACTCGAGC CCCAAGTCGG TGACGAGACA ACTCTGTCT CGCCACCGAC TTAATGCTCT AGCTACCTAC
CAAT-box   MYB-binding Unnamed_4 Box S   Unnamed_4 TCA-element
+GAGTTCCAAG GGATCAAGAA TTGGAAAGGA TTACTTGATC CACTTGATGA TGATCTCCGT AAGGAGATCC
-CTCAAGGTTC CCTAGTTCTT AACGTTTCCT AATGAACTAG GTGAACTACT ACTAGAGGCA TTCCTGTAGG
Unnamed_4   CAAT-box   TCA-element
                                                          Box S
+TGAGGTATGG GGAATTCGTC GAAGTATCCT ATCGCTGCTT CGACTTTGGC ATGGCATCAC CCACGTATGC
-ACTCCATACC CCTTAAGCAG CTTCATAGGA TAGCGACGAA GCTGAAACCG TACCGTAGTG GGTGCATACG
TCA-element   GATA-motif   Unnamed_4
   Unnamed_6   CAAT-box
+CACGTGTCTT TATCCTACGG GTTCAATACT GGCGAACTCC GGACTAGACA AGAGTGGATA CAGGGTGACC
-GTGCACAGAA ATAGGATGCC CAAGTTATGA CCGCTTGAGG CCTGATCTGT TCTCACCTAT GTCCCACTGG
G-box A-box
+AGGAGCTTGT ATGCCACGTG TGCAGTCAAA ATGCCACGGT GGAC
-TCCTCGAACA TACGGTGCAC ACGTCAGTTT TACGGTGCCA CCTG
Unnamed_4 Unnamed_6 G-box Unnamed_6

图 8-7　茄子花药开裂相关基因 $S'mDAD1$ 启动子序列
（引自张少伟等，2020）

胚乳特异性谷蛋白基因启动子，其包含 AACA-box、种子凝集素-box、未成熟种子核因子结合位点等元件。此外，启动子更上游处还有若干增强子和调节元件，如-300 bp 处的 RY 重复序列，它是核蛋白的结合位点。

（三）诱导型表达

诱导型表达是在诱导型启动子启动下植物基因组在特定环境中的表达。诱导型启动子（inducible promoter）就是在某些特定的物理或化学信号的刺激下，能大幅度提高基因转录水平的启动子，亦称为诱导型调节序列或诱导型增强子（inducible enhancer）。该类启动子具有活化受到物理或化学信号的诱导、分子结构都具有增强子（沉默子或类似功能的序列结构）、感受特异性诱导的序列都有明显的专一性、常以诱导信号命名等共同特点。

此外诱导型启动子还具有独特的特点：它可根据需要在植物特定的发育阶段、组织器官或生长环境下，快速诱导基因转录的"开"与"关"。根据来源，可将诱导型启动子分为天然存在的诱导型启动子和人工构建的诱导型启动子。

1. 天然存在的诱导型启动子　在植物长期的适应光照、温度、水等环境中，启动子常形成一些保守的顺式作用元件，此外植物有一些启动子在激素、真菌等诱导下诱导基因的表达常形成一些应答元件（表 8-3），这些应答启动子与相关基因融合，常能提高植物的有利性状表达。

表 8-3　天然存在的诱导型启动子
（引自王志新等，2011，有修改）

天然存在的诱导型启动子	启动子名称	启动子应答元件
光诱导启动子	光诱导表达 Gacab 启动子	G-box（5′-CACGTG-3′）、E-box（5′-CANNTG-3′）、Box Ⅰ（5′-GATA-3′）、Box Ⅱ、Box Ⅲ、AT 富含区和 Gap-box
高温诱导启动子	紫花苜蓿高温诱导启动子 pMsMBF1c	热激元件（HSE）5′-[NGAA][NNTTCN]-3′与 GATA 结合位点等两个与植物耐热调节相关的保守模块
低温诱导启动子	拟南芥 *KIN1*、*COR15*、*LTI7848* 基因启动子	CRT/DRE 元件（CCGAC 基序）、CCAAT-box、CCGAC-motif
盐胁迫诱导启动子	辽宁碱蓬 *SlCMO* 基因盐胁迫诱导启动子	盐诱导表达元件（GAAAAA）、其他元件
干旱诱导启动子	拟南芥 *rd29A* 基因启动子	DRE、TACCGACAT
淹水诱导启动子	玉米淹水诱导表达 *ZmERF5* 基因启动子	2 个 GARE-motif、2 个 MBS、1 个 ABRE-motif、1 个 TCA element、1 个 CGTCA-motif、1 个 G-box 和 1 个 O_2-site
生长素诱导启动子	烟草内源 β-1，4-葡聚糖酶基因 *NtCel7* 启动子	5′-TGTCTC-3′或 5′-[G/T]GTCCCAT-3′序列，或 G-box 和 TGA-box
赤霉素诱导启动子	大麦淀粉酶基因启动子	一个嘧啶盒或[C/T]CTTTT[C/T]或 TAACA[A/G]A 盒以及 TATCCAC 盒
脱落酸诱导启动子	燕麦脱落酸诱导启动子	PyA/GCGTGGC 保守序列、ABRE
伤害诱导启动子	马铃薯蛋白酶抑制子 Pin Ⅱ启动子	−700～−195 区段

2. 人工构建的诱导型启动子　为满足不同调控表达需求，在天然存在的诱导型启动子基础上，许多人工诱导型启动子被开发，其中研究最多、最深入的可诱导表达系统是化学诱导表达系统。该系统包括两个转录单元：一个转录单元与化学诱导物结合的转录单元；另一个转录单元包含一个应答元件，经诱导物处理后，通过它激活转录因子，从而激活或抑制目的基因的表达。一个理想的化学诱导表达系统应具备以下特点：首先，外源基

因在植物体内自身不表达或低水平表达，当添加诱导物后，外源基因高效表达；其次，诱导物需要有较强专一性；最后，诱导物可快速启动基因表达的"开"与"关"；而且诱导物对植物无毒或低毒（Padidam，2003；Zuo et al.，2000）。根据控制基因表达的方式，化学诱导表达系统可分为两大类：阻遏型启动子系统和激活型启动子系统。

（1）阻遏型启动子系统。该系统建立在阻遏蛋白与转录因子空间构型相互作用的基础之上，如四环素抑制系统（tTA）。当诱导物不存在时，激活蛋白与阻遏蛋白结合，基因正常转录；添加诱导物后，诱导物与激活蛋白结合或阻止激活蛋白与阻遏蛋白结合，阻遏蛋白则与启动子上的某些顺式作用元件结合，抑制基因转录。

此类启动子系统抑制基因转录所需诱导物的量往往超出植物适应的范围才能体现较好的转录抑制效果，因而实际应用不多。

（2）激活型启动子系统。该类启动子是通过诱导物启动并激活基因的表达，当去除诱导物后基因表达很快被关闭的一类启动子系统，如地塞米松诱导的 GR 系统、雌二醇诱导的 ER 系统、杀虫剂诱导的 EcR 系统等，此类启动子可人为精确地、快速地控制基因的表达。

三、外源基因的时间特异性表达

外源基因的时间特异性表达指在多细胞生物中，某一特定基因的表达严格按特定的时间顺序发生，随生长阶段而变化，或与细胞分化、胚胎或个体发育阶段相一致，因而又称为阶段特异性或发育时序特异性表达。基因的时间特异性表达是植物发育研究的热点，目前的研究主要是构建转基因时加入时间特异性表达的启动子，在此顺式调控元件的作用下，外源基因得到相应的表达。

四、外源基因的同源性和异源性表达

分子生物学研究已清楚表明，各种生物，如动物、植物和微生物都已形成了各自独立的基因表达系统，因顺式作用元件及反式作用因子有一定的差异，使得不同生物的基因只能在同源的本种类生物细胞中表达，而不能在异源的其他种类生物细胞中表达。但是现已明确，不论是来源于何种生物的基因，只要它具有植物基因特有的启动子和其他调控序列，就可以在植物细胞中表达。为区别表达基因的来源不同，凡是非植物来源的基因在植物细胞中的表达都可以视作为异源性表达（heterologous expression），而植物基因在同种或非同种植物细胞中的表达仍属于同源性表达（homologous expression）。由此可见，所谓异源性表达，只是基因的编码序列异源，而启动子和其他调控序列必须同源。

第五节　提高外源基因表达效率的策略

一、影响外源基因表达效率的因素

影响外源基因表达的因素有转入拷贝数、插入位点产生的效应、启动子等，外源基因表达还与转录序列、转录后调节、翻译及翻译后修饰等有关，同时还受激素及环境因素的调控。

（一）外源基因转录效率的影响因素

1. 3′末端或终止子　终止子虽然不具有增强子的功能，但不同来源的植物基因终止子对外源基因的表达有着很大的影响。构建 CaMV 35S 启动子-*npt Ⅱ*-rbcs3′（或 ocs3′，chs3′）转化烟草检测 *npt Ⅱ* 瞬时表达活性表明，连接 rbcs3′的 *npt Ⅱ* 活性比连接 ocs3′的高 3 倍，而后者比连接 chs3′的高 20 倍。

2. poly（A）尾巴及附近序列　对马铃薯蛋白酶抑制剂Ⅱ研究发现，poly（A）信号下游 100 bp 左右有一段 DNA 序列，它对于基因的高效表达是必要的，这段序列含有一段 8 bp 的保守序列 CGTGTTTT 并广泛存在于动植物基因的 3′末端。距离 poly（A）信号下游 9 bp 处存在另一个保守序列 CGTGTCTT，该序列缺失将极大地影响基因的表达水平。

3. 内含子　内含子在基因的表达调控中起着重要的作用，如玉米 *Adh1* 基因的 intron 1、玉米 *Shrunken 1* 基因的 intron 1、水稻 *action* 基因的 intron 1 等。McElroy 等（1990）在 CaMV 35S 启动子与 β-葡聚糖醛苷酸酶（uidA）基因编码区之间插入 action intron 1 转化水稻和玉米原生质体，uidA 活性分别提高 40 倍和 56 倍。分析认为，内含子的作用与 RNA 剪接有关，它很可能是通过提高细胞质中成熟 mRNA 含量而不是通过提高 mRNA 的稳定性或翻译活性起到增强表达作用的。

4. DNA 甲基化　DNA 甲基化（methylation）现象影响 DNA 的许多重要的生物学功能，包括 DNA 复制起始、突变、限制修饰系统、基因表达调控及组织分化等。研究表明在高等植物 DNA 中约 30% 的胞嘧啶核苷酸被甲基化，DNA 甲基化具有抑制基因表达的作用，活化的基因往往处于未甲基化状态。

（二）影响 mRNA 稳定性的因素

不稳定序列即影响 mRNA 稳定性的序列，一种是多拷贝的串联 ATTTA 序列，位于基因的 3′端非编码区，如哺乳动物基因 *c - fos* 和 *gm - CSF*；另一种是 DST 序列，一般结构模式为 GGAg - AUG. 5′- cATAGATTa - AUG. 6 - （A/C）（T/A）（A/T）TttGTA（T/C），如大豆等植物的 *saur* 基因 mRNA 编码区下游约 40 bp。DST 序列及多拷贝的 AUUUA 序列引起 mRNA 降解机制有两种模式：一是 poly（A）尾巴降解模式。不稳定序列可能使 poly（A）尾巴不能与 poly（A）结合蛋白结合，使得 mRNA 3′末端容易遭受核酸外切酶的降解。二是核酸内切酶剪切模式。不稳定序列本身或是激活 mRNA 上另一段序列，成为特异的核酸内切酶的攻击位点，经核酸内切酶作用后的 mRNA 碎片很快被核酸外切酶降解。在植物细胞中寻找与 DST 序列相作用的 RNA 结合蛋白或 RNase 将会进一步阐明 DST 序列的功能和高等植物中 mRNA 降解的机制。

（三）翻译及翻译后修饰的影响

1. 5′末端帽子结构　真核生物的显著特征是其 mRNA 的 5′末端转录出来不久即在鸟苷酸转移酶和甲基转移酶催化下加上帽子结构，帽子结构参与翻译起始，促进蛋白质生物合成及起始复合物的形成。没有甲基化的帽子（如 $m^7GpppN-$）或是采用化学或酶学的方法除去帽子，其 mRNA 的翻译活性显著下降。帽子结构的类似物如 m^7GMP、m^7GDP 等都强烈抑制戴帽 mRNA 的翻译。帽子结构不仅提高翻译起始频率，还能保护 mRNA 免遭核酸外切酶的破坏，提高 mRNA 的稳定性。

2. 5′末端先导序列 5′末端先导序列即从真核基因 mRNA 5′末端帽子到起始密码子之间的不翻译核苷酸序列，不同物种和基因 5′末端先导序列长度、碱基顺序不同，但常富含 AU（平均为 60%～70%）。研究表明，烟草花叶病毒（TMV）基因组 RNA 68 个碱基的先导序列和苜蓿花叶病毒（AMV）RNA 436 个碱基的先导序列具有提高外源基因 mRNA 翻译活性的功能，可能是因为 AMV RNA 的先导序列不形成特定的二级结构，无须翻译起始因子消除二级结构，因而提高了翻译效率；而 TMV 基因组 RNA 的先导序列正相反，它以 Ω 式的特定的二级结构作为某种 RNA 结合蛋白的特异识别信号从而提高了翻译效率。

（四）激素及其他环境因素

1. 激素对外源基因表达的影响

（1）细胞分裂素。细胞分裂素调节基因表达存在 3 种方式：一是通过细胞分裂素直接调控细胞核基因的活性；二是通过调控核蛋白质磷酸化调节核基因的活性，主要原因可能是磷酸化的蛋白质可与组蛋白结合，从而释放出 DNA 去表达；三是细胞分裂素通过调节蛋白质的翻译来调控基因的表达。

（2）生长素。植物生长素能诱导 mRNA 的合成，而且能调控细胞内 mRNA 含量水平。菜豆胚芽实验结果表明，具有生长素活性的 IAA、2,4-D、NAA、2,4,5-T 等生长素能专一性地诱导某一 mRNA，其他激素如细胞分裂素等对生长素诱导的 mRNA 无敏感性。

（3）赤霉素。研究表明 α 淀粉酶基因在赤霉素的调控下进行转录生成 mRNA 前体，经过加工修饰成为活化的 mRNA，mRNA 翻译成前体酶再加工成为活化酶（Varner et al.，1992）。

（4）乙烯。乙烯可通过基因对其敏感性及控制其浓度变化来调节基因的表达。已经有人克隆了一些乙烯诱导转录的 mRNA 的 cDNA，也有人分离出特异结合 DNA 调节序列的蛋白质，以鉴定乙烯对基因表达调控的蛋白因子。

（5）脱落酸。脱落酸能诱导一些特异蛋白的合成，如种子贮藏蛋白等，还能调控某些植物的胚胎特异性基因的表达，有助于胚胎发生途径的稳定，并在后期保护胚芽。Marcotte 等（1989）在转化的水稻原生质体中用脱落酸诱导了转入水稻的小麦胚胎发生基因启动子（Em）的转录，从而证明脱落酸对某些植物胚胎特异性基因的表达有重要调控作用。脱落酸还能诱导一些对植物渗透压调节和保护有关的基因表达。

2. 其他环境因子对外源基因表达的影响 除了植物激素外，环境因素也可能影响外源基因的表达，如外施钙调素（CaM）、高温等。周君莉等（1996）在暗中向黄化转基因烟草幼苗中显微注射纯化 CaM 可诱导该报告基因的表达，而注入相同浓度的 BSA 则无效。夏兰芹和郭三堆（2004）通过不同温度处理，研究温度处理对 Bt 杀虫基因表达的影响。结果表明，温度变化影响抗虫棉早期的生长发育和 Bt 杀虫基因的表达，从而影响了抗虫棉生长发育过程中 Bt 杀虫蛋白含量。高温处理后可使 Bt 杀虫基因在生长发育期中的沉默时间提前，导致 Bt 杀虫蛋白含量急剧降低，具体原因可能是由于转录后水平的基因表达调控，引起特异 Bt 杀虫基因 mRNA 的降解。因此，在生产实际中，应提前采取措施，预防高温期棉铃虫危害。

二、提高外源基因表达效率的策略

1. 选择和改造启动子　Shi 等（1994）将 β-葡萄糖醛酸酶基因和雪花莲凝集素基因与在韧皮部组织特异性的蔗糖合酶-1 启动子连接，使外源蛋白在该组织中得到有效表达。储成才等（2001）将细胞特异性表达启动子与可诱导系统相结合，建立起可用于基因表达时、空、量三维调控的 alc 基因开关系统。Ni 等（2000）将章鱼碱合成酶基因启动子的转录激活区（Aocs，−116～−333）与甘露碱合成酶基因启动子（Pmas，＋68～−318）结合构成了多个复合式启动子，其中（Aocs）3 Pmas-gus 结构的表达活性比 CaMV 35S 启动子高 156 倍，比双增强子的 CaMV 35S 启动子高 26 倍。这些表明通过多种途径寻找某些具有增强子活性的调控序列并将其运用于调控外源基因表达是我们努力的方向之一。

2. 改造目的基因　对来自微生物或动物的基因，在不改变氨基酸序列的前提下通过人工改造或重新合成，可使之适于在植物体内表达，解决因界别不同造成的表达效果不理想的问题。如 Perlak 等（1991）和 Iannacone 等（1997）在不改变毒蛋白氨基酸序列的前提下，分别对原核生物 cry1A（b）基因和 cry3 基因进行了改造，去除了原序列中存在的 poly（A）和富含 AT 的 ATTTA 序列等不稳定元件，并选用了植物偏爱的密码子，使植物毒蛋白的表达量从 0.001% 或几乎检测不到，增加到达可溶性蛋白的 0.02%～1%。

3. 构建含有细胞核基质结合区的表达载体　基质结合区（matrix attachment region，MAR）是存在于真核细胞染色质中的一段与核基质特异结合的 DNA 序列，大小为 300～2 000 bp，富含 AT 碱基对，是一种新的顺式作用元件。研究发现，将 MAR 置于所转基因的两侧，构建成 MAR-gene-MAR，可克服基因组对外来基因的识别和抑制，并阻隔了周围染色质顺式调控元件的影响，减少转基因个体之间的表达差异；并能减轻位置效应，显著提高转基因的表达水平，是目前为止克服转基因沉默的一个强有力的工具。

4. 建立位点特异性重组体系　采用基因枪法或农杆菌介导法导入的外源基因在宿主染色体上的整合大多是随机发生的，如果外源基因整合在转录活跃的常染色质区可能得到较好的表达。但高等植物的绝大多数细胞在特定阶段有 90% 以上的基因在转录上是不活跃的，则插入这部分染色质区的转基因的表达活性会大大下降，甚至出现沉默。建立位点特异性重组系统则可克服这一困难。如 Puchta 等（1996）利用酵母线粒体 I-Sce I 核酸内切酶特异性诱导植物 DNA 双链断裂引起的同源重组系统，成功将 DNA 整合到了染色体的特定位点上。

5. 利用定位信号提高外源基因表达产物的含量　采取措施保护外源蛋白不受降解是实现转基因成功的重要一环。以植物抗虫基因工程为例，增加外源抗虫物质在植物细胞内的稳定性可有效提高转基因植物的抗虫效果。朱祯等（2001）将大豆胰蛋白酶抑制剂（Skti）的信号肽和内质网定位信号 KDEL 的编码序列与豇豆的胰蛋白酶抑制剂基因 CpTI 偶联，得到融合基因 sck，其编码的蛋白具有定位于内质网表达并滞留于内质网的特性，将其转入水稻后表现了良好的抗虫效果。同时，人们还发现有些定位信号可提高外源基因的表达。

6. 采用叶绿体转化方法　1988 年，Boynton 等将带有野生型 atpB 基因的叶绿体

DNA 导入到 *atpB* 基因突变的衣藻叶绿体中，突变体恢复了光合作用能力。叶绿体基因拷贝数大，为实现外源基因的超量表达提供了前提；可以采用定点整合方式导入外源基因从而消除位置效应和转基因沉默；具原核表达方式，可直接表达来自原核生物的基因，且能以多顺反子的形式表达多个基因。这些都使叶绿体转化系统具有提高转基因表达的潜能。在叶绿体转化中构建转化载体时，一般都在外源 DNA 两侧各连接一段叶绿体的序列，称为定位片段（targeting fragment）。通过该序列与叶绿体基因组同源序列的同源重组，可实现外源基因的定点整合。此外，为了使外源基因得到高效表达，构建转化载体时，一般选用质体来源的强启动子。目前最常用的是光系统 II 作用蛋白基因 *psbA* 的启动子和核糖体 RNA 基因 *rrn* 的启动子。

 **复习思考题**

1. 阐述外源 T−DNA 整合进植物基因组的过程及整合方式。
2. 简述外源基因整合的特点。
3. 外源 DNA 在整合进植物基因组过程中，其结构、插入位点发生哪些变化？
4. 阐述不同整合方式转基因植株的遗传规律。
5. 影响外源基因表达的因素有哪些？
6. 如何提高转基因表达的效率？

第九章

植物基因编辑技术

地球上大多数植物都有数以万计的基因，这些基因在植物生长发育过程中有哪些作用呢？研究植物基因的功能始终是科学家们进行生命科学研究的重要内容。基因编辑技术是研究植物基因功能的重要方法之一。本章主要介绍基因编辑的概念，基因编辑原理，锌指核酸酶（zinc finger nuclease，ZFN）技术、类转录激活因子效应物核酸酶（transcription activator like effector nuclease，TALEN）技术和规律成簇的间隔短回文重复序列（clustered regularly interspaced short palindromic repeat，CRISPR）/Cas 蛋白技术的原理、特点和应用等内容。

第一节　概　　述

一、基因编辑的概念

基因编辑（gene editing）通常指人为地利用人工设计的核酸酶在生物体内对其基因组特定位点进行精确编辑，编辑的内容包括碱基的替换、插入、缺失、重复等，最终获得具有新的优良生物性状的新遗传资源的一种生物技术。

20 世纪 80 年代，传统的基因编辑技术——基因打靶（gene targeting，GT）问世。该技术具有重组效率极低（$10^{-6} \sim 10^{-4}$）、打靶位置随机性强等较多缺点，因此基因打靶技术没有得到深入广泛应用。21 世纪生命科学飞速发展，高通量测序、新型基因编辑等技术的出现，让我们从只能"读取"生物体遗传信息的基因组时代逐步进入人为"设计""编写"生物体遗传信息的后基因组时代。锌指核酸酶（ZFN）技术、类转录激活因子效应物核酸酶（TALEN）技术、规律成簇的间隔短回文重复序列/Cas 蛋白（CRISPR/CRISPR associated protein，CRISPR/Cas）技术等一系列新型基因编辑技术相继出现。科学家们利用新型基因编辑技术可以按照人类美好的愿望，根据不同的需求对生物体基因组进行更精确的设计、编辑，创造出具有优良性状的生物体。这些新型基因编辑技术具有操作简便、编辑更精准、效率更高等优点，在作物遗传改良、家畜遗传育种、基因治疗、药物开发等多方面有广泛应用，展现了广阔的应用前景。

二、基因编辑的原理

生物体细胞内的 DNA 常常会受物理或化学等因素影响发生随机 DNA 双链断裂（double strand break，DSB）损伤，DSB 发生后细胞会通过同源重组（homologous recombination，HR）和非同源末端连接（non - homologous end joining，NHEJ）等途径对 DNA 损伤进行修复。DNA 修复过程中会插入、删除碱基导致 DNA 序列发生变化，这为体外在生物体基因组上开展基因编辑、修饰提供了重要的理论基础。传统的基因打靶技术正是借助细胞内自然发生的 DSB 实现 DNA 靶向编辑，达到基因敲除、替换等目的。而新型基因编辑技术则是人为地使用工程核酸酶创造 DSB，从而实现对靶 DNA 的定点精确编辑。

（一）随机诱发的 DNA 损伤

自然状态下，生物体中的遗传物质 DNA 在内外因素的影响下会发生多种多样的 DNA 损伤。导致 DNA 损伤的内在因素有细胞内的代谢产物（如过氧化物、氧自由基）、复制差错、核苷酸水解、其他突变等；外在因素有紫外线、电离辐射（如 X 射线、γ 射线）、烷基化试剂等。

（二）靶向基因编辑的位点特异性核酸内切酶

1. I-Sce I　1985 年，Dujon 等首次在酿酒酵母（*Saccharomyces cerevisiae*）线粒体中发现并分离了 I-Sce I。I-Sce I 是酵母线粒体 21S rRNA 基因内含子序列编码的一种核酸内切酶，识别序列约为 18 个碱基，且无回文序列。1993 年，Puchta 等在植物细胞中表达 I-Sce I，在植物基因组中特定位点诱发 DSB，并成功在 I-Sce I 识别序列处插入了目的基因。该实验开创了植物基因组精确位点编辑的先河。然而 I-Sce I 的识别序列较长，在植物基因组上可编辑的范围很少，不能实现其在植物基因组的任何位置进行编辑，限制了其在植物基因组编辑中的应用。

2. 人工位点特异性核酸内切酶　为了实现在植物基因组中任何位置进行基因编辑，科学家们发展了多种不同类型的人工设计的位点特异性核酸内切酶，如锌指核酸酶（ZFN）、类转录激活因子效应物核酸酶（TALEN）、Cas9 等。这些人工位点特异性核酸内切酶的识别序列适应范围广，能够更好地实现在基因组中任何位置进行精确靶向编辑。

（三）DNA 修复机制

经过长期演化植物拥有了保护其基因组完整性的多种 DNA 修复机制，以修复由内外因素而产生的 DNA 损伤。科学家们正是利用细胞中的修复系统修复 DNA 的原理，来制备生物体突变体、开展基因靶向编辑。下面简要介绍一下细胞中几种 DNA 修复机制。

1. 同源重组　植物体细胞中的同源重组（HR）修复发生在细胞周期的 S 期与 G_2 期之间。在体细胞中有单链退火（single - strand annealing，SSA）和依赖合成链退火（synthesis - dependent strand annealing，SDSA）两种不同的同源重组修复机制。这两种修复机制是大多数同源重组修复所采用的方式。而细胞减数分裂期的同源重组修复则通过双链断裂修复（double strand break repair，DSBR）方式来修复。在此过程中常常产生交叉（crossover，CO）和非交叉（non - crossover，NCO）DNA 产物。当植物基因组 DNA 中产生一处 DSB 时，通过 DSBR 修复 DNA，细胞会提供一个同源 DNA 作为修复模板 DNA，断裂产生的 3′单链突出端入侵供体 DNA，产生 D - loop 结构，进而通过 SDSA 进行修复或者通过 DSBR 进行修复。当置换链与原始断裂链位点对齐时形成了双链 Holliday 交联（double Holliday junction，dHJ）结构，DNA 合成可以从另一个断裂端进行，Holliday 交联结构中特定的核酸内切酶在连接处产生切割，导致 CO 事件，诱发 DNA 重组，产生 DNA 突变。

2. 非同源末端连接　植物体细胞中发生的 DSB 通常经 NHEJ 修复将断裂 DNA 末端重新连接起来。相比较 HR 修复，NHEJ 修复不需要同源序列作为供体 DNA。NHEJ 修复中参与的主要功能分子为细胞中 KU70/KU80 异二聚体、XRCC4、LIG4。通常，有 KU70/KU80 异二聚体参与的 NHEJ 修复被称为常规非同源末端连接（canonical - NHEJ，c - NHEJ），在断裂位点处会诱发一些小的插入、缺失。当细胞中没有 KU70/KU80 异二聚体时，DNA 修复可以通过备用非同源末端连接修复途径完成，如 b - NHEJ（backup - NHEJ）、a - NHEJ（alternative - NHEJ）和 MMEJ（microhomology - mediated end joining，MMEJ）途径等。

3. 基因打靶　基因打靶（GT）技术基于细胞同源重组修复原理，当细胞 DNA 随机产生 DSB 时，通过 HR 将新基因整合到特定位点或者对特异基因序列进行遗传修饰的一种传统的基因编辑技术。传统的基因打靶依赖细胞内随机发生的 DNA 重组事件。如何实现基因打靶呢？首先，要确定打靶位点。其次，设计供体 DNA。通常在打靶基因位点两侧分别选择特定序列作为同源序列，作为供体 DNA。用于植物基因打靶的供体 DNA 有 T - DNA、质粒 DNA、DNA 寡核苷酸、DNA - RNA 寡核苷酸杂合分子（图 9 - 1）。之后，将含有同源序列的供体 DNA 导入受体细胞中，当受体细胞中 DNA 随机产生 DSB 后，利用供体提供的同源序列，细胞进行同源重组修复，从而实现基因组上打靶位点的基因打靶或基因修饰。最早在高等生物中的基因打靶始于 1987 年，由 Mario 和 Oliver 在小鼠胚胎干细胞中实现的。他们因在小鼠上建立了基因敲除技术而获得了 2007 年的诺贝尔生理学或医学奖。1988 年，Paszkowski 等首次在无卡那霉素抗性的转基因烟草原生质体中通过基因打靶导入卡那霉素抗性基因从而恢复了原生质体的卡那霉素抗性，第一次在植物中成功实现了基因敲入。但此次研究中植物基因打靶没有在特定靶位点引入 DSB，而是在随机发生的 DSB 处通过同源重组将目的基因导入烟草基因组中，打靶效率偏低。在基因打靶研究中，第一个用于在特定靶位点引入 DSB 的位点特异性核酸酶是 I - *Sce* I。I - *Sce* I 的使用增加了同源重组频率，进而提高了基因打靶的效率。

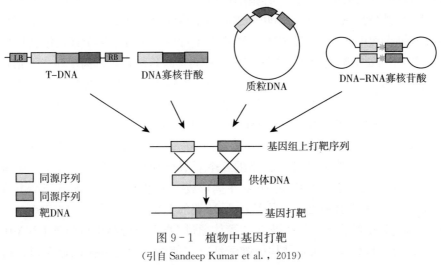

图 9 - 1　植物中基因打靶

（引自 Sandeep Kumar et al.，2019）

（四）基因组修饰

科学家们对于使用位点特异性核酸酶引入 DSB 及 DNA 修复机制的深入认识，为在基因组上实现定点基因编辑提供了强有力的工具。相比较自然随机发生的 DSB，人工合成的核酸酶可以引入更多的 DSB，且位置更为精准。借助细胞通过高度错误倾向性的 NHEJ 途径对精准产生的 DSB 进行修复，可以实现高频率的基因编辑。目前，在基因组编辑应用中，人工合成的核酸酶发挥了重要作用，尤其是 Cas9/Cpf1 核酸内切酶。Cas9/Cpf1 与单向导 RNA（single guide RNA，sgRNA）结合使用可以同时引入多个 DSB，多个 DSB 的修复可以提高基因编辑的效率。

第二节　ZFN 技术

不同于传统基因打靶技术，该技术是一种首次使用人工锌指核酸酶对生物体基因组中特定基因进行靶向精确编辑的新型基因编辑技术。

一、锌指核酸酶的结构及其作用原理

1996 年，Kim 首次开发并报道了 ZFN，该酶是一种由锌指蛋白与 *Fok* Ⅰ切割结构域融合形成的能够特异性切割基因组双链 DNA 的人工核酸内切酶。

人工设计的 ZFN 通常为二聚体，包含 2 个 ZFN，每个 ZFN 单体包含位于 N 端的有 3 或 4 个锌指结构域（ZF）的锌指蛋白（ZFP）和位于 C 端的 1 个 *Fok* Ⅰ的切割结构域。因为每个锌指蛋白识别 3 bp DNA 序列（GGG、GCG 或 TGG），所以 ZFN 单体中具有 3 或 4 个锌指结构域的锌指蛋白能够识别并结合 9 或 12 bp DNA 序列。ZFN 单体中的 *Fok* Ⅰ可特异结合 6~8 bp 的 DNA 间隔序列，每个 *Fok* Ⅰ单体的切割活性可在间隔序列的特异性切割位点将双链 DNA 切开（图 9-2）。

每个 ZFN 单体中的锌指蛋白多肽链由约 30 个氨基酸残基组成，包含由 3~4 个串联 Cys_2/His_2 组成的锌指结构域。每个锌指结构域包含 2 个串联的反向平行的 β 折叠片（β-sheet）和 1 个 α 螺旋（α-helix）串联形成的 ββα 结构域，其中 α 螺旋上特定氨基酸残基与靶 DNA 双链大沟中的 3 个核苷酸相互作用发生特异性结合。单个锌指结构域中 β 折叠片上的 2 个 Cys 和 α 螺旋上的 2 个 His 与 1 个锌离子共价结合，锌离子对于锌指蛋白形成正确、稳定的折叠及与靶 DNA 结合有重要作用。近年来随着技术发展，人工设计的 ZFN 单体可以含有 6~8 个锌指结构域，可以识别更长、更稀有的靶 DNA 序列位点。采用异源锌指蛋白二聚体能够提高 ZFN 切割双链靶 DNA 的效率。

Fok Ⅰ是一种来源于海床黄杆菌（*Floavobacterium okeanokoites*）的一种Ⅱ型限制性核酸内切酶，其识别双链 DNA 中非回文的 5 个脱氧核苷酸即 5′GGATG 3′，切割位点位于识别位点下游 9 个或 13 个碱基处。*Fok* Ⅰ需形成二聚体才可与靶 DNA 结合并在特异性位点切割靶 DNA，其单体有 2 个结构域，为 N 端的 DNA 结合结构域（其跨越整个识别序列）和 C 端的切割结构域。当 *Fok* Ⅰ二聚体通过 DNA 结合结构域与靶 DNA 中特异性识别序列结合后，其 C 端的切割结构域被激活，促使切割结构域在识别序列下游切割位

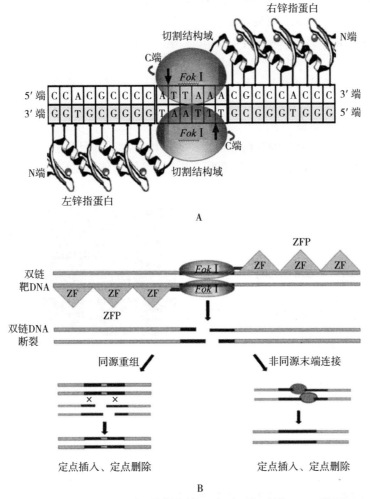

图 9-2 锌指核酸酶的结构及其识别和切割双链靶 DNA 的原理

A. 锌指核酸酶二聚体与双链靶 DNA 特异性识别和结合　B. 锌指核酸酶切割靶 DNA 的原理

（引自 Jeffrey et al., 2006，略有修改）

点处切割双链靶 DNA。当 *Fok* I 的 C 端切割结构域与其他蛋白质融合时，其仍然可以具有切割活性，*Fok* I 只有在二聚体状态时才有酶切活性，这些特性为人工设计 ZFN 提供了技术保障。

与传统基因打靶技术比较，锌指核酸酶技术可以根据不同目标基因序列特异地人为设计不同 ZFN 在目标基因双链 DNA 处制造 DSB。ZFN 诱发 DSB 后，细胞可通过 HR 或 NHEJ 进行 DNA 修复，从而对特异性双链 DNA 进行定点的插入或删除等修饰。

二、锌指核酸酶在植物基因工程中的应用

2001 年，Bibikova 等首次验证了 ZFN 技术在非洲爪蟾卵母细胞中可诱发靶 DNA 双链断裂，成功实现了基因编辑。2005 年，Alan 首次利用 ZFN 技术成功地对模式植物拟南芥幼苗基因组靶位点进行了碱基插入、缺失等高频突变，为在植物中广泛开展基因定点编

辑提供了技术拓展。2009 年，Jeffrey 和 David 等使用 ZFN 成功将 2 个烟草内源基因乙酰乳酸合酶基因 *SuRA* 和 *SuRB* 突变，获得了具有咪唑啉酮和磺酰脲类除草剂抗性转基因烟草后代，重组率高达 2%。2009 年，Vipula 等首次通过同源重组方式成功将玉米内源 IPK1（inositol-1，3，4，5，6-pentakiphosphate 2-kinase 1）基因外显子 2 突变失活，并获得了抗除草剂后代。2010 年，Keishi 等经 ZFN 介导将拟南芥内源基因 *ABI4* 突变失活，突变频率高达 3%，*ABI4* 的纯合突变体系 *zfn_abi4-1-1* 表现出预期的突变表型，即对脱落酸和葡萄糖不敏感（图 9-3）。2011 年，Shaun 等首次在大豆中使用 ZFN 对 1 个外源基因和 9 个内源大豆基因进行多位点定点基因编辑，并且建立了开放公共技术平台以便更多的研究人员开展基于 ZFN 介导的定点大豆基因组编辑工作。

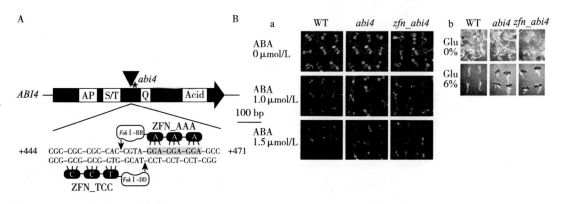

图 9-3　ZFN 技术成功介导的拟南芥 *ABI4* 突变失活
A. ZFN 介导的 *ABI4* 定点突变方案　B. ZFN 介导的拟南芥 *ABI4* 失活的表型鉴定
〔a. 野生型（WT）受脱落酸（ABA）抑制，而 *abi4* 和 *zfn-abi4* 不受脱落酸抑制；
b. 野生型受葡萄糖（Glu）抑制，而 *abi4* 和 *zfn_abi4* 不受葡萄糖抑制〕
（引自 Keishi et al.，2010）

经过十多年的发展，ZFN 技术已经成功在烟草、拟南芥、玉米、大豆、油菜、水稻、番茄、果树、杨树等植物细胞中实现基因靶向突变或修饰，为植物功能基因研究、农作物遗传性状改良提供了新的靶向定点基因编辑技术。同时，在动物基因编辑研究领域中，ZFN 技术已经成功在非洲爪蟾、果蝇、斑马鱼、小鼠、大鼠、兔、猪、牛、黑长尾猴等多种动物细胞中实现了定点基因编辑，为动物基因功能研究、转基因动物制备、药物筛选、疾病治疗提供了新的技术方法。

三、锌指核酸酶技术的优点和缺点

ZFN 技术可主动切断 DNA 引发 DSB，与传统基因打靶技术比较，其介导的基因定点插入或删除的效率可提高 100～10 000 倍，重组率可达 20%～60%，植物中可达 2%。此外，对于动物细胞而言传统的基因打靶技术只能在胚胎干细胞中进行，且基因打靶所需的操作步骤较多且烦琐。相比较传统的基因打靶技术，ZFN 技术具有省时、简便、重组率高等优点。虽然 ZFN 技术作为新一代基因编辑技术有许多优势，但其也存在诸多缺点，如脱靶效应、对宿主细胞有毒性等。

第三节　TALEN 技术

一、TALEN 的结构及其作用原理

与 ZFN 相似，TALEN 是类转录激活因子效应物（TALE）DNA 的结合结构域与 *Fok* Ⅰ 的切割结构域融合而形成的一种人工核酸酶，可以靶向结合于基因组 DNA 上切割双链 DNA，导致 DNA 断裂，从而人为地诱发细胞内 DSB，启动由 HR 或 NHEJ 介导的 DNA 修复，实现对特定基因的靶向编辑，包含基因敲除和插入、定点突变等（图 9 - 4A）。

TALE 是植物病原菌黄单胞菌属细菌分泌的一类致病因子，其结构类似真核细胞转录因子，被注入植物细胞核后可与植物宿主特异基因启动子结合，并激活宿主特异基因表达，以达到促进感染宿主植物或防御宿主的目的。TALE 的 N 端有保守的分泌信号序列，DNA 结合结构域位于中间部位，C 端含有核定位信号（NLS）和转录激活结构域。TALE 的 DNA 结合结构域包含 1～33 个由 33～35 个氨基酸残基（典型为 34 个氨基酸残基）组成的重复单元，每个重复单元中第 12 位和第 13 位氨基酸具有多态性，这两个可变氨基酸残基被称为重复可变的双氨基酸残基（repeat variable di - residues，RVD）。TALE 重复单元中一个 RVD 可以特异性识别 DNA 中 A、T、G、C 4 种碱基的一种或多种碱基，目前发现的 RVD 共 4 种：HD、NG、NI、NN。研究发现 HD 识别 C，NG 识别 T，NI 识别 A，NN 识别 A 或 G，RVD 对 G 识别的特异性较低。将不同特异性的 RVD 组合形成特异性阵列，就可以靶向识别特异性 DNA 序列（图 9 - 4B）。

在 TALE 中，科学家们去除了 TALE 的 C 端的转录激活结构域，替换为 *Fok* Ⅰ 的切割结构域，将 TALE 与 *Fok* Ⅰ 融合形成 TALEN，其以二聚体形式作用于双链靶 DNA（图 9 - 4A），左右 TALE 中的 DNA 结合结构域与双链靶 DNA 特异性识别结合，*Fok* Ⅰ 形成二聚体后在间隔序列处切割双链 DNA，导致 DNA 断裂。TALEN 中间隔序列控制在 13～30 bp。因此，根据所编辑的 DNA 序列可人为地设计含有多种 RVD 重复单元组成的 TALEN 用于基因编辑。

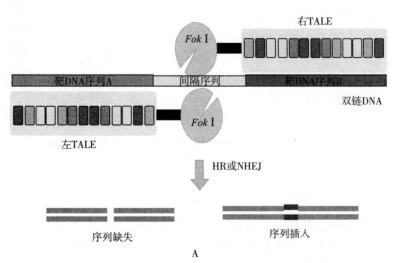

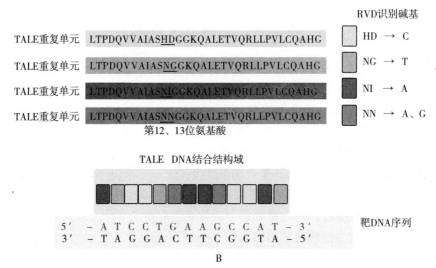

图 9-4　TALEN 的结构及其识别和切割双链靶 DNA
A. TALEN 结构和其切割双链靶 DNA 的方式　B. TALE 中重复单元的 RVD 与靶 DNA 的对应识别

二、TALEN 技术在植物基因工程中的应用

2009 年，Matthew 在 *Science* 上报道 TALE 如何识别 DNA 特异性序列，即 TALE 的识别密码子：HD 识别 C、NG 识别 T、NI 识别 A、NN 识别 G 或 A，为开发专一性更强的基因编辑技术提供了新方向。2010 年，Voytas 等将 *Fok* I 与 TALE 融合形成新的人工核酸酶 TALEN，并通过 TALEN 介导成功实现对靶基因定点编辑。2011 年张锋等提出 TALE 重复单元组装方法，能够依据需求任意组装重复单元识别特定靶 DNA，将组装的 TALE 导入哺乳动物细胞，促使 *Sox2* 和 *Klf4* 基因转录，证实了 TALE 重复单元可以作为基因编辑的导向蛋白。2011 年以后 TALEN 技术的应用发展十分迅速，成功在多种生物（如酵母、果蝇、猪、牛、家蚕、斑马鱼、蟋蟀、非洲爪蟾、拟南芥、烟草、水稻、小麦、马铃薯等）细胞中实现定点基因编辑。在农业生产中，TALEN 技术对作物基因组进行靶向编辑，可以提高作物的抗病性、抗逆性，改善品质等。

2012 年，Li 等利用 TALEN 技术成功对水稻白叶枯病的易感基因 *Os11N3* 启动子实现定点基因插入、缺失等基因编辑，导致 *Os11N3* 基因失活而显著提高了水稻抗病性。

2013 年，中国科学院高彩霞课题组首次通过农杆菌介导的转化成功将 TALEN 导入单子叶植物水稻和二穗短柄草中，并实现 13 个靶基因的定点编辑，产生了包含 1~20 bp 序列插入、缺失、替换等 127 种突变个体。该研究证实了 TALEN 技术可高效率地介导单子叶植物基因定点编辑，为在其他作物中依托 TALEN 基因编辑技术进行作物生长、品质遗传改良提供了良好的研究基础。2014 年，William 等利用 TALEN 技术将大豆中 *FAD2-1a* 和 *FAD2-1b* 敲除，大豆中单饱和脂肪酸含量大幅提高，延长了大豆保质期。同年，中国科学院 Wang 等利用 TALEN 技术对多倍体面包小麦抗白粉病的 *TaMLO* 3 个等位基因进行了靶向编辑，首次证实了使用 TALEN 介导的在面包小麦中开展靶向基因工程的可行性，为多倍体作物遗传改良提供了新的方法和经验。2016 年，Clasen 等利用

TALEN 技术敲除了商业品种 Ranger Russet 马铃薯液泡转化酶基因 *Vlnv*，获得的马铃薯块茎中未检出还原糖，高温加工后的薯片中丙烯酰胺含量降低、颜色浅。

三、TALEN 技术的优点和缺点

2010 年之后兴起的 TALEN 技术，除了具有 ZFN 技术全部优点外还有以下优势。第一，灵活性和特异性更强。因 TALE 中每一种重复单元识别 1 种或以上碱基，理论上应 4 种重复单元形成的 TALE 可以识别、结合任意靶 DNA 序列，因此 TALEN 具有更强的灵活性和特异性。第二，TALEN 技术介导的定点基因编辑效率更高。第三，脱靶效应比较低。

此外，TALEN 技术也有一些缺点，一方面为需要多个重复单元组合设计 TALE 蛋白，设计过程烦琐；另一方面为 TALE 蛋白分子较大，对细胞的毒性比 ZFP 更强。总之，TALEN 技术具有设计烦琐、耗时长、对宿主细胞毒性大等缺点。

第四节 CRISPR/Cas 技术

1987 年，日本科学家 Ishino 等在大肠杆菌 K12 基因组中首次观察到一个重复 5 次且中间被无规律序列间隔的 29 bp 序列。2000 年，西班牙学者 Mojica 分析了 60 多种细菌的 4 500 多条这类序列后，将此序列称为规律的间隔短重复序列（short regularly spaced repeat，SRSR）。2002 年，Jansen 等将这些规律性序列命名为规律的成簇间隔短回文重复序列（clustered regularly interspaced short palindromic repeat，CRISPR），并提出 CRISPR 与其邻近位点的 *Cas* 基因在功能上紧密相关。2007 年，Barrangou 等确认了 CRISPR 中短重复序列的功能，首次发现并证明了细菌可能利用 CRISPR 系统抵御噬菌体入侵。2010 年，Gameau 等发现细菌中 CRISPR 的间隔序列可引导 Cas9 关联 CRISPR RNA（crRNA）和反式激活的 crRNA（tracrRNA）相互作用形成双链指导 RNA。2011 年，CRISPR 介导的免疫机制被法国女科学家 Charpentier 在 *Nature* 上进一步阐明，Ⅱ型的 CRISPR 系统将转录出一段 tracrRNA 与 pre - crRNA 互补结合，这种结合在 Cas9 因子存在的前提下被 RNase Ⅲ 识别和剪切，最终产生成熟的 crRNA。这一发现对解析 CRISPR 作用机制具有十分重要的意义。同年，美国加利福尼亚州伯克利大学结构生物学家 Doudna 进一步解析 Cas9 的三维结构，阐明了 Cas9 蛋白与 CRISPR 互作机制。Charpentier 与 Doudna 因在 CRISPR/Cas9 基因编辑技术方面突出贡献而获得了 2020 年诺贝尔化学奖。

一、CRISPR/Cas 系统

（一）CRISPR/Cas 系统的结构组成

完整的 CRISPR/Cas 系统包含 CRISPR 阵列、CRISPR 前导序列和 *Cas* 基因（图 9 - 5）。CRISPR 阵列是由一系列高度保守的正向重复短序列和长度相似的间隔序列组成，重复序列长度为 21～48 bp，间隔序列长度是高度可变的，其长度与细菌的种类有关，该序列与噬菌体或质粒序列有高度同源性。CRISPR 前导序列（leader sequence）位于 CRISPR 阵列第一个重复序列上游，长度为 200～500 bp，该序列是 CRISPR 位点转录的启动子，可以启动 CRISPR 序列转录产生非编码 RNA（被称为 CRISPR RNA，crRNA）。CRISPR 阵列附近存在一系列保守的 CRISPR 相关基因（CRISPR - associated genes，*Cas*）。*Cas* 基因是一类具有多态性的基因家族，其编码蛋白具有核酸酶活性，可以特异性切割入侵 DNA。此外，CRISPR 位点中含有 tracrRNA 的基因位点，该位点序列可以转录产生 tracrRNA。tracrRNA 可以促进形成成熟的 crRNA，并且与之相互作用与 Cas 蛋白形成干扰复合物，共同参与细菌防御入侵的噬菌体免疫过程。

（二）CRISPR/Cas 系统的类型

根据 *Cas* 基因的种类和干扰复合物性质，CRISPR/Cas 系统可分为 2 大类：Class Ⅰ和 Class Ⅱ，包含 6 种类型和多种亚型。Class Ⅰ包含Ⅰ、Ⅲ、Ⅳ型，干扰外源核酸时需要多个 Cas 蛋白。Class Ⅱ包含Ⅱ、Ⅴ、Ⅵ型，干扰外源核酸时只需要一个 Cas 蛋白。目前，Ⅱ型 CRISPR/Cas9 系统是被人工改造用于基因编辑的高效编辑工具。Cas9 蛋白由 1 409 个氨基酸组成，包含 2 个核酸酶结构域，分别位于氨基端的 RuvC 结构域和位于蛋白中间位置的 HNH 核酸酶结构域。HNH 核酸酶结构域可以切割与 crRNA 互补配对的模板链，切割位点位于原型间隔序列毗邻基序（protospacer adjacent motif，PAM）上游 3 个核苷酸处。RuvC 结构域可以切割另一条链，切割位点位于 PAM 上游 3～8 个核苷酸处。

（三）CRISPR/Cas 系统的免疫过程

细菌如何利用 CRISPR/Cas 系统防御外来侵入的噬菌体呢？CRISPR/Cas 系统免疫可分为 3 个阶段。第一阶段：获取外来入侵噬菌体 DNA 序列。当噬菌体核酸侵入细菌细胞中时，细菌的 Cas 蛋白复合物靶向裂解噬菌体基因组中的原型间隔序列（protospacer），并将原型间隔序列整合到细菌自身基因组的 CRISPR 位点的 5′端，作为入侵记忆保存起来。第二阶段：crRNA 的生成，即细菌将整合的原型间隔序列转录为 crRNA。第三阶段：外来入侵核酸的干扰。细菌 *Cas* 基因表达的 Cas 蛋白靶向干扰入侵的噬菌体核酸。当同一种噬菌体再次侵染细菌时，细菌 CRISPR/Cas 系统的 CRISPR 序列中保留的入侵者的间隔序列被转录为前体 crRNA（pre - crRNA），这些 pre - crRNA 被加工为成熟的 crRNA 后，与 tracrRNA 形成双链 RNA 结构，该结构招募并激活 Cas 蛋白。此时由 crRNA、tracrRNA 和 Cas 蛋白形成的复合物识别外来噬菌体的原型间隔序列后的 PAM 序列，Cas 蛋白的 HNH 核酸酶结构域和 RuvC 结构域分别在靶位点切割 DNA，最终降解外来入侵的噬菌体核酸（图 9 - 5）。

（四）CRISPR/Cas9 的作用机制

CRISPR/Cas9 系统是Ⅱ型 CRISPR/Cas 系统干扰和免疫必需的成分，是目前最常用的一种高效基因编辑工具。CRISPR/Cas9 系统如何在基因组上进行靶向精确编辑呢？完成这一任务除了 CRISPR 和 Cas9 必需成分之外，还需 tracrRNA 参与。进行基因编辑时，CRISPR/Cas9 系统中的 CRISPR 阵列转录产生 pre - crRNA。tracrRNA 与 pre - crRNA

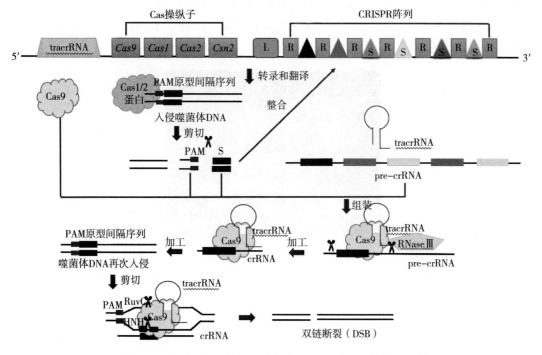

图 9 - 5　Ⅱ型 CRISPR/Cas 系统及 CRISPR/Cas9 的作用机制

基因组上的 CRISPR 位点包含 tracrRNA 基因、Cas 操纵子、前导序列（L）、正向重复短序列（R）、间隔序列（S）；CRISPR 位点转录翻译后产生 tracrRNA、pre - crRNA、Cas9 蛋白、Cas1/2 蛋白等；入侵噬菌体 DNA 被 Cas1/2 蛋白降解产生了间隔序列和含有 PAM 的外源 DNA；细菌细胞将噬菌体的原型间隔序列整合到自身 CRISPR 位点的 R 序列之间作为防御入侵 DNA 的记忆保留到自身基因组中。

当噬菌体等外源 DNA 再次入侵时，CRISPR/Cas 系统会将其降解

（引自 Jennifer et al.，2014）

通过 24 个核苷酸序列互补后 pre - crRNA 被 RNase Ⅲ 酶切加工形成一些小的成熟的 crRNA。成熟的 crRNA 与 tracrRNA 通过碱基互补配对形成双链 tracrRNA：crRNA，这个双链 RNA 招募并结合激活的 Cas9 蛋白形成干扰复合物，复合物中 crRNA 与靶 DNA 互补配对，促进 Cas9 蛋白识别靶 DNA，并在靶 DNA 的 PAM 5′- NGG - 3′位点附近通过 HNH 和 RuvC 核酸酶结构域裂解 DNA，产生平末端的 DSB。

目前，双链 tracrRNA：crRNA 经人工改造为单向导 RNA（sgRNA），其包含两个关键特征：一个特征为双链 RNA 的 5′端与 DNA 靶位点碱基互补，另一个特征为双链 RNA 的 3′端与 Cas9 蛋白结合。这样的改造使得 CRISPR/Cas9 系统设计简单，操作更加简易。

二、CRISPR/Cas 技术在植物基因工程中的应用

2013 年，中国科学院遗传与发育生物学研究所高彩霞课题组利用 CRISPR/Cas9 技术成功定点突变了水稻 4 个基因和小麦 1 个基因。CRISPR/Cas 系统在原生质体中基因突变率为 14.5%～38.0%，转基因水稻中基因突变效率为 4.0%～9.4%。获得了预期表型为

白化和矮小转基因 T₀ 代水稻 *PDS* 基因功能缺失的纯合突变体（图 9-6）。该研究首次证实了 CRISPR/Cas 系统能够用于作物基因组定点编辑，加速了水稻、小麦等重要农作物遗传性状改良。

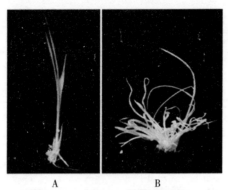

图 9-6　水稻 *PDS* 基因功能缺失突变体

A. 野生型　B. 水稻 *PDS* 基因纯合突变功能缺失的白化矮小突变体

（引自李君等，2013）

目前，利用 CRISPR/Cas9 技术进行基因编辑研究的物种有拟南芥、水稻、烟草、小麦、玉米、高粱、燕麦、大豆、马铃薯、番茄、甜橙、柑橘、苹果、葡萄、香蕉、西瓜、黄瓜、蘑菇、蒙古冰草、苜蓿、柳枝稷、陆地棉等。大量的研究报道了基因编辑技术在植物产量、品质、抗性等性状方面进行的遗传改良。

1. 产量性状改良　2016 年，王加峰等利用 CRISPR/Cas9 技术对调控水稻千粒重基因 *TGW6* 进行定点编辑，在 T₀ 代水稻中获得了 90% 的突变体，其中 51% 为纯合突变体，研究结果显示 T₁ 代纯合突变体千粒重有显著增加。同年，Zhang 等利用 CRISPR/Cas9 技术在面包小麦中对小麦粒长、粒重调控基因 *TaGASR7* 进行定点编辑，导致 6 个等位基因移码突变，基因编辑获得的突变体与野生型相比，千粒重有显著增加。

2. 品质改良　2017 年，Tang 等利用 CRISPR/Cas9 技术敲除了水稻金属转运蛋白基因 *OsNramp5*，显著降低籼稻谷粒的重金属镉含量，培育了低镉无转基因的新籼稻品系。同年，中国水稻研究所和东北地理与农业生态研究所同时采用 CRISPR/Cas9 技术对调控水稻香味基因 *BADH2* 进行编辑，获得了香味增加的突变材料。2015 年，Ma 等利用 CRISPR/Cas9 技术获得了直链淀粉含量 2.6% 的糯性品质水稻（原含量为 14.6%）。2016 年，美国宾夕法尼亚州州立大学植物病理学家杨亦农利用 CRISPR/Cas9 技术敲除蘑菇的多酚氧化酶基因，使得该酶活性降低 30%，延缓了蘑菇褐化速度。2017 年，美国农业部宣布对使用 CRISPR/Cas9 技术进行遗传改造的双孢蘑菇不实施管控，因此这种抗褐变的蘑菇成为全球第一例获得商业化许可的基因编辑食品。

3. 抗性改良　2014 年，Wang 等采用 CRISPR/Cas9 技术成功敲除了六倍体作物小麦的 *TaMLO* 基因，获得了抗白粉病小麦新品系。2015 年，Li 等利用 CRISPR/Cas9 技术定点编辑了大豆乙酰乳酸合成基因 1 *ALS1*，获得了抗氯磺隆大豆。2020 年，吴凡等利用 CRISPR/Cas9 技术对水稻抗稻瘟病基因 *Pita* 的第 6 至 25 位碱基进行定点编辑，获得的突变类型有碱基替换、碱基插入和缺失，突变率和纯合突变率分别达 87.5% 和 85.7%，获得了稳定遗传的纯合突变体材料，为水稻抗性品种选育和品质改良定向分子育种提供了新的方法。

4. 观赏植物性状改良 2015 年，Fan 等利用 CRISPR/Cas9 技术首次对毛白杨 *PtoP-DS* 基因的 4 个位点进行基因编辑并获得了白化病表型。2016 年，Zhang 等利用 CRISPR/Cas9 技术对矮牵牛的 *PDS* 基因进行基因编辑，突变率为 56.6%～87.5%，并获得了白化表型突变株。2017 年，日本科学家利用 CRISPR/Cas9 技术敲除了白色矮牵牛品种的 *InCCD4* 基因，成功改良了日本矮牵牛花色，获得了黄色花瓣的矮牵牛。2018 年，日本学者利用 CRISPR/Cas9 技术对兰猪耳的黄酮醇 e3 -羟化酶基因 *F3H* 靶向突变，约 80% 的株系花色发生变化，12 个转基因株系中 10 个具有淡蓝色花的稳定表型。

三、CRISPR/Cas 技术的优点和缺点

自 2012 年 CRISPR/Cas 系统被开发作为基因编辑工具以来，科学家们已经发现了多种 Cas 系统，如 Cas9、Cas12 和 Cas13 等。CRISPR/Cas 技术在农作物及家畜定向分子育种、医学研究和临床基因治疗等方面有了深入的研究和应用。CRISPR/Cas 技术的优点有设计灵活简单、特异性强、编辑效率高、实验周期短、成本低等。但在实际的研究和应用中逐渐发现 CRISPR/Cas 技术也存在着诸多缺点，如脱靶效应、可编辑序列的限制、构建元件较大不易操作等。

CRISPR/Cas9 技术脱靶问题的改良措施有：①调整 Cas9 和 sgRNA 比例。研究发现将 Cas9 和 sgRNA 比例调整为 1：1 时会提高突变率。②优化 sgRNA 设计。通过使用 E-CRISPR、CasOT 等生物信息学工具辅助 sgRNA 设计，降低因 PAM 位点导致的非目的 DNA 区域编辑导致的编辑脱靶效应。③优化启动子选择。根据靶基因表达的组织特异性来选择最优的 Cas9 和 sgRNA 的表达启动子。目前，在双子叶植物中常选择 35S 启动子表达 Cas9，U6 表达 sgRNA。而对于单子叶植物，在水稻中选择水稻 OsU3 启动子表达 sgRNA，在小麦中选择小麦 TaU6 启动子表达 sgRNA。④优化 Cas9 蛋白。可通过定点突变改造 Cas9 的 DNA 切割结构域，降低脱靶效应。中国科学院李家洋课题组通过对水稻常用的 SpCas9 进行改造，获得了 xCas9 3.6 和 xCas9 3.7 两个突变体，拓展了基因组编辑的范围。2015 年，张锋团队用一种分子质量更小的核酸内切酶 Cpf1，创建了 CRISPR/Cpf1 基因编辑系统，其介导的 DNA 编辑脱靶效应比 CRISPR/Cas9 低很多，具有广阔的应用前景。

四、ZFN、TALEN 和 CRISPR/Cas9 技术的比较

ZFN、TALEN 和 CRISPR/Cas9 三种基因编辑技术极大地推动了人类利用生物技术对农作物、牧草、树木等植物进行遗传性状改良、新品种开发的进程。虽然这三种基因编辑技术均能实现定点靶向基因编辑，但是在使用时有着不同的特点和适用范围（表 9 - 1）。

表 9 - 1　ZFN、TALEN 和 CRISPR/Cas9 三种基因编辑技术的比较

项目	ZFN	TALEN	CRISPR/Cas9
来源	动物、植物、微生物	病原体黄单胞菌	细菌、古细菌

(续)

项目	ZFN	TALEN	CRISPR/Cas9
构成	ZFP 和 *Fok* Ⅰ	TALE 和 *Fok* Ⅰ	Cas9 蛋白和 sgRNA
靶 DNA 的识别结合	ZFP	TALE	sgRNA
识别模式	蛋白质-DNA	蛋白质-DNA	RNA-DNA
靶 DNA 的切割	*Fok* Ⅰ切割结构域	*Fok* Ⅰ切割结构域	Cas9 蛋白
作用模式	二聚体	二聚体	单体
靶序列长度	18~36 bp	30~40 bp	20~22 bp
制约因素	—	5′-T 开头	PAM 结构
载体构建	较难	容易	容易
编辑范围	小	比较小	比较大
编辑特点	单位点编辑	单位点编辑	可同时多位点编辑
编辑类型	基因突变、替换/插入	基因突变、替换/插入	基因突变、替换/插入、大片段缺失
打靶效率	低	较高	高
操作难度	难	比较容易	容易
耗时	长	较短	短
成本	高	较高	低
毒性	高	低	较高
脱靶率	高	低	无规律

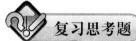 复习思考题

1. 什么是基因编辑技术?

2. 与传统的基因编辑技术相比,20 世纪 90 年代以后出现了哪些新型基因编辑技术?这些技术依托的基因编辑工具酶分别是什么?

3. 简述 ZFN 技术进行基因编辑的工作原理。

4. 简述 TALEN 技术进行基因编辑的工作原理。

5. 简述 CRISPR/Cas9 技术进行基因编辑的原理及特点。

6. 比较 ZFN、TALEN 和 CRISPR/Cas9 三种基因编辑技术的特点,并分析它们在植物分子育种应用中的优势。

第十章

转基因植物的安全性评价

转基因植物培育技术的兴起为作物的遗传改良和育种开辟了崭新篇章，也做出了巨大的贡献。然而，对转基因植物以及由其生产的食品的安全性的顾虑也应运而生。那么，我们应该如何看待转基因植物及其生产的食品安全性？转基因植物对周边环境是否有影响？评价转基因植物安全性的依据是什么？国内外又是如何管理转基因技术的研究与应用的呢？本章主要介绍转基因生物安全性评价的由来、转基因植物的安全性评价、转基因植物食品的安全性评价、转基因植物生态环境的安全性评价、转基因植物的安全性评价管理办法等内容。

第一节 概 述

一、转基因生物安全性评价的由来

在人类历史发展的长河中，一种新技术的出现往往会产生前所未有的推动作用和深远影响，同时也可能产生未知的风险。因而，任何一种新技术出现后，人们都会要求对它的安全性进行彻底的检验和研究，以确保其对人类及自然环境的安全危害达到最低限度。那么何谓生物安全呢？现在生物学领域内普遍认为生物安全的概念有狭义和广义之分，狭义的生物安全是指防范由现代生物技术的开发和应用（主要指转基因技术）所产生的负面影响，即对生物多样性、生态环境及人体健康可能构成的危险或潜在风险。而广义的生物安全是指在一个特定的时空范围内，由于自然或人类活动引起的外来物种迁入，并由此对当地其他物种和生态系统造成改变和危害；人为造成环境的剧烈变化而对生物多样性产生影响和威胁；在科学研究、开发、生产和应用中造成对人类健康、生存环境和社会生活有害的影响等（柳晓丹等，2016；李志亮等，2020）。

早在 20 世纪 70 年代重组 DNA 技术研究的发展初期，部分科学家对其在生物学和生态学上的危险以及形成的个体释放至环境后可能带来的危险担心。1985 年，由联合国环境规划署（UN Environment Programme，UNEP）、世界卫生组织（World Health Organization，WHO）、联合国工业发展组织（United Nations Industrial Development Organization，UNIDO）及联合国粮食及农业组织（Food and Agriculture Organization of the United Nations，FAO）联合组成了一个非正式的关于生物技术安全的特设工作小组。1992 年在联合国环境与发展会议上签署的《生物多样性公约》在第 8 条"就地保护"的（g）款中有如下论述："制定或采取办法以酌情管制、管理或控制由生物技术改变的活生物体在使用和释放时，可能产生的危险，即可能对人类健康的危险以及可能对环境产生不利影响，从而影响到生物多样性的保护和持续利用。"《生物多样性公约》还建议拟定一项生物安全议定书。此后生物安全议定书的拟定就成为生物多样性公约缔约方大会的一项重要工作内容。而联合国环境规划署也十分关注生物安全问题，在 1995 年 12 月推出的《国际生物安全管理的技术准则》，内容涉及生物安全风险评价的指标和评价体系。

二、生物安全性评价

生物安全的科学含义就是要对生物技术活动本身及其产品可能对人类或环境的不利影响及其不确定性和风险性进行科学评估，并采取必要的措施加以管理和控制，使之降低到可接受的程度，以保障人类的健康和环境的安全。可见，生物安全的核心则是生物安全性评价和风险控制。而前者则是生物安全的核心和基础，其主要目的是从技术上分析生物技术及其产品的潜在危险，确定安全等级，制定防范措施，防止潜在危害，也就是对生物技术研究、开发、商品化生产和应用的各个环节的安全性进行科学、公正的评价，以期可以回答公众对生物安全的疑问，并为有关安全管理提供决策依据，使其在保障人类健康和生态环境安全的同时，也有助于促进生物技术的健康、有序和可持续发展，达到兴利避害的目的。

当前关于遗传修饰体（genetically modified organism，GMO）安全性的争论主要集中在两个方面：一是通过食物链对人类产生影响，二是通过生态链对环境产生影响（王国义等，2019；李志亮等，2020）。食物安全性因素又分为直接影响及间接影响两方面，直接影响主要包括营养成分、毒性或过敏性物质增加的可能；间接影响则是经遗传工程修饰的基因片段导入后，引发基因突变或改变某些代谢途径，致使其最终产物可能改变现有成分的含量或含有新的成分所造成的影响。转基因植物的环境安全性因素则主要针对转基因生物对农业和生态环境的影响，考虑的是转基因向非目标生物漂移的可能性，其他生物吃了转基因食物是否会产生畸变或灭绝，转基因生物是否会破坏生物的多样性等。总之，环境安全性评价要回答的核心问题是转基因植物释放到田间去是否会将基因转移到野生植物中，或是否会破坏自然生态环境，打破原有生物种群的动态平衡。

三、生物安全控制措施

生物安全控制措施是针对生物安全必须要采取的技术管理措施，即为了加强生物技术工作的安全管理，防止基因工程产品在研究开发以及商品在研究开发、商品化生产、贮运和使用中涉及对人体健康和生态环境可能产生的潜在危害或危险所采取的有关防范措施，最终将生物技术工作中可能发生的潜在危险降低到最低限度。而生物安全性评价则是生物安全控制措施的前提，按照权威部门对某项基因工程工作所给予的公正、科学的安全等级评价，在相关的基因工程工作的进程中采取相应的安全控制措施（王国义等，2019；李志亮等，2020）。

生物安全控制措施按性质可分为物理控制措施、化学控制措施、生物控制措施、环境控制措施及规模控制措施等。即利用物理或化学的方法限制基因工程体及其产物在控制区外的生存、扩散或残留的物理或化学控制措施；利用生物措施限制基因工程体及其产物在控制区外的生存、扩散或残留，并限制向其他生物转移的生物控制措施；利用环境条件限制基因工程体及其产物在控制区外的生存、繁殖、扩散或残留的环境控制措施；利用规模控制措施，尽可能地减少用于试验的基因工程体及其产物的数量或减少试验区的面积以降低基因工程体及其产品广泛扩散的可能性，在出现预想不到的后果时能比较彻底地将基因工程体及其产物消除。

生物安全控制措施还必须注重针对性以及有效性，所采取的措施必须根据各个基因工程物种的特异性采取有效的预防措施。安全控制措施的有效性取决于安全性评价的科学性和可靠性，必须根据评价所确定的安全等级，采取与当前科学技术水平相适应的安全控制措施，并设立长期或定期的监测调查和跟踪研究。

第二节 转基因植物的安全性评价

一、转基因植物安全性评价的必要性

传统的育种技术是通过植物种内或近缘种间的杂交将优良性状组合到一起，从而创造产量更高或品质更佳的新品种。这一技术对 20 世纪农业生产的飞速发展做出了巨大贡献，但基因交流范围有限是其主要限制因素，很难满足农业生产在 21 世纪持续高速发展的要求。而转基因植物是指利用重组 DNA 技术将克隆的优良目的基因导入植物细胞或组织并在其中进行表达，从而使植物获得新的性状。这一技术使基因交流的范围无限扩大，可将从细菌、病毒、动物、远缘植物甚至人工合成的基因导入植物，克服植物有性杂交的限制而具有广阔的应用前景。

从原理上说，转基因技术和常规杂交育种都是通过重组优良基因获得新品种，但常规杂交育种的安全性并未受到人们的质疑，而转基因育种的安全性却备受争议。其主要原因是常规杂交育种是模拟自然现象进行的，基因重组和交流的范围很有限，仅限于种内或近缘种间，在长期的育种实践中并未发生灾难性的事件。而转基因育种则不同，它通过转基因技术有可能把任何生物甚至人工合成的基因转入植物，远远超出了种内或近缘种间的范围，这种事件在自然界是不可能发生的。由于受到基因互作、基因多效性等因素的影响，很难精确地预测外源基因在新的遗传背景中可能产生的表型效应和副作用，也不了解它们对人类健康和环境可能会产生的影响。同时，转基因农作物的大面积释放极有可能使原先小范围内进行研究时不太可能发生的潜在风险得以表现出来。而消除这些争议的有效途径就是进行转基因植物的安全性评价，也就是说要经过合理的试验设计和严密科学的试验程序，积累足够的数据，人们根据这些数据判断转基因植物的田间释放或大规模商品化生产是否安全。只有制定相应的管理法规，并不断完善，通过客观地、全面地对转基因植物进行安全评估，为相关法规的制定、执行及不断完善提供明确的依据，充分发挥转基因技术在农业生产上的应用潜力（邢福国等，2015；王国义等，2019；李志亮等，2020）。

二、国内外转基因植物的安全性评价概况

1. 国外对转基因植物的安全性评价 国际上对转基因植物及其产品的安全性评价主要是针对转基因食品的实质等同性（substantial equivalence）、营养性、毒理性和过敏性

等 4 项进行分析，可概括为生物安全性风险、生态环境安全性风险和毒理安全性风险 3 个方面（王琪，2018；李志亮等，2020）。而世界主要发达国家和部分发展中国家都已制定了各自对转基因生物的管理法规，负责对其进行安全性评价和监控。如美国是在原有联邦法律的基础上增加了转基因生物的内容，分别由农业部动植物检疫局、国家环境保护局及食品药品监督管理局负责环境和食品两个方面的安全性评价和审批。但欧盟对转基因植物及食品的监管相对复杂，其安全性评价需要经过成员国和欧盟两个层面方可通过。总体而言各国在法规和管理方面存在着很大的差异，特别是许多发展中国家尚未建立相应的法律法规。但由于存在争议较多，目前尚未形成被大多数国家广泛接受的统一的条文（周田田等，2019）。

总体来说，美国和加拿大对转基因植物的管理较为宽松。欧洲国家对待转基因植物的态度则与此形成鲜明的对比，欧洲的消费者还很难接受转基因食品（周田田等，2019）。

2. 我国对转基因植物的安全性评价　我国对转基因植物实施了全世界最严格的监管，现已基本建立起较为完善的法规体系、管理体系和技术支撑体系（罗云波和贺晓云，2014；李志亮等，2020）。国家科学技术委员会在 1993 年 12 月发布了《基因工程安全管理办法》，根据这一办法，农业部（现为农业农村部）在 1996 年 7 月又颁布了《农业生物基因工程安全管理实施办法》。按照该实施办法的规定，农业部设立了农业生物基因工程安全管理办公室，并成立了农业生物基因工程安全委员会，负责全国农业生物基因工程体及其产品的中间试验、环境释放和商品化生产的安全性评价，安全性评价内容包含转基因植物的分子特征、环境安全和食用安全等方面。2021 年 4 月 15 日颁布实施的《中华人民共和国生物安全法》明确了生物安全的重要地位和原则，强调加强对生物技术研究、开发与应用活动的安全管理。

三、转基因植物安全性评价的主要内容

目前对转基因植物的安全性评价主要集中在两个方面：一是食品安全性，二是环境安全性。经济合作与发展组织于 1993 年提出了食品安全性评价的实质等同性原则，如果转基因植物生产的产品与传统产品具有实质等同性，则可以认为是安全的。若转基因植物生产的产品与传统产品不存在实质等同性，则应进行严格的安全性评价。环境安全性评价要回答的核心问题是转基因植物释放到田间去是否会将基因转移到野生植物中，或是否会破坏自然生态环境，打破原有生物种群的动态平衡（包琪等，2014）。

（一）转基因植物食品的安全性评价

1. 转基因植物食品的安全性　转基因食品（genetically modified food，GMF）是指利用转基因技术获得的含有外源基因的动物、植物和微生物及其衍生物生产而得的食品。1994 年，美国 Calgene 公司的转基因延熟番茄经美国食品药品监督管理局（FDA）批准上市，成为第一例通过安全性评价的转基因植物食品。

20 世纪 80 年代后期，转基因食品进入商业化生产时代，食品安全开始受到人们的普遍关注（包琪等，2014；柳晓丹等，2016；王琪，2018；焦悦等，2021）。目前人类对转基因食品的担忧可以归纳为以下 3 个方面：①转基因食品中加入的新基因是否在无意中对

消费者造成安全威胁；②转基因作物中的新基因给食物链其他环节是否造成不可知的不良后果；③人为强化转基因作物的生存竞争性对自然界生物多样性造成的影响。尽管如此，多数科学家认为，由现代生物技术产生的食品其本身的安全性并不比传统食品低，但人们对于其安全性还是存在较大的争议（王国义等，2019）。

食品安全是一个相对和动态的概念，没有一种食品是百分之百安全的。随着科学技术和社会进步，人们对食品安全很自然地提出了更高的要求。在转基因食品展现无限光明前景的 21 世纪，根据国际发展趋势，综合科技、贸易等多方面因素，制定适合我国国情的转基因食品产业发展和安全管理办法，加强食品安全的科学技术研究，将有利于我国食品生物技术产业的健康发展，在新世纪的国际竞争中占据主动地位。

2. 转基因植物食品安全性评价的基本原则　转基因植物及其产品安全性评价原则是"实质等同性"，目的是在保证人类健康和环境安全的前提下，促进生物技术的发展，而不是限制生物技术的发展。在具体的风险评估实践中，以最大限度地保证风险评估的科学性和评估结果的准确性（包琪等，2014；兰青阔等，2021）。

（1）实质等同性原则。目前，普遍公认的食品安全性分析的基本原则是经济合作与发展组织于 1993 年提出的"实质等同"原则，即利用一个新食品或食品成分与现有的食品或食品成分相比较，如果实质上是相同的，那么它就可以与这个现有的食品或食品成分作同样对待，如果现有的食品或食品成分被认为是安全的，新食品也可以被认为是安全的。比较时应包括两者的表型特征、分子特征、关键营养成分及抗营养因子、有无毒性物质及有无过敏性原等（周田田等，2019；焦悦等，2021）。根据食品的不同情况大致可以分为以下 3 类：①新产品与传统产品具有实质等同性，对这类产品可不必做进一步的安全性评价；②新产品与传统产品除某 1 个插入的特定性状外，具有实质等同性，这类产品的安全性评价应集中针对某 1 个插入基因的表达产物；③新产品与传统产品之间没有实质等同性，这类产品要求进行详细的安全性评价。

实质等同性分析本身不应看作是危险性分析，而是对新食品与传统市售食品作相对的安全性比较，是一种动态过程（Miller，1999）。重组 DNA 技术产生的基因工程体，其实质等同性分析可在食品（作为食物整体考虑其营养性，或在食品成分的水平）上进行，这种分析应尽可能以物种作为单位来比较，以便于灵活地应用于同一物种产生的各类食物。

（2）个案分析原则。在考虑转基因植物食品时，对基因工程体的特性分析是第一个要考虑的问题。分析基因体、基因供体、基因操作方法、用途等实际情况，有助于判断某种新食品与现有食品间的异同，或是否有显著差异。由于各种转基因植物食品差异很大，所以目前只能提出评价安全性的总则，应用到某类食品时则需根据具体情况进行个案分析。

（3）预先防范原则。转基因植物及其产品目前虽未对环境和人类健康产生危害，但从生物安全的角度来考虑，预先防范（precaution）作为风险评估的指导原则是尤为必要的，因为转基因植物的风险是难以预知的。只有以科学原理为基础，采用对公众透明的方式，结合其他的评价原则，对转基因植物及其产品进行风险评估，防患于未然。

（4）科学透明原则。对转基因植物及其产品的安全性评价应建立在科学、客观和透明的基础上，在充分利用现代科技手段对其进行科学检测、分析和评价，而非臆想可能产生安全问题进而对转基因植物及其产品进行片面性的评价。

（5）逐步完善原则。在不断深入和系统开展转基因植物及其产品的安全性评价的基础上，持续改进和提升评价方法、技术，确保转基因植物相关研究技术的有序实施，同时亦避免其不适当的生产应用。

（6）比较分析原则。若转基因植物及其产品在化学组成上与对应的非转基因植物食品无实质性差异，可认为该转基因植物及其产品是安全的。

（7）熟悉原则。对转基因植物及其产品的安全评价，取决于对其目标改善、生物学、生态学和释放环境、预期效果等背景知识的了解和熟悉程度，是一个不断熟悉、积累加深和改进完善的过程。

3. 转基因植物食品安全性评价的主要内容

（1）转基因植物食品安全性评价的内容。在转基因过程中的每个环节都有可能对转基因植物食品的安全性产生影响，转基因植物的直接或间接受体是人类，因此，目标基因及其产物是否对人畜有害是争论的焦点。

转基因植物食品和食品成分安全性的评价主要包括：转基因植物食品中的基因修饰导致"新"基因产物的营养学评价、毒理学评价以及过敏效应；由新基因的编码过程造成的现有基因产物水平的改变，基因改变不能导致突变，即插入基因的安全性；转基因植物食品和食品成分被摄入后基因转移到胃肠道微生物中引起的后果；以及由于基因插入可产生的任何非预期影响等（包琪等，2014；游淳惠等，2021）。

（2）转基因植物食品的安全性检测和评价的方法及过程。传统的植物食品评价主要根据对食品的化学分析、品尝试验以及表观性状的分析来判断食物的质量和安全水平。而对于现代生物技术食品，必须依据导入基因的作用意图和作用机制、受体植株的分子改变、食品中的物质组成及其营养性等方面进行评价（王立平等，2019；李梦雪，2020；焦悦等，2021）。目前，相关部门对转基因食品的安全性检测主要为基于"实质等同性"原则的检测和评价方法，依据2022年修订的《农业转基因生物安全评价管理办法》和2017年修订的《农业转基因生物进口安全管理办法》等相关规定，进行较严格的安全性检测和评价，基本过程如下：

①了解转基因植株的遗传背景，确定分析目标。需要预先了解的转基因植物的遗传背景主要包括：一是受体植物的有关信息，包括系统分类、科学名称、与其他生物的关系、作为食品来源的使用历史、毒素产生的历史、过敏反应、种内或相关种内有无抗营养因子、生理活性物质的存在和重要的营养物质；二是基因构建的有关信息，包括基因来源、基因载体的构建、启动子活性和转导方法；三是转基因植株的有关信息，包括阳性植株的选择方法、改造性状的表型、导入基因的表达水平和稳定性、基因的转移性、目的基因的功能和插入位点。

②进行实质性比较。对已经确定比较的植物进行表型特征和组成成分比较，表型特征的比较主要有形态、生育期、产量、病虫害抗性和其他性状。而组成成分比较，一般情况下只分析重要的营养成分、毒素和过敏原。需要分析的营养成分有脂肪、蛋白质、糖类、微量元素和维生素等。毒素和过敏原的检测比较一般根据对照所含成分分析，如果根据遗传背景信息怀疑转基因食品中有其他意想不到的危害，则需要考察其他更多的成分。而对转基因食品分析检测涉及的目标包括DNA、RNA和蛋白质等3种类型，常见的有蛋白质检测和核酸检测两种方法。使用的技术方法有PCR法、ELISA法、基因芯片法和光谱分

析技术等。

③依据检测结果作处理决定。通过比较可以得出 3 种结果：一是新的转基因植物食品与某个现有安全的食品完全等同，则认为这种转基因食品是和现有食品一样安全的。这样的转基因植物食品可以进入市场，但需要在标签上说明是转基因食品。二是新的转基因植物食品与某个现有安全食品之间大部分都是等同的，只有一些明确的差异，这些差异主要是因为被导入基因（包括选择标记基因）的产物改变了植物体的内源成分。对这些差异必须进行进一步的安全检测，主要集中在导入基因的产物、功能以及由于它的作用而产生的一些物质，如蛋白质、脂肪、糖类和新的小分子物质等。三是新的转基因植物食品与现有安全食品完全不等同。现在和未来几年内出现这种转基因食品的可能性比较小，但不能认为这种食品就是不安全的，必须要经过严格检测判断。初步的鉴定结果和这种食品在人们膳食中的地位将决定是否需要进一步的安全性鉴定，例如进行动物喂食试验等。

转基因食品经过检测可能在部分人群中产生过敏反应，或者经过一定加工后可以消除有害影响，那么都必须在标签上加以说明。如果经检测不存在任何危害，则不需要加上标签，这样转基因植物食品就可以作为食品上市。当然有可能存在其他方面的安全性问题，例如环境和生态方面的安全性等，在使用时还要进行监管。

（二）转基因植物生态环境的安全性评价

1. 转基因植物生态环境的安全性问题　转基因植物已经突破了传统的界、门、纲的概念，具有普通物种不具备的优势特征，因而有人提出若释放到环境，会改变物种间的竞争关系，破坏原有自然生态平衡，有可能导致某些物种灭绝和生物多样性的丧失（包琪等，2014）。第一，转基因作物可能会迫使农业向单一化的优质、高产品种的方向发展，客观上自然淘汰了大量具有优良遗传性状的农家栽培品种及其他遗传资源，加剧品种单一化；第二，插入某种基因（如抗虫）的植物，可能会使食草动物（如昆虫）难以食用而加剧该种植物的繁衍，造成其他植物由于缺乏竞争力而消亡，同时可能引起昆虫种群的衰落或迁移，进而破坏生态平衡；第三，转基因植物还可能通过基因漂移，破坏野生种和野生近缘种的遗传多样性（游淳惠，2021）。因而，对于转基因植物的环境安全性进行评价就显得尤为必要，主要内容包括基因漂移的环境影响、超级杂草产生的可能性、对非靶生物的影响、对靶有害生物的抗性影响、引起新病毒产生的可能性等（邢福国等，2015）。

（1）基因漂移的环境影响。判断转基因作物与近缘野生种的可交配性是环境安全性的重要指标之一，主要是判断这些基因能否扩散到亲缘关系相近的野生种或其他微生物体内而破坏自然的生态平衡（于惠林等，2020）。转基因作物与近缘野生种的可交配性视物种及地理环境而定，可交配性一般很小。

在进行转基因植物安全性评价时，应考虑两个方面问题：一是转基因植物释放区是否存在与其可以杂交的近缘野生种，若没有，则基因漂流不会发生；二是如存在近缘野生种，基因可从栽培植物转移到近缘野生种中，这时就要分析考虑基因转移后会产生的后果。但若是品质相关基因等转入野生种，由于不能增强野生种的生存竞争力，产生的影响也不会很大（邢福国等，2015；李志亮等，2020）。

（2）超级杂草产生的可能性。从人类发展史看，作物遗传改良的程度越高，对人类创造的环境的依赖性就越大，在自然条件下越难生存。现代的作物与其野生亲缘种相比在很多性状上都发生了改变，这种改变涉及大量基因。农作物尤其是优良的农作物品种不可能因为导入一个或几个与杂草无关的基因而变成杂草。但值得注意的是，有证据表明农作物的基因向杂草转移的现象是存在的，因此应该防止转基因向杂草的转移。对转抗除草剂基因的作物，尤其应该防止抗除草剂基因向杂草的转移而使得杂草无法控制，即成为所谓的超级杂草。

有科学家认为转基因作物本身可能变为杂草，如一些高粱属的种，在一定环境下本身就是杂草，而在某些条件下它又是作物。又如甘蔗、水稻、马铃薯、油菜和燕麦等作物，它们本来就有与其亲缘性很近的杂草性的近缘种，因某些遗传上的改变就可能使作物成为杂草。同时，转基因作物还可能使其野生近缘种变为杂草（于惠林等，2020；左娇等，2019）。

（3）非靶生物的影响。依据转基因植物与外源基因表达蛋白特点和作用机制，判断其对非靶有害生物、天敌昆虫和资源昆虫等有益生物潜在的影响。莽克强等（1996）认为，如果转基因扩散到土壤微生物或人畜肠道微生物是通过 DNA 的直接转移实现的，这种转移须通过质粒以接合方式进行。而转基因植物 DNA 不是以质粒形式存在的；此外，因为转基因的启动子在微生物体内无法工作，这种转化子必须经体内重组后才能被表达。根据以上两点原因，转基因作物不会改变土壤和肠道的生态环境。

（4）对靶有害生物的抗性影响。主要评估病虫草等靶有害生物对转基因抗病、抗虫、耐除草剂等作物新材料和新品种产生抗性，进而影响转基因作物功能效果和品种应用寿命的风险。

（5）引起新病毒产生的可能性。主要是评价转基因行为对相关动植物群落和微生物群落结构和多样性的影响，评价病毒发生异源重组和异源包装的可能性。自然界中的植物病毒间存在异源重组和异源包装现象，可改变病毒的宿主范围。转基因作物表达的病毒外壳蛋白在体外试验中，可包装入侵另一种病毒的核酸，从而产生新病毒。迄今为止，在田间试验中尚未发现病毒的异源包装。根据推测，即使在转基因作物中发生病毒的异源包装，该病毒再次入侵原宿主时会因无法形成病毒外壳蛋白而死亡。但小规模的田间试验得到的结论不一定与大规模生产应用结果相同，因此，在商业化生产中，对植物病毒异源重组和异源包装的可能性及其后果进行评价，仍是安全性评价的重要内容之一（邢福国等，2015；李志亮等，2020）。

2. 转基因植物生态环境安全性评价的基本原则　转基因植物生态环境安全性评价的目的，在于通过采用适当的原则、程度和方法，确定和评估转基因植物及其产品在研究、开发、使用、环境释放和越境转移过程中，可能对人类健康以及环境产生的不利影响。力求对这些风险提供可靠的定量预测，同时通过采用适当的机制以及与结果相适应的技术措施来管理转基因植物及其产品的开发工作，从而使其安全风险降低到最低程度（李志亮等，2020）。

转基因植物生态环境安全性评价的总原则是在保证人类健康和环境安全的前提下，促进转基因植物及生物技术的快速发展。与转基因植物食品安全性评价一样，都需遵循某些基本原则，如实质等同性原则、预先防范原则、个案分析原则、逐步完善原则、风险和效益平衡原则以及熟悉原则等。

第三节　转基因植物的安全评价管理办法

一、转基因植物的安全评价管理的重要性及范畴

通过现代生物技术产生的农业转基因生物，以超过自然进化千百万倍的速度产生了在自然界暂时尚不存在的生物新品种。而转基因生物的安全风险是一种综合的、长期的效应，它可能对其他生物和环境带来一些潜在的、间接的影响，也可能在近期并不表现出来，在经过一个较长的潜伏期后才表现出危害。由于目前科学技术水平不能精确地预测转基因生物可能产生的所有表现效应，因此，农业转基因生物及其产品对人类及环境的安全性等问题已刻不容缓地摆在人类的面前。制定严格的政策，并对转基因植物从实验室研究到商业化生产种植进行全过程的安全性评价和监控管理，将有利于保证并促进农业生物技术健康而有序地发展。

转基因植物的生物安全管理一般是指植物遗传修饰体的安全性管理，即对动植物和生态环境安全性的管理，主要包括安全性的研究、评价、检测、监测和控制措施等技术要素，具体而言，包括植物遗传修饰体的研究开发、田间试验、环境保护、运输销售、使用及其废弃物各个环节的生态安全和风险（遗传、物种和生态系统的安全性与风险性）、环境影响和安全性评价（水环境、土壤环境、大气环境和残留物的安全性评价）、环境管理等。基本内容有释放地点的地理位置、离人群最近的距离、当地的植物区系、动物区系及其活动范围，靶生物和非靶生物、转基因植物计划播种期、种植面积、植物数量、耕作措施、后处理方法，转基因植物的存活、繁殖、传播和竞争能力，基因转移到其他生物的可能性、对非靶生物的影响等。从事农业转基因生物研究的单位和个人在进行基因工程试验、中间试验、环境释放和商品化生产前，必须在农业转基因生物及其产品安全性评价的基础上，确定其安全性等级，制定相应的安全控制措施。

二、世界各国对转基因植物的安全评价管理

由于转基因技术的潜在风险性，许多开展此项技术的国家都高度重视转基因生物的安全管理。国外很多国家转基因技术发展较早，故在安全法规和管理上起步都相对较早，法规也相对较为完善。早在 1976 年，美国国立卫生研究院（NIH）公布了有关重组 DNA 技术安全操作准则《重组 DNA 分子研究准则》。随后，国际食品法典委员会（Codex Alimentarius Commission，CAC）制定了关于转基因食品安全评价的一系列指南，是全球公认的食品安全评价准则。联合国经济发展组织还颁布了《生物技术管理条例》，欧洲共同体也颁布了《关于控制使用基因修饰微生物的指令》和《关于基因修饰生物向环境释放的指令》等文件，这些准则对转基因植物的应用发展起了一定的规范作用。德国、法国、英国、日本、澳大利亚等20多个国家先后制定了有关基因工程实验研究的安全操作指南或准则，各国在转基因植物安全评价及监管体系上都遵照CAC的相关规定，但具体的法规内容与实际执行上存在明显不同。

美国对于转基因植物的安全评价管理主要由美国联邦农业部（United States Department of Agriculture，USDA）、食品与药品监督管理局（Food and Drug Administration，FDA）和环境保护局（United States Environmental Protection Agency，EPA）3 个部门

负责。美国对转基因植物的监管态度相对其他地区较宽容，其主要基于实质等同性原则来认定转基因植物与产品的安全性。在监管实施过程中，主要由转基因植物和产品的生产者和经营者按照"自愿咨询程序"自行担负相应产品的安全评价责任。

欧盟对转基因植物及产品的安全评价与管理相对较为复杂，而且约束较多，态度较为严谨，其必须先对转基因植物及其产品进行安全评价，做出风险管理的决议，再交由欧盟委员会及成员国进行协商后最终决定。欧盟一方面竭力阻止美国转基因产品进入欧盟市场，另一方面将监管范围由食品扩大到包括饲料和植物含有的转基因产品上。2003 年 7 月，欧盟委员会通过了一个名为《关于转基因产品的信息追踪体系和标签的指令》的决议，标志着欧盟市场将对转基因产品有条件地开放，该指令于 2003 年 11 月 7 日正式生效。

日本对转基因植物的研究、开发和安全性管理，按照政府机构的职能分工，由文部科学省、通产省、农林水产省、厚生劳动省 3 个部门共同负责。基于 2003 年颁布的《食品卫生法》以及 2006 年《食品安全基本法》，由厚生劳动省来统一标准并制定"安全健康评估"指标，依据实质等同性原则，重点聚焦在转基因技术实施后所得的产品的全部变化或附加性质变化，同时包含发生变化的可能性预估，以此确定转基因植物及其产品与现存产品在人体、动物健康或者环境生态等方面都具有同等的安全性（王琪，2018；翟帅等，2020）。2013 年日本颁布了《新食品标识法》，对转基因食品的标识制度进行了强化，兼顾了消费者的知情权和选择权以及转基因技术和产品的发展。

三、中国对转基因植物的安全评价管理办法

（一）转基因植物主要安全性管理法规的形成

我国是接受生物和基因改良活生物体（living modified organism，LMO）进入的大国，同时也是拥有较强生物技术开发能力的国家。国家科学技术委员会于 1993 年 12 月 24 日发布《基因工程安全管理办法》，以此为基础，农业部于 1996 年 7 月颁布了《农业生物基因工程安全管理实施办法》。2001 年 5 月 23 日中华人民共和国国务院发布第 304 号令《农业转基因生物安全管理条例》，紧接着农业部于 2002 年 1 月 5 日发布了《农业转基因生物安全评价管理办法》《农业转基因生物进口安全管理办法》《农业转基因生物标识管理办法》和《转基因农产品安全管理临时措施》，明确规定我国农业转基因生物安全的监督管理工作由国务院农业行政主管部门和地方各级人民政府农业行政主管部门负责，其后主管部门对条例进行了修订。于 2020 年 10 月 17 日通过、自 2021 年 4 月 15 日起施行的《中华人民共和国生物安全法》对"生物技术研究、开发与应用安全"也有较明确的规定，决定把生物安全纳入国家安全体系，系统规划国家生物安全风险防控和治理体系建设，全面提高国家生物安全治理能力。

在我国现行的法规中将转基因食品归入了"新资源食品"的管理范畴，并对其食用安全性与监督管理也做了一些规定。《中华人民共和国食品卫生法》是我国进行食品卫生监督管理的基本法规，是制定其他食品卫生法规和标准的主要法规依据。农业农村部在 2022 年修订了《农业转基因生物安全评价管理办法》和 2017 年修订的《农业转基因生物进口安全管理办法》《农业转基因生物标识管理办法》进一步加强了农业转基因生物安全评价管理、进口管理、标识管理，以更好地保护人类健康和动植物、微生物安全，保护生

态环境，保护消费者的知情权和选择权。

（二）转基因植物安全等级的划分和审批

1. 安全等级的划分 2022年修订的《农业转基因生物安全评价管理办法》中规定，农业转基因生物安全实行分级评价管理，据危险程度可分为4个等级：安全等级Ⅰ，尚不存在危险；安全等级Ⅱ，具有低度危险；安全等级Ⅲ，具有中度危险；安全等级Ⅳ，具有高度危险。在实施安全性评价时，首先确定受体生物的安全等级，同时确定基因操作对其安全等级影响的类型，进而确定基因生物的安全等级。并依据生产、加工活动对转基因生物安全性的影响，最终研究转基因产品的安全等级。

2. 申报和审批 凡在我国境内从事农业转基因生物安全等级为Ⅲ和Ⅳ的研究以及所有安全等级的试验和进口的单位以及生产和加工的单位和个人，应当根据转基因植物的类别和安全等级，分阶段向农业转基因生物安全管理办公室报告或者提出申请，经审查后方能进行相应的工作。

（三）基本安全控制措施概述

从事农业转基因生物试验和生产的单位应当根据相关规定明确安全控制措施和预防事故的应急措施。安全控制措施包括物理控制、化学控制、生物控制、环境控制和规模控制等。同时还应制定与安全等级相适应的治理废弃物、储存设施或场所、转移或运转转基因生物及其产品的安全控制措施，实验室、中间试验和环境释放的安全措施，以及发生外扩散事故的应急措施等。

《农业转基因生物安全评价管理办法》自2002年发布施行后已历经4次修订，这使我国的农业转基因生物安全管理从无到有进而逐步走上规范化的轨道，对促进农业生物技术的健康发展，保护农业生态环境和人类健康，起到重要的保障作用。

整体而言，我国转基因生物安全管理取得了长足的进步，在推动农业生物技术战略发展的前提下，借鉴各国在转基因生物安全管理上的经验教训，对促进我国转基因事业的发展以及生物安全管理均具有重要的意义。

 复习思考题

1. 为何要对转基因植物进行安全性评价？
2. 转基因植物食品安全性评价基本原则是什么？
3. 植物转基因食品的安全性检测和评价的基本步骤有哪些？
4. 环境安全性评价有哪些内容？

第十一章

植物基因工程改良作物性状范例

植物基因工程可以定向改良农作物的性状并缩短农作物的育种时限，是提高农业生产并保持农业可持续发展的有力手段。转基因作物已经在全球商业化推广种植了20多年，深刻地影响了传统农业的生产方式并且带来了巨大的经济效益，同时也展示出植物基因工程技术在应对粮食安全、生态环境恶化和资源匮乏等方面具有重要的作用。本章主要介绍植物基因工程改良作物性状的发展现状及成功的范例。

第一节　植物基因工程改良作物性状的发展现状

一、全球植物基因工程改良作物性状的发展现状

1983年，世界上第一例转基因植物——抗病毒烟草在美国培育成功。从此引发了转基因植物培育研究的热潮，科学家们相继成功培育出转基因番茄、玉米和大豆等植物，促进了植物转基因技术的发展。1994年，由孟山都（Monsanto）公司研发的第一个可商业化的转基因番茄 FLAVR SAVRTM 问世，标志着转基因作物进入商业化市场。1996年，抗除草剂大豆和抗虫棉开始在美国进行大规模种植，标志着转基因作物正式进入了商业化种植阶段。就此，转基因作物的商业化进程获得了飞速的发展。

根据国际农业生物技术应用服务组织（ISAAA）关于2019年全球生物技术/转基因作物商业化发展态势报告可知，2019年，全球29个国家转基因作物种植面积约1.904亿 hm^2（表11-1），而在1996年为170万 hm^2，增长了约112倍，这使转基因农作物成为近代采用最快的农业生物技术。在转基因作物商业化的20多年中种植面积累计27亿 hm^2。2019年，共有71个国家采用了转基因作物，其中有29个国家和地区种植了转基因作物。另外有42个国家（其中有26个欧盟国家）进口了转基因作物，用于食品、饲料和加工。美国依然是转基因作物的领先生产者，种植面积达到7 150万 hm^2，主要转基因作物的平均应用率约为90%。巴西、阿根廷、加拿大和印度的转基因作物种植面积分别达到5 280万、2 400万、1 250万和1 190万 hm^2，种植面积之和占全球转基因作物面积的53.15%。在29个种植国家中，种植面积最大的转基因作物是大豆，为9 190万 hm^2，占全球转基因作物种植面积的48%；其次是玉米（6 090万 hm^2）、棉花（2 570万 hm^2）和油菜（1 010万 hm^2）。从全球单一作物的种植面积来看，2019年转基因棉花的应用率为79%，转基因大豆的应用率为74%，转基因玉米的应用率为31%，转基因油菜的应用率为27%。

表 11 - 1　2019 年全球转基因作物种植分布及面积

排名	国家	转基因作物种植面积/ （×10⁶ hm²）	作物类别
1	美国	71.5	玉米、大豆、棉花、苜蓿、油菜、甜菜、马铃薯、木瓜、南瓜、苹果
2	巴西	52.8	大豆、玉米、棉花、甘蔗
3	阿根廷	24.0	大豆、玉米、棉花、苜蓿
4	加拿大	12.5	油菜、大豆、玉米、甜菜、苜蓿
5	印度	11.9	棉花
6	巴拉圭	4.1	大豆、玉米、棉花
7	中国	3.2	棉花、木瓜
8	南非	2.7	玉米、大豆、棉花
9	巴基斯坦	2.5	棉花
10	玻利维亚	1.4	大豆
11	乌拉圭	1.2	大豆、玉米
12	菲律宾	0.9	玉米
13	澳大利亚	0.6	棉花、油菜、红花
14	缅甸	0.3	棉花
15	苏丹	0.2	棉花
16	墨西哥	0.2	棉花
17	西班牙	0.1	玉米
18	哥伦比亚	0.1	玉米、棉花
19	越南	0.1	玉米
20	洪都拉斯	<0.1	玉米
21	智利	<0.1	玉米、油菜
22	马拉维	<0.1	棉花
23	葡萄牙	<0.1	玉米
24	印度尼西亚	<0.1	甘蔗
25	孟加拉国	<0.1	茄子
26	尼日利亚	<0.1	棉花
27	埃斯瓦蒂尼	<0.1	棉花
28	埃塞俄比亚	<0.1	棉花
29	哥斯达黎加	<0.1	棉花、菠萝

二、中国植物基因工程改良作物性状的发展现状

中国的作物基因改良研究起始于 20 世纪 80 年代，经过多年的发展，初步形成了从基

础研究到产品开发的较为完整的转基因作物研发体系。我国研发的转基因植物种类达 40 多种，包括具有重要农业性状的转基因作物如抗虫水稻、植酸酶玉米、抗除草剂棉花、抗除草剂大豆等，转基因作物研究水平已经进入世界前列，在发展中国家中处于领先地位。其中，转基因水稻、棉花等领域已达到了国际先进水平。应用于棉花、水稻等大田作物的转基因技术集中代表了中国转基因作物的研发状况。目前，中国种植的转基因作物有棉花和木瓜，2019 年种植面积为 320 万 hm^2。我国从 1997 年开始商业化种植抗虫棉，是世界上抗虫棉较早商业化的国家之一，2019 年转基因棉花种植面积保持在 278 万 hm^2。与抗虫棉一起获得生产应用安全证书（许可种植）的还包括耐贮藏番茄、抗虫杨、抗病辣椒（甜椒、线辣椒）、抗病毒木瓜。此外，转基因棉花、大豆、玉米、油菜等 4 种转基因作物的进口安全证书也得到了政府的批准。

三、植物基因工程主要改良作物和性状

目前，植物基因工程改良的作物已经扩展到玉米、大豆、棉花和油菜四大作物之外，包括苜蓿（1 300 000 hm^2）、甜菜（473 000 hm^2）、甘蔗（20 000 hm^2）、木瓜（12 000 hm^2）、红花（3 500 hm^2）、马铃薯（2 265 hm^2）、番茄（1 931 hm^2），还有大约 1 000 hm^2 的南瓜、苹果和菠萝。此外，由公共行业机构进行的转基因作物研究包括具有各种经济重要性和营养价值性状的水稻、香蕉、马铃薯、小麦、鹰嘴豆和芥菜等。具有防挫伤、防褐变、低丙烯酰胺含量、抗晚疫病等性状的 Innate® 马铃薯，以及防褐变的 Arctic® 苹果已经在美国种植。巴西种植了第一批抗虫甘蔗，印度尼西亚种植了第一批抗旱甘蔗，澳大利亚种植了第一批用于前期研发和育种的高油酸红花。当前，转基因大豆、玉米、棉花和油菜依然占据着主导优势。美国主要种植转基因玉米、大豆和棉花，平均应用率为 95%；巴西主要种植复合转基因大豆、玉米和棉花，平均应用率为 94%；阿根廷种植的转基因作物种类有大豆、玉米、棉花等，平均应用率接近 100%；印度主要种植转 Bt 基因抗虫棉，平均应用率在 94%；加拿大主要种植转基因油菜、大豆以及玉米，3 种作物应用率保持在 90%；我国主要种植转 Bt 基因抗虫棉，应用率高达 94% 以上，另有超过 8 550 hm^2 的抗病毒木瓜和 543 hm^2 的抗虫杨。

从性状改良来看，植物基因工程技术的诞生为培育抗虫、抗病、抗除草剂、抗旱、提高营养品质等多种优良性状的新品种提供了可能，目前，抗除草剂转基因植物、抗虫转基因植物、复合性状改良的转基因植物占全球转基因植物种植面积 99% 以上。抗除草剂是当前运用最为典型的性状，占转基因植物总种植面积的 47%，主要运用于油菜、大豆和玉米等。Bt 抗虫基因广泛运用于大宗作物，例如玉米、棉花、茄子等，复合性状改良的转基因植物是种植户最喜爱的品种，占全球转基因植物种植量的 41%，作物种类包括棉花（Bt/HT）、大豆（Bt/HT）、玉米（Bt/Bt/IR、Bt/HT 和 Bt/Bt/HT），2010 年美国、加拿大注册了叠加 8 个基因的复合性状改良的转基因作物，2015 年越南批准了复合性状改良的转基因玉米商业化种植，成为该国第一例获批的复合性状改良的转基因作物。另外，高油酸油菜、抗异噁唑草酮除草剂棉花、抗除草剂高油酸大豆、抗除草剂耐盐大豆、抗虫甘蔗、具有抗虫/抗除草剂复合性状改良的转基因玉米等在 14 个转基因作物种植国获得批准。复合性状转基因农作物的采用率逐步稳定提高，2019 年具有抗虫性和抗除草剂

耐受性的复合性状转基因作物的种植面积达到 8 510 万 hm²，占全球转基因作物总种植面积 45%，说明种植户倾向于免耕、减少农药用量的智慧农业方式。

第二节 转基因抗除草剂大豆

一、抗草甘膦转基因大豆研究策略

大豆（*Glycine max* L.）是世界上重要的油料作物和高蛋白质含量的粮饲兼用作物，含有人体所需的蛋白质、脂肪及异黄酮等多种对人体有益的活性物质。杂草是制约大豆产量和品质的一个重要因素。除草剂已广泛应用于现代化农业。草甘膦是一种广谱、低毒、易降解、无残留的有机磷类除草剂，也是全世界范围内使用最为广泛的除草剂。其属于内吸传导型慢性除草剂，速效性弱于草铵膦，但对绝大部分杂草都非常有效。草甘膦是磷酸烯醇式丙酮酸（PEP）的结构类似物，它能与 PEP 竞争性结合芳香族氨基酸合成的关键性酶——5-烯醇式丙酮酰莽草酸-3-磷酸合酶（5 - enolpyruvyl - shikimic acid - 3 - phos-phate chorismate synthase，EPSPS），形成稳定的 EPSPS-S3P 草甘膦复合体，抑制EPSPS 活性，从而阻断植物体内的莽草酸途径，使得莽草酸-3-磷酸（S3P）无法与 PEP 合成 5-烯醇式丙酮莽草酸-3-磷酸（EPSP），导致植物体内的芳香族氨基酸色氨酸、酪氨酸和苯丙氨酸无法合成，最终死亡。由于草甘膦对植物产生灭生性毒害作用的主要机制是抑制植物体莽草酸途径的关键性酶 EPSPS 的活性，因此为了提高农作物对草甘膦的耐受性，第一种途径是将草甘膦耐受基因转入作物或者提高作物自身 EPSPS 的表达量，第二种途径是将可降解草甘膦的基因转入作物。目前，转基因抗除草剂大豆涉及的基因有 11个，分别为 *cp4 epsps*、*2m epsps*、*gat4601*、*pat*、*bar*、*hppdPFw336*、*csr1 - 2*、*dmo*、*aad - I2*、*gm - hra* 和 *avhppd - 03*，涉及的除草剂种类有草甘膦、草铵膦、异噁唑草酮、硝磺草酮、磺酰脲类、麦草畏、2，4 - D 和咪唑啉酮类，抗除草剂大豆转化事件有 28 个，抗草甘膦仍为第一大目标性状。

二、抗草甘膦转基因大豆的研究和应用

从其他天然高抗草甘膦物种中克隆出对草甘膦具有低亲和力的 EPSPS 蛋白的编码基因，是获得高抗草甘膦的重要途径。1988 年，Hinchee 等将突变后的矮牵牛特异性 EPSPS 编码基因加上 CaMV 35S 启动子，成功获得了抗草甘膦转基因大豆。来源于根癌农杆菌菌株的 *cp4 epsps* 和来源于玉米（*Zea mays*）的 *2m epsps* 在大豆植株体内能产生对草甘膦不亲和的 5-烯醇式丙酮酰莽草酸-3-磷酸合酶，降低与草甘膦的结合能力，提高了对草甘膦除草剂的耐受性。目前，商业化种植最广且转入作物最多的草甘膦耐受性基因是 *cp4 epsps*。1996 年，Monsanto 公司批准了首个商品化的转基因大豆品种 GTS40 - 3 - 2。GTS40 - 3 - 2 是通过基因枪法将 CaMV 35S 启动子驱动的根癌农杆菌 CP4 菌株的 *cp4 epsps* 基因和叶绿体转运肽定向转入到大豆叶绿体中，GTS40 - 3 - 2 的形态、农艺性状（如花期、结荚）及演化为杂草的可能性没有发生明显的改变。MON89788 是 2007 年批准商品化生产的新一代抗草甘膦转基因大豆。MON89788 是通过农杆菌介导法将玄参花

叶病毒 FMV 35S 启动子和拟南芥（*Arabidopsis thaliana*）*TsFl* 基因启动子驱动的 *cp4 epsps* 基因和一个叶绿体转运肽（CTP2）编码基因转入商品化大豆 A3244 的分生组织中。MON87705 是单不饱和脂肪酸含量较高且具有草甘膦抗性的第二代转基因大豆。MON87705 是利用农杆菌介导法将抗草甘膦基因 *cp4 epsps* 和 *FAD2 - 1A* 及 *FATB1A* 的表达抑制基因转入商品化大豆 A352，使得转基因大豆中的油酸含量增加、亚油酸含量减少。

另外，可通过提高植物自身 EPSPS 的表达量，来增加植物体对草甘膦的耐受性。早在 1983 年，Rogers 克隆大肠杆菌中具有草甘膦抗性的 *aroA* 基因，导入原寄主中产生的 EPSPS 表达量约为原来的 100 倍，提高了寄主对草甘膦的抗性；1986 年，Shah 等通过超表达矮牵牛的内源 *epsps* 基因，使转基因植株的草甘膦抗性比原来提高了 4 倍；2001 年，Widholm 等诱导体细胞胚进行悬浮培养，获得了过量表达内源 *epspa* 基因的转基因大豆、烟草和苜蓿。其中，转基因烟草的内源基因的表达量相对于野生型提高了 800 倍以上，但转基因大豆的内源 *epsps* 过表达并不明显。多数情况下在植物中过量表达内源 *epsps* 并不能使植物获得草甘膦的耐受性，使得该策略的应用在某种意义上受到限制，至今未能获得适合商业化推广的产品。

还有一种提高草甘膦耐受性的途径，是在作物中导入一种可降解草甘膦的外源基因，使植物自身获得降解草甘膦的能力，以减轻草甘膦对转基因植株的毒性。在长期受草甘膦污染的土壤中存在许多可降解草甘膦的细菌。早在 20 世纪 70—80 年代人们就分离出可降解草甘膦的细菌菌株。可降解草甘膦的细菌有假单胞菌、放射形土壤杆菌、节杆菌等。来源于地衣芽孢杆菌的 *gat4601* 在植物体产生草甘膦乙酰转移酶，使草甘膦失活，赋予植物对草甘膦的耐受性。356043 是由美国杜邦公司开发的一个抗草甘膦和磺酰脲类除草剂的大豆品种。通过电子介导的方法将人工合成的 SCP1 和 Rsyn7 - Syn Ⅱ 启动子驱动的 GAT4601（草甘膦乙酰转移酶，glyphosate acetyltransferase）和 GM - HRA（修饰的大豆乙酰乳酸合酶，modified version of a soybean acetolactate synthase）蛋白基因转入大豆品种'JACK'中。*gat4601* 基因是从地衣芽孢杆菌（*Bacillus licheniformis*）中优化得到的编码草甘膦乙酰转移酶（GAT）的基因。GAT 催化草甘膦乙酰化，生成没有活性的 N-乙酰草甘膦（NAG）。2006 年以来抗除草剂大豆 356043 已在美国、加拿大等许多国家获得作为食品与饲料加工原料进口的许可及商业化种植许可。按照我国《农业转基因生物安全管理条例》规定，2010 年农业部批准发放了抗除草剂大豆 356043 的进口安全证书，将抗除草剂大豆 356043 作为加工原料应用。

第三节　转基因抗虫棉

一、转基因抗虫棉的研究策略

棉花（*Gossypium hirsutum* L.）是世界范围内重要的经济作物，虫害是棉花增产的主要限制因素之一。棉铃虫危害常常导致棉花大面积减产，造成巨大的经济损失，严重制约棉花生产的发展。化学农药和生物农药存在安全性和不稳定性，通过常规育种手段获得抗虫品种历程较长。转基因技术培育抗虫棉为害虫防治提供了一个有效的方法，利用昆虫病原蛋白基因提高农作物抗虫性成为可能。因此，根据昆虫病原蛋白基因来源不同，主要通过以下两种转基因技术途径来提高棉花抗虫性，第一种途径是利用从细菌中分离出来的抗虫基因，主要是苏云金芽孢杆菌杀虫晶体蛋白基因，以及营养杀虫蛋白基因 *Vip* 系列等；第二种途径是从植物组织中分离出来的抗虫基因，主要为蛋白酶抑制剂基因、外源凝集素基因、淀粉酶抑制剂基因等。目前主要有 Bt 杀虫晶体蛋白基因、*CpTI* 基因和植物凝集素基因等几种外源抗虫基因被应用于培育转基因抗虫作物。其中对鳞翅目、双翅目和鞘翅目昆虫有抗性的 Bt 杀虫晶体蛋白基因和对鳞翅目、直翅目和鞘翅目昆虫都有一定抗性的 *CpTI* 基因是两种最常用的外源抗虫基因。

1. 苏云金芽孢杆菌的 Bt 杀虫晶体蛋白基因及其作用机制　1901 年，人们从得病的家蚕体液中发现一种可以毒杀部分鳞翅目昆虫的细菌，这种细菌就是苏云金芽孢杆菌（*Bacillus thuringiensis*，Bt）。研究发现，Bt 在芽孢形成过程中产生一种伴胞晶体，其主要成分是蛋白质，编码这种蛋白的基因统称为 Bt 杀虫晶体蛋白基因。依据 Bt 杀虫晶体蛋白基因编码的氨基酸序列的同源性对其分为两类：*Cyt* 类和 *Cry* 类，前者编码的杀虫晶体蛋白（ICP）具有溶胞作用，而后者编码的 ICP 不具溶胞作用，目前仅有 *Cry1A* 和 *Cry2A* 等少数几种 Bt 杀虫晶体蛋白基因被成功应用。Cry 蛋白对鳞翅目、鞘翅目、膜翅目和双翅目中的昆虫，甚至包括线虫类都具有特异性毒害作用。昆虫取食杀虫蛋白后，在昆虫特殊的碱性中肠环境中被水解为活性杀虫分子，活性分子在中肠上皮细胞糖基磷脂酰肌醇（GPI）的作用下锚定到特异性受体上，首先与钙黏蛋白相结合，并在该受体的作用下形成寡聚体，寡聚体再与氨肽酶（APN）和碱性磷酸酶（ALP）结合，最后在 ABC 转运蛋白 2（ABCC2）的作用下穿过中肠细胞膜，造成穿孔，最终导致昆虫死亡。

2. 蛋白酶抑制剂基因及其作用机制　植物的多种组织和器官中都含有蛋白酶抑制剂，存在于自然界中的蛋白酶抑制剂主要有四大类：金属蛋白酶抑制剂（metallo proteinase inhibitor）、巯基蛋白酶抑制剂（cysteine proteinase inhibitor）、丝氨酸蛋白酶抑制剂（serine proteinase inhibitor）和天冬酰胺蛋白酶抑制剂（aspartyl proteinase inhibitor）。在植物中主要存在前三类，由于大部分昆虫体内含有丝氨酸类蛋白消化酶，特别是类胰蛋白酶，故丝氨酸蛋白酶抑制剂可作为研究植物抗虫的主要材料之一。鞘翅目昆虫含有巯基类蛋白消化酶，巯基类蛋白酶抑制剂对鞘翅目昆虫表现出较好的抗性。

豇豆胰蛋白酶抑制剂和马铃薯蛋白酶抑制剂 II 是两类抗虫效果较好的丝氨酸蛋白酶抑制剂。豇豆胰蛋白酶抑制剂 CpTI 是通过阻碍昆虫消化酶行使其消化的功能而达到抗虫效果。蛋白酶抑制剂被取食后，进入昆虫消化道中，迅速结合多种蛋白消化酶，形成酶抑制剂复合物（EI），使这些蛋白消化酶无法行使消化功能，最终导致外源蛋白质不能被正常水解；同时，EI 还可以诱导昆虫的消化腺产生大量的消化酶，而过多的消化酶会引发昆虫的厌食反应；另外，蛋白酶抑制剂分子还有可能侵入昆虫的血淋巴系统，干扰其正常运行，使昆虫的免疫功能大大降低，同时导致昆虫蜕皮过程受阻，从而严重干扰昆虫的正常发育。

3. 植物凝集素基因及其作用机制　植物凝集素是一类能与糖类复合物的糖基部分进行特异性结合的蛋白质，具有一个或多个可以与单糖或寡糖特异性可逆结合的非催化的结构域。植物很多组织中含有植物凝集素，主要存在于储藏和繁殖器官中，如豆科类植物的种子中。根据亚基的结构特征，植物凝集素可划分为部分凝集素（merolectin）、全凝集素

（hololectin）、嵌合凝集素（chimerolectin）和超凝集素（superlectin）等四大类。通常情况下，凝集素在植物细胞的蛋白粒中仅以储存蛋白形式存在，不具备任何特异性活性。昆虫进食含有凝集素的植物后，植物细胞蛋白粒中的外源凝集素就会被激活，通过和昆虫肠道上皮细胞上的糖基复合物的糖基部分结合，阻止昆虫对营养物质的吸收，使其致死，从而达到杀死害虫的目的。植物凝集素杀虫范围很广，抗虫能力高。

二、转基因抗虫棉的研究及应用

1. 转 Bt 杀虫晶体蛋白基因抗虫棉的研究及应用　Schnepf 等（1981）从苏云金芽孢杆菌中分离得到了 Bt 杀虫晶体蛋白基因，这是 Bt 杀虫晶体蛋白基因首次克隆成功。Perlark 等（1990）将其导入棉花并获得抗虫性，进一步采用植物优化密码子，对 $CrylA$（b）和 $CrylA$（c）基因进行了修饰，增加一些调控序列，使其在棉株中的表达量提高了 100 倍，占组织中可溶性蛋白总量的 0.05%～0.1%。美国 Monsanto 公司于 1991 年获得上述转 Bt 杀虫晶体蛋白基因棉花后，由 Deltapine 公司负责回交转育及品种推广，1995 年正式申请并通过美国环保局（EPA）的批准登记，其商品名为 Bollgard，首批的 2 个品种为 'NUCOTN33B' 和 'NUCOTN35B'。澳大利亚引进 Monsanto 公司的基因材料，将 Bt 杀虫晶体蛋白基因转入自己的棉花品种中，并于 1992 年开始田间试验，1996 年批准商品化应用，商标名为 Ingard，首批的有 'SIOKARL231' 等 5 个品种。2005 年，美国 Dow AgroSciences 公司研制的转 $CrylF$ 和 $CrylAc$ 双价转基因棉花开始商业化种植。2006 年，由美国 Monsanto 公司研制的第二代转基因棉花（$CrylAc/Cry2Ab$）在美国、澳大利亚、南非、墨西哥和菲律宾等地区开始商品化种植。同年由 Syngenta 公司开发的 VIP Cotton™（Vip3A）被批准在美国商业化种植。

我国学者郭三堆等（1993）用人工合成双链 DNA 的方法将 $CrylAb$ 和 $CrylA$ 两个基因融合后，构造了 GFM 杀虫基因，该基因全长 1 824 bp。其后，我国多位学者获得了转 Bt 杀虫晶体蛋白基因＋$CpTI$ 双价转基因抗虫棉，还有其他双价转基因抗虫棉，如 Bt 杀虫晶体蛋白基因＋GNA、Bt 杀虫晶体蛋白基因＋API 和 Bt 杀虫晶体蛋白基因＋Sc 等。1999 年，美国 Monsanto 公司、中国农业科学院生物技术研究所和棉花研究所等分别成功研制转基因棉保铃新棉 33B、GK 系列和中棉系列，在获得农业部门的基因安全性检验后以商业运作的模式在生产领域得到迅速推广，美国 Monsanto 公司的 33B 棉同年在中国的主栽省河北的种植面积达 10 万 hm² 左右。目前，在中国已被大规模生产和应用的转基因抗虫棉主要为单价抗虫棉和双价抗虫棉，其转化的抗虫基因为 Bt 杀虫晶体蛋白基因 $GFM CrylA$ 和豇豆胰蛋白酶抑制剂基因 $CpTI$。单价抗虫棉代表品种有 'GK1'（'国抗 1 号'）、'GK12'（'国抗 12 号'）等，双价抗虫棉代表品种有 '中棉所 41''中棉所 45' 等。

2. 转蛋白酶抑制剂基因抗虫棉的研究及应用　目前，主要有 3 种蛋白酶抑制剂基因应用于棉花抗虫转基因研究：大豆胰蛋白酶抑制剂基因（$SK71$）、慈姑胰蛋白酶抑制剂基因（API）和豇豆胰蛋白酶抑制剂基因（$CpTI$）。Hilder 等（1987）将 $CpTI$ 基因转入烟草，经过对获得的转基因植株中 $CpTI$ 的表达量的检测，发现其表达量高达总溶性蛋白的 0.9% 以上，转基因烟草植株对棉铃虫表现出高抗水平。李燕娥等（1998）将豇豆胰蛋白酶抑制剂基因导入棉花，筛选得到的转基因棉花植株对棉铃虫有明显的抗性。陈宛新等

（2002）将 *CpTI* 基因进行了修饰，然后将其导入棉花基因组，获得的转基因株系及其后代植株都具备一定的抗虫性。吕凯（2008）等比较了转 Bt 杀虫晶体蛋白基因棉和转 Bt 杀虫晶体蛋白基因＋*CpTI* 双价基因抗虫棉的抗虫性，结果显示，生育前期，两者抗虫性差异不显著，但生育后期，双价转基因抗虫棉及其 F_1 代植株都表现出较高的抗虫性。

由于慈姑胰蛋白酶抑制剂能对多种蛋白酶产生抑制作用，所以表现出的抗虫效果优于豇豆胰蛋白酶抑制剂。Thomas 等（1995）将 *API* 基因成功导入棉花，用获得的转基因植株叶片饲喂白粉虱，结果白粉虱的羽化率明显降低。蛋白酶抑制剂基因在棉花抗虫转基因中的应用，扩展了棉花的抗虫范围以及抗虫能力。

3. 转植物凝集素基因抗虫棉的研究及应用　在植物基因工程中，得到成功应用的凝集素有半夏凝集素（pinellia ternate agglutinin，PTA）、麦胚凝集素（wheat germ agglutinin，WGA）、雪花莲凝集素（*Galanthus nivalis* agglutinin，GNA）、苋菜凝集素（amaranthus caudatus agglutinin，ACA）以及豌豆凝集素（P - lectin）等。雪花莲外源凝集素是植物基因工程中研究和应用较多的凝集素。王伟等（1999）用 *P - Lec*＋*SKTI* 双价基因转化陆地棉，获得的转基因棉株对棉铃虫幼虫具有较强的抗性。刘志等（2003）成功将 Bt 杀虫晶体蛋白基因＋*GNA* 双价基因导入棉花基因组，不同生长时期的转基因棉株对棉铃虫和棉蚜都表现出一定的抗性。肖松华等（2006）将野生荠菜凝集素基因（*WSA*）导入陆地棉品种中，经鉴定获得了对蚜虫表现出较高抗性的转基因棉花株系。

第四节　转基因耐贮藏番茄

一、转基因耐贮藏番茄的研究策略

番茄（*Lycopersicon esculentum* Mill.）属于重要的大宗蔬菜，营养价值丰富、经济收益高。番茄在成熟过程中果实的呼吸作用剧烈跃升，导致果实迅速变软甚至腐烂，严重影响番茄的贮藏周期及经济价值。番茄果实的成熟软化是一个复杂的过程。与番茄耐贮性有关的因素有番茄果实成熟衰老的速度、果实的硬度以及果实的果皮、果肉厚度和腔室的大小等。其中乙烯的生物合成、与细胞壁水解和果胶解聚相关的酶都起着重要的作用。因此，可以通过抑制番茄成熟衰老相关的呼吸作用、延缓果实细胞壁结构的降解和生化物质的转化以及果胶解聚等途径的关键酶活性来控制番茄品质性状，提高番茄耐贮性。

1. 乙烯生物合成酶基因及其调控番茄成熟机制　乙烯（C_2H_2）是重要的植物内源激素，广泛存在于植物体中。乙烯的主要功能是促进果实成熟衰老。因此，通过控制乙烯的生物合成速率以及组织对乙烯的敏感性可以实现对果实成熟和衰老进程的调控。乙烯的生物合成受腺苷甲硫氨酸合成酶（SAM synthetase，SAMS）、1-氨基环丙烷羧酸（ACC）合酶（ACC synthase，ACS）和 ACC 氧化酶（ACC oxidase，ACO）控制，ACC 是乙烯生物合成的直接前体，ACS 和 ACO 是乙烯合成途径中的两种限速酶。ACS 在植物组织中分布广泛，其属于多基因家族，番茄中至少有 9 个 ACC 合酶基因（*LeACS1A*、*LeACS1B*、*LeACS2～LeACS7* 等），具有器官特异性差异和时空表达差异。ACO 编码基因也属于多基因家族，它是乙烯生物合成途径中最后一个酶，催化 ACC 向乙烯转化。乙烯合成后，乙烯受体感知乙烯并与乙烯结合，改变自身的结构，启动或抑制相关基因的表达，最终影响乙烯的信号转导，因此，这些参与乙烯合成和信号转导的基因，如 *ACS2*、*ACS4*、*ACO*、*EIL1* 等在番茄果实成熟过程中发挥重要作用，可用来研究如何延缓果实衰老的。另外，从不能成熟的番茄突变体 *ripening inhibitor*（*rin*）中鉴定的转录因子 MADS-box，可以直接调控一系列成熟相关基因的表达，包括乙烯合成相关基因（*ACS2*、*ACS4* 和 *ACO1*）和一些与果实成熟相关的转录因子基因，其已被育种家广泛用于延长番茄货架期和提高果实硬度。

2. 细胞壁和果胶解聚酶基因及其调控番茄成熟机制　多聚半乳糖醛酸酶（polygalacturonase，PG）是一种细胞壁结构蛋白，可以催化果胶分子中 α-（1，4）-聚半乳糖醛酸的裂解，参与果胶的降解，使细胞壁结构解体，导致果实软化。PG 是衡量番茄耐贮品质的构成要素，是受发育调控的具有组织特异性的酶。番茄中有 PG1、PG2A 和 PG2B 3 种同工酶，是同一基因的产物。番茄的 PG 编码基因分析显示，在每一个染色体组上都存在一套 PG 编码基因，成熟番茄中编码 PG 的基因为 *pTOM6*。番茄的 PG 编码基因大小约为 7 kb，包含 8 个内含子，其大小为 99～953 bp。调控基因表达的顺式作用因子位于 PG 编码基因的上游非编码区，转录单位的 5' 末端的一个 1.4 kb 片段直接参与成熟特异基因的表达。

果胶裂解酶（PL）通过 β 消除方式来降解多聚半乳糖醛酸，通过 α-1，4-糖苷键断裂的方式来降解果胶大分子。果胶裂解酶使细胞壁发生果胶溶解和液化的现象，大量的细胞壁结构被破坏、功能丧失和细胞壁沉积物质被降解，从而导致细胞与细胞分离，出现细胞间隙。细胞果胶裂解酶基因（*PL*）是有效定向控制果实软化的重要基因。

二、转基因耐贮藏番茄的研究和应用

1. 转乙烯合成酶基因耐贮藏番茄的研究和应用　ACC 合酶（ACS）和 ACC 氧化酶（ACO）是乙烯合成过程中的 2 个非常重要的关键酶。在番茄体内至少有 9 个 ACS 基因，其中有 6 个为生长素所诱导，*LeACS2* 和 *LeACS4* 在番茄果实成熟期间表达，直接调控果实的成熟。*LeACS2* 也能被创伤诱导。Oeller 等（1991）利用 *LeACS2* 基因的反义 RNA来抑制乙烯的产生，进一步来控制果实的成熟。正常番茄果实在授粉后 50 d 开始形成乙烯，并在随后的 10 d 中成熟。而转基因植株的果实内乙烯合成被抑制了 99.5%，叶绿素降解和番茄红素合成也都被抑制。果实成熟的启动延迟，不能自然成熟，也没有出现呼吸跃变，且不会转色变红和变软。当用外源乙烯或丙烯处理后，这种抑制过程可以逆转。外源乙烯催熟的果实与自然成熟果实的色、香、味及抗压性没有显著差异。这表明通过反义 RNA 技术来抑制 ACS 活性，可以抑制乙烯的生物合成，从而培育出果实耐贮运的作物品种。

ACO 是乙烯合成的另一个关键酶，利用 ACO 基因的 cDNA 反义技术也可以合理地控制乙烯的合成，从而延缓果实的成熟。Hamilton 等（1999）用 ACO 反义 cRNA 技术抑制了 ACO 活性。在纯合的转基因番茄果实中，乙烯的合成被抑制了 97%。转基因植株果实的着色时间与正常果实基本相同，但着色的速度变慢。储存在室温下的反义番茄比正常对照果实更耐过熟和皱缩，而 *PG* mRNA 水平和其他酶的酶活与对照没有差异。当用外源乙烯处理时，果实的成熟与对照组一样。叶志彪等（1999）利用反义 cDNA 技术将

ACO 基因成功地转入番茄获得转基因植株，然后和常规品种杂交，选育出了耐贮藏番茄品种'华番1号'，并且通过转基因食品安全性评价，获得了国家的品种审定和推广。陈银华等（2007）将3种不同结构的外源 *ACO* 基因导入番茄基因组中，发现对3种转基因植株的乙烯生成均有不同程度的抑制作用，而且经过 RNAi 载体转化的番茄植株的抑制效果最明显。

ACC 脱氨酶也是一种可以控制乙烯合成的重要酶。它可将 ACC 降解为丁酮酸和氨，有效地降低植物体内乙烯的合成。将 ACC 脱氨酶基因置于 CaMV 35S 启动子调控之下，然后用于转化番茄，获得了许多成熟过程变慢的果实。该基因的超表达减少了 $90\% \sim 97\%$ 的乙烯产生，转基因植株的果实成熟期被明显推迟，保持相同硬度的时间比正常对照长6周。ACC 的降解抑制了乙烯的合成，但并没有干扰果实对乙烯的感受能力，当用外源乙烯处理果实时，其成熟正常。部分转基因植株的营养生长器官中乙烯的生物合成受到严重的抑制，但是对植株的生长并没有明显影响。据此之外，SAM 转移酶也是可以对果实成熟进行合理调节的物质，还有丙二酰基转移酶也可以将 ACC 代谢为 MACC，从而进一步降低 ACC 的含量，减少番茄中乙烯的合成，但它们极有可能影响到番茄中其他正常的生命活动，这些情况还有待进一步研究。

2. 转细胞壁水解基因耐贮藏番茄的研究和应用　多聚半乳糖醛酸酶（PG）基因和果胶甲酯酶（PME）基因是细胞壁解体、果胶降解有关的基因，Smith 等（1988）构建了 CaMV 35S 启动子驱动的 PG cDNA $5'$ 末端的 730 bp 片段或一个长 1.6 kb、含有整个开放阅读框（open reading frame）的 cDNA 片段的反义载体，并导入番茄中。这两种反义技术都使转基因植株的 *PG* mRNA 水平和 PG 活性在果实成熟的各个阶段都降低。其中一个转基因株系的 *PG* mRNA 仅为正常的 6%，该株果实的 PG 活性仅为正常的 10%。Sheehy 等（1988）则获得了一个和非转化对照相比具有 10% *PG* mRNA 和 20% PG 活性的植株。虽然两组研究人员都证实在转化体中 PG 活性都显著降低，但是他们都不能建立起一个关于在绿色组织中的 PG 反义 RNA 水平和 PG 活性被抑制程度之间的关系。在转化果实中，可检测到反义 RNA 在成熟过程中减少，而且常常低于 *PG* mRNA 水平。然而反义 RNA 基因比番茄 *PG* 基因的转录水平高，内源 *PG* 基因的转录也未被反义 RNA 抑制。为此，研究人员以番茄 *rin* 突变体为材料过表达了多聚半乳糖醛酸酶基因（*PG*），结果显示 PG 的酶活增强了许多，多聚半乳糖醛酸基本上都被分解了，但是番茄果实依旧不能成熟软化。果胶甲酯酶（PME）能够降解果胶产生甲醇和聚半乳糖醛酸，后者可以作为 PG 的底物进一步降解。PME 沉默导致果实中该酶活性增强，但是番茄果实的硬度没什么变化。其他研究也表明转 PG 反义基因的番茄果实成熟过程中 PG 活性的降低并没有影响其他与成熟相关的过程，例如乙烯的形成、番茄红素的积累、蔗糖酶和果胶甲酯酶活性的增强。

当 PG 活性降低到正常果实的 1% 时，转基因果实在成熟过程中的表现和对照并没有明显差异，另外，大量分析表明果实的软化过程和贮藏果实的硬度与对照相比没有明显差异。但是由于果胶酶活性被抑制，转基因果实表现出抗裂、抗机械损伤和抗真菌感染的特性，而且果实的保鲜期也延长了1倍，这说明转基因植株还是具有明显的经济价值。1994年美国推出第一个转基因商品化作物 FLAVR SAVRTM 番茄品种，它是通过转 PG 反义基因，使细胞壁的果胶降解变缓而得到耐贮藏番茄。中国科学院的鞠戎等利用 PCR 扩增克隆了一个 1.5 kb 的包括全部开放阅读框的 PG cDNA，将其反方向插在一个含有增强子的 35S 启动子和 NOS 3′端之间，构建成表达 PG 反义 RNA 的双元载体，获得了 PG 活性被抑制 93％的番茄转基因植株。

Selman 等（2016）研究表明在 Ailsa Craig（AC＋＋）番茄中特异性沉默 *PL* 基因（*SlPL*，Solyc03g111690），提高了果实的硬度，延长了货架期，但是果实的营养物质和风味并没有多大的变化。Yang 等（2017）研究也表明在番茄中沉默 *PL* 基因（*SlPL*，Solyc03g111690），提高了果实的硬度，延长了果实货架期并且提高了番茄对灰霉病的抵抗能力。这暗示着果胶裂解酶基因 *PL* 可能通过裂解果胶在果实的成熟过程中发挥一定的作用。Wang 等（2018）利用 CRISPR 诱导 *PL* 基因突变，也提高了番茄果实的硬度。另外，有效的沉默果胶合成酶基因 *GAUT*，能极大增强果实硬度，提高耐贮能力。

 复习思考题

1. 简述基因工程改良植物性状的优点。
2. 简述转基因抗虫棉的研究现状。
3. 简述转基因抗除草剂大豆的研究现状。
4. 简述转基因耐贮藏番茄的研究现状。
5. 列举已商业化种植的转基因作物并讨论其对粮食安全的意义。

参 考 文 献

包琪，贺晓云，黄昆仑，2014. 转基因食品安全性评价研究进展 [J]. 生物安全学报 (4)：248-252.

卜李那，赵毅强，2019. 全基因组关联分析及其扩展方法的研究进展 [J]. 农业生物技术学报，27 (1)：150-158.

陈金中，薛京伦，2018. 医学分子遗传学：理论、技术与应用 [M]. 5 版. 北京：科学出版社.

陈银华，李汉霞，叶志彪，2007. 不同结构的外源 *ACO* 基因导入番茄对乙烯生成速率的影响 [J]. 园艺学报，34 (3)：644-648.

储成才，司丽珍，陈帅，2001. 基因表达的三维调控 [J]. 中国科学院院刊 (5)：358-360.

翟帅，朱强，杨笑玥，2020. 日本转基因食品管理体系研究进展 [J]. 食品工业，285 (6)：292-295.

樊颖伦，赵开军，2004. 大片段克隆载体研究进展 [J]. 中国生物工程杂志，24 (3)：12-16.

何光源，2007，植物基因工程 [M]. 北京：清华大学出版社.

何水林，2008. 基因工程 [M]. 北京：科学出版社.

焦悦，朱鹏宇，梁晋刚，等，2021. 国际转基因食品安全评价政策及启示 [J]. 生物技术进展，11 (2)：121-127.

金红星，2021. 基因工程学 [M]. 北京：化学工业出版社.

兰青阔，李文龙，孙卓婧，等，2020. 国内外转基因检测标准体系现状与启示 [J]. 农业科技管理 (39)：27-32.

李梦雪，2020. 转基因食品检测技术分析 [J]. 现代食品 (11)：115-117.

李燕娥，朱祯，1998. 豇豆胰蛋白酶抑制剂转基因棉花的获得 [J]. 棉花学报，10 (5)：237-243.

李志亮，黄丛林，刘晓彬，等，2020. 转基因植物及其安全性的研究进展 [J]. 北方园艺 (8)：129-135.

凌闵，2020. 浅谈转基因植物在我国农业上的应用现状及未来 [J]. 上海农业科技 (6)：10-13.

刘谦，朱鑫泉，2001. 生物安全 [M]. 北京：科学出版社.

柳晓丹，许文涛，黄昆仑，等，2016. 复合性状转基因植物安全性评价的研究进展 [J]. 生物技术通报，32 (6)：1-6.

龙敏南，楼士林，杨盛昌，等，2022. 基因工程 [M]. 3 版. 北京：科学出版社.

卢光美，赵建国，范贤林，2000. 华北地区棉铃虫对 Bt 杀虫蛋白的抗药性监测 [J]. 棉花学报，12 (4)：180-183.

罗云波，贺晓云，2014. 中国转基因作物产业发展概述 [J]. 中国食品学报，14 (8)：10-15.

吕凯，魏凤娟，林毅，等，2008. 转双价基因抗虫棉及其杂交 F_1 代对棉铃虫幼虫的抗性研究 [J]. 生物学杂志，23 (4)：41-43.

马永硕，2017. 黄瓜中苦味素的生物合成、调控及转运机制 [D]. 北京：中国农业科学院.

莽克强，1996. 转基因植物的生物安全性的商榷 [J]. 生物工程进展，15 (4)：2-6.

毛自朝，于秋菊，甄伟，等，2002. 果实专一性启动子驱动 *ipt* 基因在番茄中的表达及其对番茄果实发育的影响 [J]. 科学通报，47 (6)：444-448.

单奇伟，高彩霞，2015. 植物基因组编辑及衍生技术最新研究进展 [J]. 遗传，37 (10)：953-973.

孙明，2013. 基因工程 [M]. 2 版. 北京：高等教育出版社.

谭萍，2003. 植物医药基因工程研究进展 [J]. 生命科学研究，7 (2)：58-61.

王关林，方宏筠，2021. 植物基因工程［M］. 2 版. 北京：科学出版社.

王国义，贺晓云，许文涛，等，2019. 转基因植物食用安全性评估与监管研究进展［J］. 食品科学（11）：343 - 350.

王焕，郑日如，曹声海，等，2020. 月季花瓣特异表达启动子的筛选和鉴定［J］. 园艺学报，47（4）：686 - 698.

王立平，王东，龚熠欣，等，2018. 国内外转基因农产品食用安全性研究进展与生产现状［J］. 中国农业科技导报（3）：94 - 103.

王琪，2018. 产业化背景下转基因作物安全评价制度研究［D］. 武汉：华中农业大学.

王子骞，陈彦宇，齐俊生，2020. 转基因食品的安全性探讨［J］. 农业与技术，40（21）：175 - 177.

吴乃虎，2015. 基因工程原理：上册［M］. 2 版. 北京：科学出版社.

吴乃虎，2017. 基因工程原理：下册［M］. 2 版. 北京：科学出版社.

薛建平，司怀军，田振东，2008. 植物基因工程［M］. 合肥：中国科学技术大学出版社.

杨晶，杜林娜，王法微，等，2018. 新型植物生物反应器研究进展［J］. 生物产业技术（5）：104 - 109.

杨淑华，巩自忠，郭岩，等，2019. 中国植物应答环境变化研究的过去和未来［J］. 中国科学，49（11）：1457 - 1478.

叶志彪，李汉霞，刘勋甲，等，1999. 利用转基因技术育成耐贮藏番茄——华番 1 号［J］. 中国蔬菜（1）：6 - 10.

游淳惠，俞露，林暄，2021. 全球化发展下我国转基因技术的风险评估与风险管理分析［J］. 今日科苑（3）：75 - 84

于惠林，贾芳，全宗华，等，2020. 施用草甘膦对转基因抗除草剂大豆田杂草防除、大豆安全性及杂草发生的影响［J］. 中国农业科学，53（6）：1166 - 1177.

袁婺洲，2019，基因工程［M］. 2 版. 北京：化学工业出版社.

张惠展，2018，基因工程［M］. 4 版. 上海：华东理工大学出版社.

张霖，赵国屏，丁晓明，2010. 位点特异性重组系统的机制和应用［J］. 中国科学（生命科学），40（12）：1090 - 1111.

张少伟，袁超，牛义，等，2020. 茄子花药开裂相关基因 SmDAD1 启动子的克隆及功能分析［J］. 园艺学报，47（4）：643 - 652.

张献龙，唐克轩，2012. 植物生物技术［M］. 2 版. 北京：科学出版社.

周田田，张弯弯，王立平，2019. 转基因食品的安全监管［J］. 食品工业，40（11）：271 - 275.

Adams D O, Yang S F, 1979. Ethylene biosynthesis identification of 1 - aminocyclopropane - 1 - carboxylic acid as an intermediate in the conversion of methionine to ethylene［J］. Proceedings of the National Academy of Sciences of the United States of America, 76（1）：170 - 174.

Allen G C, Spiker S, Thompson W F, 2000. Use of matrix attachment regions（MARs）to minimize transgene silencing［J］. Plant Molecular Biology, 43（2 - 3）：361 - 376.

Ambrous P F, Matzke A J M, Matzke M A, 1986. Localization of *Agrobacterium rhizogenes* T - DNA in plant chromosomes by *in situ* hybridization［J］. EMBO Journal, 5（9）：2073 - 2077.

Bode J, Kohwi Y, Dickinson L, 1992. Biological significance of unwinding capability of nuclear matrix 2 associating DNA［J］. Science, 255（5041）：195 - 197.

Bohner S, Lenk I, Rieping M, et al, 1999. Transcriptional activator TGV mediates dexamethasone - inducible and tetracycline - inactivatable gene expression［J］. Plant Journal, 19（1）：87 - 95.

Cantu D, Vicente A R, Greve L C, et al, 2008. The intersection between cell wall disassembly, ripening, and fruit susceptibility to *Botrytis cinerea*［J］. Proceedings of the National Academy of Sciences of the United States of America（3）：859 - 864.

Castle L A, Siehl D L, Gorton R, et al, 2004. Discovery and directed evolution of a glyphosate tolerance gene [J]. Science, 304 (5674): 1151 - 1154.

Crickmore N, Zeigler D R, Feitelson J, et al, 1998. Revision of the nomenclature for *Bacillus thuringiensis* pesticidal crystal protein [J]. Microbiology and Molecular Biology Reviews, 62 (3): 807 - 813.

David B, 2004. RNA silencing in plants [J]. Nature, 431 (7006): 356 - 363.

Forsbach A, Schubert D, Lechtenberg B, et al, 2003. A comprehensive characterization of single - copy T - DNA insertions in the *Arabidopsis thaliana* genome [J]. Plant Molecular Biology, 52 (1): 161 - 176.

Gelvin S B, Kim S I, 2007. Effect of chromatin upon *Agrobacterium* T - DNA integration and transgene expression [J]. Biochimica et Biophysica Acta, 1769 (5 - 6): 410 - 421.

Gilchrist E J, Haughn G W, 2005. TILLING without a plough: a new method with applications for reverse genetics [J]. Current Opinion in Plant Biology, 8 (2): 211 - 215.

Gordon J E, Christie P J, 2015. The *Agrobacterium* Ti plasmids [J]. Biology and Impact in Biotechnology and Discovery, 2 (6): 295 - 313.

Guo M L, Ye J Y, Gao D W, et al, 2019. *Agrobacterium* - mediated horizontal gene transfer: mechanism, biotechnological application, potential risk and forestalling strategy [J]. Biotechnology Advances, 37 (1): 259 - 270.

Hamilton A J, Baulcombe D C, 1999. A species of small antisense RNA in posttranscriptional gene silencing in plant [J]. Science, 286 (54411): 950 - 952.

Henikoff S, Till B J, Comai L, 2004. TILLING, traditional mutagenesis meets functional genomics [J]. Plant Physiology, 135 (2): 630 - 636.

Hilder V A, Gatehouse A M R, Sheerman S E, et al, 1987. A novel mechanism of insect resistance engineered into tobacco [J]. Nature, 330 (6144): 160 - 163.

Hinchee M A W, Connor - Ward D V, Newell C A, et al, 1988. Production of transgenic soybean plants using *Agrobacterium* - mediated DNA transfer [J]. Nature Biotechnology, 6 (8): 915 - 922.

Hwang H H, Yua M, Laia E M, 2017. *Agrobacterium* - mediated plant transformation: biology and applications [M]. The Arabidopsis Book, 2017, 15: e0186.

Jander G, Norris S R, Rounsley S D, et al, 2002. *Arabidopsis* map - based cloning in the postgenome era [J]. Plant Physiology, 129 (2): 440 - 450.

Jeon J S, Lee S, Jung K H, et al, 2000. T - DNA insertional mutagenesis for functional genomics in rice [J]. Plant Journal, 22 (6): 561 - 570.

Koskella J, 1997. Microbial utilization of free and clay - bound insecticidal toxins from *Bacillus thuringiensis* and their retention of insecticidal activity after incubation with microbes [J]. Applied and Environmental Microbiology, 63 (9): 3561 - 3568.

Li S, Wang N, Ji D D, et al, 2019. A GmSIN1/GmNCED3s/GmRbohBs feed - forward loop acts as a signal amplifier that regulates root growth in soybean exposed to salt stress [J]. The Plant Cell, 31 (9): 2107 - 2130.

Li W T, Zhu Z W, Chern M S, et al, 2017. A natural allele of a transcription factor in rice confers broad - spectrum blast resistance [J]. Cell, 170 (1): 114 - 126.

Love J, Scott A, Thompson W F, 2000. Stringent control of transgene expression in *Arabidopsis thaliana* using Top10 promoter system [J]. Plant Journal, 21 (6): 579 - 588.

Mahon R J, Olsen K M, Downes S, et al, 2007. Frequency of alleles conferring resistance to the Bt toxins Cry1Ac and Cry2Ab in Australian population of *Helicoverpa armigera* (Lepidoptera: Noctuidae) [J].

Journal of Economic Entomology, 100 (6): 1844 – 1853.

Marcotte J W R, Bayley C C, Quatrano R S, 1988. Regulation of a wheat promoter by abscisic acid in rice protoplasts [J]. Nature, 335 (6189): 454 – 457.

Mayerhofer R, Koncz – Kalman Z, Nawrath C, et al, 1991. T – DNA integration: a model of illegitimate recombination in plants [J]. EMBO Journal, 10 (3): 697 – 704.

Miller H I, 1999. Substantial equivalence: its uses and abuses [J]. Nature Biotechnology, 17 (11): 1042 – 1043.

Nitz I, Berkefeld H, Puzio P S, et al, 2001. *Pyk10*, a seedling and root specific gene and promoter from *Arabidopsis thaliana* [J]. Plant Science, 161 (2): 337 – 346.

Oelilcer J H, Olson D C, Shiu O Y, et al, 1997. Differential induction of seven 1 – aminocyclopropane –1 – carboxylate synthase genes by elicitor in suspension cultures of tornado (*Lycopersicon esculentum*) [J]. Plant Molecular Biology, 34 (2): 275 – 286.

Oeller P W, Lu M W, Taylor L P, et al, 1991. Reversible inhibition of tomato fruit senescence by antisense aminocyclopropane carboxylate synthase [J]. Science, 254 (5030): 437 – 439.

Perlak F J, Deaton R W, Armstrong T A, et al, 1990. Insect resistant cotton plants [J]. Nature Biotechnology, 8 (10): 939 – 943.

Pollegioni L, Schonbrunn E, Siehl D, 2011. Molecular basis of glyphosate resistance – different approaches through protein engineering [J]. FEBS Journal, 278 (16): 2753 – 2766.

Rogers S G, Brand L A, Holder S B, et al, 1983. Amplification of the *aro A* gene from *Escherichia coli* results in tolerance to the herbicide glyphosate [J]. Applied and Environmental Microbiology, 46 (1): 37 – 43.

Sambrook J, Russell D W, 2001. Molecular cloning: a laboratory manual [M]. New York: Cold Spring Harbor Laboratory Press.

Schnepf H E, Whiteley H R, 1981. Cloning and expression for *Bacillus thuringiensis* crystal protein gene in *Escherichia coli* [J]. PNAS, 78 (5): 2893 – 2897.

Shah D M, Horsch R B, Klee H J, et al, 1986. Engineering herbicide tolerance in transgenic plants [J]. Science, 233 (4762): 478 – 481.

Shang Y, Ma Y, Zhou Y, et al, 2014. Biosynthesis, regulation, and domestication of bitterness in cucumber [J]. Science, 346 (6213): 1084 – 1088.

Sheehy R E, Kramer M, Hiatt W R, 1988. Reduction of polygalacturonase activity in tomato fruit by antisense RNA [J]. Proceedings of the National Academy of Sciences of the United States of America, 85 (23): 8805 – 8809.

Si L, Chen J, Huang X, et al, 2016. OsSPL13 controls grain size in cultivated rice [J]. Nature Genetics, 48 (4): 447 – 456.

Singer T, Burke E, 2003. High – throughput TAIL – PCR as a tool to identify DNA flanking insertions [J]. Molecular Biology Reports, 236: 241 – 272.

Smith C J S, Watson C F, Ray J, et al, 1988. Antisense RNA inhibition of polygalacturonase gene expression in transgenic tomatoes [J]. Nature, 334 (6184): 724 – 726.

Springer P S, 2000. Gene trap: tools for plant development and genomics [J]. Plant Cell, 12 (4): 1007 – 1020.

Takagi H, Abe A, Yoshida K, et al, 2013. QTL – seq: rapid mapping of quantitative trait loci in rice by whole genome resequencing of DNA from two bulked populations [J]. Plant Journal, 74 (1): 174 – 183.

Theologis A, Oeller P W, Wong L M, et al, 1993. Use of a tomato mutant constructed with reverse genetics to study fruit ripening, a complex developmental process [J]. Developmental Genetics, 14 (4): 282 - 295.

Tinland B, 1996. The integration of T - DNA into plant genomes [J]. Trends in Plant Science, 1 (6): 178 - 184.

Tzfira T, Li J, Lacroix B, et al, 2004. *Agrobacterium* T - DNA integration: molecules and models [J]. Trends in Genetics, 20 (8): 375 - 383.

Uluisik S, Chapman N H, Smith R, et al, 2016. Genetic improvement of tomato by targeted control of fruit softening [J]. Nature Biotechnology, 34 (9): 950 - 952.

Wang D, Samsulrizal N H, Cheng Y, et al, 2018. Characterisation of CRISPR mutants targeting genes modulating pectin degradation in ripening tomato [J]. Plant Physiology, 179 (2): 544 - 557.

Widholm J M, Chinnala A R, Ryu J H, et al, 2001. Glyphosate selection of gene amplification in suspension cultures of 3 plant species [J]. Physiologia Plantarum, 112 (4): 540 - 545.

Yang H, Singsit C, Wang A, et al, 1998. Transgenic peanut plants containing a nucleocapsid protein gene of tomato spotted wilt virus show divergent levels of gene expression [J]. Plant Cell Reports, 17 (9): 693 - 699.

Yang L, Huang W, Xiong F, et al, 2017. Silencing of SlPL, which encodes a pectate lyase in tomato, confers enhanced fruit firmness, prolonged shelf - life and reduced susceptibility to grey mould [J]. Plant Biotechnology Journal, 15 (12): 1544 - 1555.

图书在版编目（CIP）数据

植物基因工程 / 司怀军，薛建平主编. —北京：
中国农业出版社，2022.8
普通高等教育农业农村部"十三五"规划教材
ISBN 978-7-109-29789-0

Ⅰ.①植…　Ⅱ.①司…②薛…　Ⅲ.①植物－基因工
程－高等学校－教材　Ⅳ.①Q943.2

中国版本图书馆 CIP 数据核字（2022）第 140996 号

中国农业出版社出版

地址：北京市朝阳区麦子店街 18 号楼
邮编：100125
责任编辑：宋美仙
版式设计：杜　然　责任校对：沙凯霖
印刷：中农印务有限公司
版次：2022 年 8 月第 1 版
印次：2022 年 8 月第 1 版北京第 1 次印刷
发行：新华书店北京发行所
开本：787mm×1092mm　1/16
印张：13.25
字数：325 千字
定价：38.00 元